建筑施工特种作业人员安全技术培训教材

普通脚手架架子工

建筑施工特种作业人员
安全技术培训教材编审委员会　　组织编写
河南省建设安全监督总站　　主编

中国建筑工业出版社

图书在版编目（CIP）数据

普通脚手架架子工 / 建筑施工特种作业人员安全技术培训教材编审委员会组织编写；河南省建设安全监督总站主编 . —北京：中国建筑工业出版社，2019.5（2024.7重印）
建筑施工特种作业人员安全技术培训教材
ISBN 978-7-112-23550-6

Ⅰ.①普… Ⅱ.①建…②河… Ⅲ.①脚手架—工程施工—安全培训—教材 Ⅳ.① TU731.2

中国版本图书馆 CIP 数据核字（2019）第 058262 号

　　本书作为针对建筑施工特种作业人员之一普通脚手架架子工的培训教材，紧紧围绕《建筑施工特种作业人员管理规定》、《建筑施工特种作业人员安全技术考核大纲（试行）》、《建筑施工特种作业人员安全操作技能考核标准（试行）》等相关规定，对普通脚手架架子工必须掌握的安全技术知识和技能进行了讲解，全书共 10 章，包括：基础理论知识，脚手架概述，扣件式钢管脚手架，门式钢管脚手架，碗扣式钢管脚手架，承插型盘扣式钢管支架，悬挑脚手架，木竹脚手架，其他类型架体，常见事故原因及预防措施。本书针对普通脚手架架子工的特点，本着科学、实用、适用的原则，内容深入浅出，语言通俗易懂，形式图文并茂，系统性、权威性、可操作性强。

　　本书既可作为普通脚手架架子工的培训教材，也可作为普通脚手架架子工参考书和自学用书。

　　责任编辑：范业庶　张磊　王华月
　　责任校对：姜小莲

建筑施工特种作业人员安全技术培训教材
普通脚手架架子工
建筑施工特种作业人员安全技术培训教材编审委员会　组织编写
河南省建设安全监督总站　主编
*
中国建筑工业出版社出版、发行（北京海淀三里河路9号）
各地新华书店、建筑书店经销
北京建筑工业印刷厂制版
建工社（河北）印刷有限公司印刷
*
开本：850×1168毫米　1/32　印张：11　字数：293千字
2019年7月第一版　2024年7月第三次印刷
定价：**36.00**元
ISBN 978-7-112- 23550-6
（33681）

建筑施工特种作业人员安全技术培训教材
编审委员会

主　　　任：胡永旭　张鲁风

副　主　任：邵长利　范业庶

编委会成员：（按姓氏笔画排序）

王　启	王　辉	王　强	王立东	王兰英
文　俊	甘京铁	厉天数	卢健明	田华强
白　晶	邝欣慰	吕济德	刘振春	孙　冰
李昇平	李维波	李锦生	李新峰	杨象鸿
步向义	肖鸿韬	时建民	吴　杰	邱世军
余　斌	宋　渝	张晓飞	陆　凯	陈　钊
陈幼年	陈光明	陈胜文	幸超群	林东辉
周　涛	赵　锋	赵子萱	钟花荣	闻　婧
祝汉香	秦立强	袁　明	贾春林	徐　波
殷晨波	黄红兵	梁尔军	梁永贵	韩祖民
喻惠业	滑海穗	熊　琰		

本书编委会

主　　编：熊　琰

副 主 编：路　平　秦立强　陈胜文　宋建学　王　辉

编写人员：（按姓氏笔画排序）

于三坤　马志远　王大讲　王华永　石祥龙
申丽晓　申商坤　付晓宁　白利伟　冯立雷
任　熠　闫龙广　李　钊　李留洋　杨春来
吴晓波　时远东　何小丰　何俊杰　沈　晨
张　春　张宝宝　张铁闯　郑水泉　孟　刚
赵运生　唐跃东　崔东帅　葛圳东

参编单位：河南省建设安全监督总站
河南国基建设集团有限公司
中国建筑第七工程局有限公司
郑州大学
河南省建筑职业技术学院
中铁七局集团有限公司
河南省第二建设集团有限公司
南阳建筑工程学校
中建二局第二建筑工程有限公司

序　言

中共中央、国务院 2016 年 12 月 9 日颁发的《关于推进安全生产领域改革发展的意见》中明确指出，"安全生产是关系人民群众生命财产安全的大事，是经济社会协调健康发展的标志，是党和政府对人民利益高度负责的要求。"

建筑业是我国国民经济的重要支柱产业。改革开放以来，我国建筑业快速发展，建造能力不断增强，产业规模不断扩大，吸纳了大量农村转移劳动力，带动了大量关联产业，对经济社会发展、城乡建设和民生改善作出了重要贡献。建筑安全生产管理工作也取得了很大成绩。从总体上看，全国建筑安全生产形势呈不断好转之势，但受施工环境和作业特点等所限，特别是超高层、大体量的建设工程逐年递增，施工现场不安全因素较多，建筑安全生产形势依然非常严峻。建筑业仍属事故多发的高危行业之一，每年发生的事故起数和死亡人数有着较大波动性。因此，建筑安全生产是建筑业和工程建设发展的永恒主题，必须以习近平新时代中国特色社会主义思想为指引，牢固树立以人为本、安全发展的理念，坚持"安全第一、预防为主、综合治理"方针，坚持速度、质量、效益与安全的有机统一，强化和落实建筑业企业主体责任，防范和遏制重特大事故，防止和减少违章指挥、违规作业、违反劳动纪律行为，促进建设工程安全生产形势持续稳定好转。

建筑施工特种作业，是指在建筑施工活动中容易发生事故，对操作者本人、他人的安全健康及设备、设施的安全可能造成重大危害的作业。直接从事建筑施工特种作业的人员，称为建筑施工特种作业人员。因此，抓好建筑施工特种作业人员的专业培训教育，实行持证上岗，对于保障建筑施工安全生产具有极为重要的意义。

本系列教材的编写依据主要是《建筑施工特种作业人员管理规定》（建质 [2008]75 号）、《关于建筑施工特种作业人员考核工作的实施意见》（建办质 [2008]41 号）。根据建筑施工特种作业人员的分类和《建筑施工特种作业人员安全技术考核大纲》（试行）所规定的考核知识点，本系列教材共编为 12 本。其中，《特种作业安全生产基本知识》是综合性教材，适用于所有的建筑施工特种作业人员；其余 11 本为专业性用书，分别适用于建筑电工、普通脚手架架子工、附着升降脚手架架子工、建筑起重司索信号工、塔式起重机械司机、施工升降机司机、物料提升机司机、塔式起重机械安装拆卸工、施工升降机安装拆卸工、物料提升机安装拆卸工、高处作业吊篮安装拆卸工。

本系列教材的编写工作，得到了黑龙江省建筑安全监督管理总站、河南省建设安全监督总站、湖北省建设工程质量安全协会、浙江省建筑业行业协会施工安全与设备管理分会、山东省建筑安全与设备管理协会、湖南省建设工程质量安全协会、重庆市建设工程安全管理协会、江苏省建筑行业协会建筑安全设备管理分会、广东省建筑安全协会、安徽省建设行业质量与安全协会、江苏省高空机械吊篮协会和高空机械工程技术研究院以及有关方面专家们的大力支持，分别承担和完成了本系列教材的各书编写工作。特此一并致谢！

本系列教材主要用于建筑施工特种作业人员的业务培训和指导参加考核，也可作为专业院校和有关培训机构作为建筑施工安全教学用书。本书虽经反复推敲，仍难免有不妥之处，敬请广大读者提出宝贵意见。

建筑施工特种作业人员安全技术培训教材编审委员会
2018 年 12 月

前　言

建筑业是一个风险较大、事故多发的行业，而建筑施工特种作业人员在工程建设中往往担负着高危岗位的工作任务，稍有不慎，就可能发生生产安全事故，对本人、他人及周围设备设施的安全造成重大危害。为加强对建筑施工作业人员的管理，防止和减少生产安全事故，住房城乡建设部颁布了《建筑施工特种作业人员管理规定》和《关于建筑施工特种作业人员考核工作的实施意见》等文件，对建筑施工特种作业人员的考核、发证、从业和监督管理提出了具体要求。

脚手架作为建筑施工中不可缺少的临时设施，应用频率非常高。与其他建筑施工特种作业人员相比，建筑架子工具有人员多、分段作业多、交叉作业多、流动性大、危险性大等特点。据统计，由于脚手架的高风险作业而发生的人员伤亡事故，在各类建筑施工生产安全事故中占有较大比例。当前，随着社会经济的发展和城镇化进程的加快，各种高层、超高层、大跨度建筑与日俱增，建设工程的复杂程度、施工难度、风险因素明显增加，对各类脚手架的搭设和安全使用提出了更高的要求。

本书以国家和行业有关规范标准为依据，紧扣住房和城乡建设部《建筑架子工（普通架子工）安全技术考核大纲（试行）》和《建筑架子工（普通架子工）操作技能考核标准（试行）》，充分考虑建筑架子工的工作实际和知识需求，重点对各类作业脚手架和支撑脚手架有关安全技术理论及实际操作技能进行了阐述。在编写形式上注重结合具体示例，采用图解的方法，并通过使用二维码技术，内容深入浅出，语言通俗易懂，形式图文并茂，便于读者的理解和掌握。

　　本书由河南省建设安全监督总站和河南国基建设集团有限公司组织编写，中国建筑第七工程局有限公司、郑州大学、中铁七局集团有限公司、河南省建筑职业技术学院、河南省第二建设集团有限公司、南阳建筑工程学校、中建二局第二建筑工程有限公司等单位分别承担和完成了本书各章节的编写工作，编写中还借鉴了其他一些单位的相关资料，在此一并表示感谢。

　　由于水平有限，加之时间仓促，书中难免存在不妥之处，欢迎读者批评指正。

目　　录

12

1 基础理论知识

1.1 力学基本知识

1.1.1 力学基本概念

1. 力的概念

力是一个物体对另一个物体的作用，它包括了两个物体，一个叫受力物体，另一个叫施力物体，其效果是使物体的运动状态或形状发生变化。

2. 力的三要素

力对物体的效应取决于三个要素：力的大小、方向、作用点。力的大小表明物体间作用力的强弱程度；力的方向表明在该力的作用下，静止的物体开始运动的方向，作用力的方向不同，物体的运动方向也不同；力的作用点是物体上直接受力作用的位置。

如图 1-1 所示，用手拉伸弹簧，用的力越大，弹簧拉得越长，这表明力产生的效果跟力的大小有关系；用同样大小的力拉弹簧和压弹簧，拉的时候弹簧伸长、压的时候弹簧缩短，说明力的作用效果跟力的作用方向有关系。

图 1-1 手拉弹簧

如图 1-2 所示，大蚂蚁用"手"拉住绳子的那个点就是拉力的作用点。

图 1-2　拔河中拉力作用点

力的三要素中任何一个要素改变，都会使力的作用效果改变。

3. 力的单位

以前工程上曾习惯采用公斤力、千克力（kgf）和吨力（tf）来表示。现在我国采用国际计量单位制，力的单位用牛顿或千牛顿，简写为牛（N）或千牛（kN）。它们之间的换算关系为：

1 牛顿（N）=0.102 公斤力（kgf）

1 吨力（tf）=1000 公斤力（kgf）

1 千克力（kgf）=1 公斤力（kgf）=9.807 牛（N）

工程上常粗略地按 1kgf≈10N 进行换算。

4. 力的合成与分解

同时具有大小和方向的量称为矢量，所以力是矢量。力的合成与分解都遵从平行四边形法则。

平行四边形法则实质上是一种等效替代的方法。一个矢量（合矢量）的作用效果和另外几个矢量（分矢量）共同作用的效果相同，就可以用这一个矢量代替那几个矢量，也可以用那几个矢量代替这一个矢量，而不改变原来的作用效果。

如图 1-3 所示。2 匹小马拉力"相加"的结果等于 1 匹大马的拉力。

2

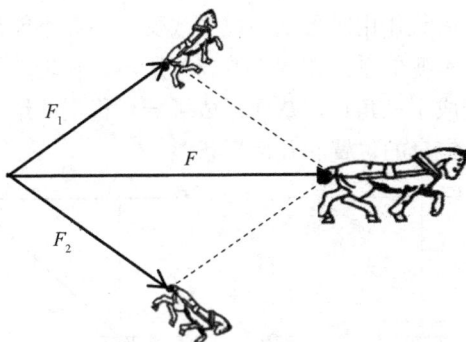

图 1-3 平行四边形法则

5. 力的平衡

作用在物体上几个力的合力为零，这种情形叫做力的平衡。

（1）二力平衡公理

物体受两个力的作用而处于平衡状态的条件是：这两个力的大小相等、方向相反、作用在同一直线上（简称为等值、反向、共线），这就是力的平衡条件。

（2）作用力与反作用力

两个物体之间相互作用的力，总是大小相等、方向相反、沿同一直线，并分别作用在两个物体上。如果将其中的一个力称为作用力，则另一个就是它的反作用力（又称"抗力"）。

1.1.2 杆件与结构

所谓杆件，就是指长度比宽度和厚度大得多的细长物体。房屋中的梁、柱等构件一般都被抽象为杆件。在建筑中，由若干构件（如柱、梁等）连接而构成的能承受荷载和其他间接作用（如温度变化、地基不均匀沉降等）的体系叫做建筑结构（简称结构）。在脚手架工程中，钢管是杆件，将钢管通过连接件（如扣件、连接盘等）连接在一起就组成了脚手架结构。

平面杆件体系分为几何可变体系和几何不变体系两类，如图 1-4 所示。几何可变体系，如图 1-4（a）所示，其结构是不稳定的，在受到荷载作用时形状会发生改变，因此不能作为工程结构使用。几何不变体系，如图1-4（b）所示，在增加了斜杆后，其基本形状变成了三角形，从而形成了一个稳定的结构，能在荷载作用下保持自身的位置和几何形状。

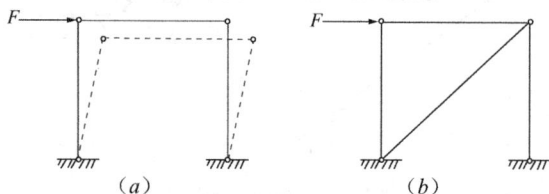

图1-4 平面杆件体系

（a）几何可变体系；（b）几何不变体系

由此可以看出，在脚手架工程中，"横平竖直"的架体并不是稳定结构，必须增加剪刀撑、斜向支撑（抛撑），才能使架体变成几何不变体系，形成稳定的结构。因此，剪刀撑、斜向支撑在脚手架的稳定方面，起着非常关键的作用。而且剪刀撑、斜向支撑只有连接在构件两端，才能最大程度地增加架体的稳定性，所以在施工现场搭设时要特别注意。

1.1.3 荷载

1. 荷载概念

荷载是指施加在工程结构上使工程结构或构件产生内力和变形的各种直接作用，常见的有：结构自重、人群、设备、物料自重等竖向荷载以及水平风荷载等。作用于作业脚手架或模板支架的荷载分为永久荷载和可变荷载。

2. 永久荷载

（1）作业脚手架永久荷载

1）构配件自重：包括钢管、扣件、门架、连接件、交叉支撑、水平加固杆、脚手板等自重。

2）附件自重：包括栏杆、扶手、挡脚板、安全网、剪刀撑、扫地杆及防护设施等自重。

（2）模板支架永久荷载

1）支架构配件及模板的自重：包括架体、围护、模板及模板支撑梁等自重。

2）新浇钢筋混凝土自重：包括钢筋自重、新浇混凝土自重。

3. 可变荷载

作业脚手架或模板支架的可变荷载一般包含下列内容：

（1）作业脚手架的施工荷载：包括脚手架作业层上的施工人员、材料及机具等自重。

（2）模板支架的可变荷载：包括作业层上的施工人员、机具自重、混凝土超高堆积、混凝土振捣等荷载。

（3）风荷载：脚手架搭设在较高的位置会受到风荷载的影响。如图 1-5 所示，在风的作用下，迎风面受到是风吹来的压力，背风面则是吸力。脚手架上方所受到的风荷载最大，因此上层的连墙件设置最为关键。

图 1-5　风荷载作用示意图

4. 荷载效应

由荷载引起结构或结构构件的反应，一个是内力，一个是变形。脚手架中的钢管在长期使用过程中（工人自重、脚手板、材料都是荷载）会产生变形。这个变形就是由于荷载长期作用而引起的。

1.1.4　杆件基本变形

由于作用在杆件上的外力的形式不同，使杆件产生的变形也各不相同，杆件的基本变形主要有四种形式。

1. 拉伸和压缩

直杆沿轴线受到两个大小相等、方向相反的外力作用时，杆件将受到轴向拉伸或轴向压缩。

当外力背离杆件时，杆件受拉伸而变长，称为轴向拉伸，如图 1-6（a）所示；当外力指向杆件时，则使杆件产生缩短变形，称为轴向压缩，如图 1-6（b）所示。建筑结构构件中，很多杆件是受轴向拉伸或轴向压缩的，如桁架中杆件、房屋的柱子、脚手架的立杆及斜撑等。工程上对只承受轴向拉伸或压缩的杆件叫拉压杆。在计算杆件内力时，为了区分拉、压关系，通常规定杆件受拉伸时为正，受压缩时为负。

2. 剪切

当作用在杆件上的两个大小相等、方向相反的横向力相距很近时，将引起杆件的剪切变形，如图 1-6（c）所示。剪切变形的特点是：两个力作用线间的截面发生相对错动。

3. 扭转

在一对大小相等、转向相反、作用面与杆件垂直的力偶作用下，杆的任意两横截面发生相对转动，如图 1-6（d）所示。

4. 弯曲

脚手架结构中的水平杆，是以弯曲变形为主的构件。在外力的作用下，其轴线将由直线变成曲线，这种变形即为"弯曲变形"，如图 1-6（e）所示。

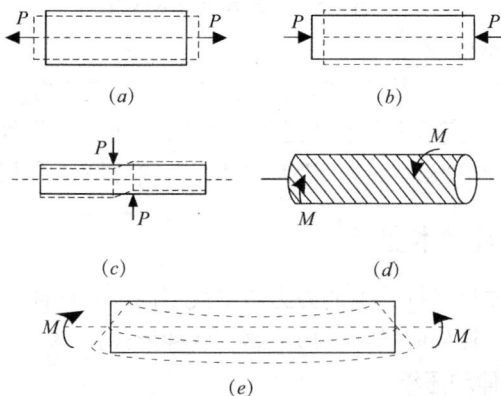

图 1-6 杆件基本变形

1.1.5 脚手架受力分析

脚手架是由各受力杆件组成的结构单元。横向水平杆（小横杆）、纵向水平杆（大横杆）和立杆等杆件组成了承载框架，剪刀撑和连墙件主要是保证脚手架的整体刚度和稳定性，增加抵抗垂直和水平荷载的能力。

以扣件式钢管脚手架为例，脚手架上的荷载传递途径是：脚手板上的全部竖向荷载作用在横（或纵）向水平杆上，并通过扣件传递到立杆上，最后由立杆传递给基础。水平风荷载则是通过连墙件传递给建筑物。扣件式钢管脚手架各部件基本受力情况如下：

（1）垫板与底座，主要是受压同时受冲剪配件，将立杆传来的荷载传向地面，增加对地面的受力面积，提高基础的抵抗力。

（2）立杆，是组成脚手架的主体构件，主要承受压力，同时也是受弯构件，是脚手架结构的支柱。

（3）扫地杆，主要作用是限制脚手架立杆在荷载作用下底部发生的位移，同时减小由于基础不均匀沉降而造成脚手架的倾斜，主要承受拉力和压力。

（4）纵向水平杆，是组成脚手架的主体构件，是受弯、受拉杆件。

（5）横向水平杆，是组成脚手架的主体构件，是受弯杆件，同时也承受脚手板传来的荷载，是脚手架受力和传力的主体。

（6）剪刀撑，是限制脚手架框架变形的构件，主要承受拉力和压力，通过旋转扣件的抗滑力将力传递给连接的立杆或横向水平杆。

（7）连墙件，是将脚手架承受的风荷载和其他水平荷载有效地传递到主体结构上的构件，并能够限制脚手架的竖向变形。在承受拉力、压力的同时又承受拉结点自身的扭力。

（8）防护栏杆，主要是受弯和受拉杆件，通过与立杆连接的扣件将所承受的水平力传到立杆上。

1.1.6　压杆稳定性

有实验证明，受压杆件失稳时临界压力的大小与杆件自身的抗弯刚度成正比，与杆件的长度的平方成反比。也就是说，压杆越细长，其失稳时的临界压力越小，压杆越容易失稳。

在工程实践中，脚手架失稳倒塌事故发生的原因通常不是立杆承载力不够被压断，而是由于其轴线不能维持直线形状的平衡状态所致，这种现象称为压杆失稳。

经研究发现，脚手架立杆在轴向压力的作用下突然破坏，是由于脚手架立杆失稳而造成的。脚手架立杆失稳破坏比强度不足破坏时所能承受的压力要小得多。

1.2　金属材料基础知识

1.2.1　金属材料种类及性能

1. 金属材料种类

金属材料通常分为黑色金属和有色金属两大类。

（1）黑色金属。以铁、锰、铬或以它们为主而形成的具有金属特性的材料，如碳素结构钢、合金钢、铸铁等。碳素结构钢由纯铁、碳及杂质元素组成，其中纯铁约占 99%，碳及杂质元素约占 1%。低合金钢中，除上述元素外还加入少量合金元素，后者总量通常不超过 3%。

碳素结构钢根据含碳量的多少，分为低碳钢（含碳量少于0.25%）、中碳钢（含碳量 0.25%～0.6%）和高碳钢（含碳量0.6%～1.4%）。碳含量越高则钢材强度越高，但同时钢材的塑性、韧性、冷弯性能、可焊性及抗锈蚀能力下降。脚手架用钢管一般都采用低碳钢。

（2）有色金属。除黑色金属以外的其他金属材料，如铜、铝、镁以及它们的合金等。

2. 钢的牌号

钢的牌号由代表屈服强度的字母、屈服强度数值、质量等级符号、脱氧方法符号等部分按顺序组成。以碳素结构钢 Q235AF 为例，其中：

Q——钢材屈服强度"屈"字汉语拼音首位字母。

235——屈服强度为 235MPa。

A——质量等级（钢材质量等级划分以冲击韧性试验温度为依据。A 级钢不提供冲击韧性保证；B、C、D、E 级分别提供 20°、0°、−20°和−40°的冲击韧性。E 级钢是级别最高、性能最好的钢材。Q235 级钢只有 A、B、C、D 四个等级）。

F——沸腾钢"沸"字汉语拼音首位字母（"Z"表示镇静钢"镇"字汉语拼音首位字母；"TZ"表示特殊镇静钢"特镇"两字汉语拼音首位字母）。

3. 材料性能

金属材料性能一般分为工艺性能和使用性能两类。

（1）工艺性能，是指机械零件在加工制造过程中，金属材料在所定的冷、热加工条件下表现出来的性能。如铸造性能、可焊性、可锻性、热处理性能、切削加工性等。

（2）使用性能，是指机械零件在使用条件下，金属材料表现出来的性能，包括力学性能、物理性能、化学性能等。金属材料在载荷作用下抵抗破坏的性能，称为力学性能（也称为机械性能）。常用的力学性能包括：强度、塑性、硬度、冲击韧性、多次冲击抗力和疲劳极限等。金属材料的力学性能是脚手架选材时的主要依据。金属材料使用性能的好坏，决定了它的使用范围与使用寿命。

（3）温度对钢材性能的影响。钢材对温度相当敏感，温度升高与降低都使钢材性能发生变化。随着温度的升高，普通钢的强度下降较快，温度达到 600℃时，其屈服强度仅为室温屈服强度的 1/3 左右，此时因强度很低已不能承担荷载。而弹性模量则在 500℃之后开始急剧下降，到 600℃时，约为室温弹性模量的

40%。另外，250℃附近有"蓝脆"现象，约 260 ～ 320℃时有徐变现象。钢材在高温下强度降低，使其耐火性很差。因此，脚手架必须严防火灾。

（4）钢材在腐蚀条件下的性能。钢材在建造、使用的过程中，由于大气环境的作用会发生腐蚀破坏。如脚手架钢管在使用时一直暴露在自然环境中，从而会产生不同程度的腐蚀，承载能力会有明显的下降。经研究发现，脚手架钢管由于使用部位和环境不同，其腐蚀程度也不一样，像接近节点的杆件根部，由于容易积累灰尘等，腐蚀程度就相对较高。因此做好脚手架构配件的日常维修、保养、防腐、清理工作非常重要。对于腐蚀严重的钢管等构配件一定要作报废处理，禁止用于作业脚手架或模板支架的搭设。

1.2.2 脚手架构配件常用材料

脚手架构配件的常用材料包括金属材料（钢材、铝合金等）和非金属材料（木材、竹子、棉纶等）。

金属材料是脚手架工程中用得最多的材料，在脚手架构配件中主要用于钢管、扣件、底座、钢质脚手板、托座、工字钢、柱箍、钢丝绳等。铝合金一般用于铝合金模板支架；非金属材料多用于木竹脚手架、竹质脚手板、木脚手板、立杆垫板、安全网等。

脚手架所使用金属构件，如型钢、钢板、圆钢，包括各类杆件、悬挑梁、钢制脚手板、托座、连墙件等，其材质应为碳素结构钢 Q235 级或低合金高强度结构钢 Q345 级；用于固定型钢悬挑梁的 U 形钢筋拉环或锚固螺栓以及钢丝绳与建筑结构拉结的吊环，其材质应为 HPB235 或 HPB300 级钢筋；扣件和底座应采用力学性能不低于 KTH330-08 牌号可锻铸铁或 ZG230-450 铸钢；木脚手架主要受力构件应选用剥皮杉木或落叶松木；竹脚手架主要受力杆件应选用生长期为 3 ～ 4 年的毛竹。

脚手架材质的正确选用是保证脚手架安全的首要条件，如果选用的不合理，将会导致架体的承载力不能满足设计要求，因而存在垮塌的危险。例如，国家标准规定支撑结构用钢管材质应用 Q235 级钢，但目前市场上还有 Q215、Q195 级钢管混杂，而 Q195 级钢的抗压强度比 Q235 级钢几乎低了 20%。因此，为了保证脚手架的安全，在选择脚手架材质上，一要符合国家有关规范标准的规定，二要满足专项施工方案的要求，决不能以低代高，以次充好。

1.3 建筑识图知识

1.3.1 识图基本知识

图样是一种用以表达构思和交流意见的技术语言，它能完整地表达物体的形状及大小，可直接解决生产中出现的空间几何问题。

要建造一幢房子或搭设一种脚手架，首先必须进行设计。而具体的设计，往往不是用文字能全部表达清楚的，都要借助图样，这就产生了图纸。各类建筑工程都有一套设计好的施工图纸以及有关的标准图集和文字说明，这些图纸和文字是施工的重要依据。作为一名架子工，要按图施工，必须要学会识图，能看懂图纸。

1. 房屋施工图的组成

一套完整的施工图通常有：建筑施工图、结构施工图、给水排水施工图、供暖通风施工图和电气施工图等。

（1）建筑施工图，简称建施，主要表达建筑物的外部形状、内部布置、装饰构造、施工要求等，主要有首页图、建筑总平面图、平面图、立面图、剖面图以及墙身、楼梯、门、窗详图等。

（2）结构施工图，简称结施，主要表达承重结构的构件类型、布置情况以及构造做法等，主要有基础平面图、基础详图、楼层及屋盖结构平面图、楼梯结构图和梁、柱、板等构件的结构详图等。

（3）设备施工图，简称设施，主要表达房屋各专用管线和设备布置及构造等情况，主要有给水排水、供暖通风、电气照明等设备的平面布置图、系统图和施工详图。

一栋房屋的全套施工图顺序编排是：图纸目录、建筑设计总说明、总平面图、建施、结施、水施、暖施、电施。各专业施工图的编排顺序是全局性的图纸在前，局部性的图纸在后，如基础图在前，详图在后；先施工的在前，后施工的在后；重要的在前，次要部分在后。

2. 房屋施工图的绘制

房屋施工图的绘制应当符合现行国家标准《建筑制图标准》（GB/T 50104）、《房屋建筑制图统一标准》（GB/T 50001）、《总图制图标准》（GB/T 50103）等规范标准的规定。

（1）线型

施工图纸的各种图形都是由线条组成的，而每张图纸反映的内容不同，因此就要采用各种粗细、虚实的线条表示所画部位的含义。建筑工程施工图常用的线型及用途见表1-1。

施工图常用线型及用途   表1-1

名称		线型	线宽	一般用途
实线	粗	———————	b	主要可见轮廓线
	中粗	———————	$0.7b$	可见轮廓线
	中	———————	$0.5b$	可见轮廓线、尺寸线、变更云线
	细	———————	$0.25b$	图例填充线、家具线
虚线	粗	— — — — —	b	见各有关专业制图标准
	中粗	— — — — —	$0.7b$	不可见轮廓线
	中	— — — — —	$0.5b$	不可见轮廓线、图例线
	细	— — — — —	$0.25b$	图例填充线、家具线

名称		线型	线宽	一般用途
单点长画线	粗	————·————·————	b	见各有关专业制图标准
	中	————·————·————	$0.5b$	见各有关专业制图标准
	细	————·————·————	$0.25b$	中心线、对称线、轴线等
双点长画线	粗	————··————··————	b	见各有关专业制图标准
	中	————··————··————	$0.5b$	见各有关专业制图标准
	细	————··————··————	$0.25b$	假想轮廓线、成型前原始轮廓线
折断线	细	～～～	$0.25b$	断开界线
波浪线	细	～～～～	$0.25b$	断开界线

注：表中 b 为基础线宽。

（2）定位轴线及编号

在建筑工程施工图中，凡是主要的承重构件如墙、柱、梁的位置都要用轴线来定位。

定位轴线用细单点长画线绘制。

轴线编号写在轴线端部的圆圈内，圆圈的圆心在轴线的延长线上或延长线的折线上。横向编号用阿拉伯数字标写，从左至右按顺序编号；纵向编号用大写拉丁字母，从前至后按顺序编号，如图1-7所示。拉丁字母中的I、O、Z不能用于轴线号，以避免与1、0、2混淆。

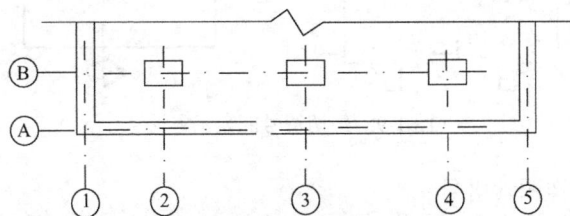

图1-7 定位轴线的编号

除了标注主要轴线之外，还可以标注附加轴线。附加轴线编号用分数表示。两根轴线之间的附加轴线，以分母表示前一根轴线的编号，分子表示附加轴线的编号，如图1-8所示。

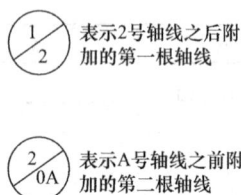

①/② 表示2号轴线之后附加的第一根轴线

②/0A 表示A号轴线之前附加的第二根轴线

图1-8　附加轴线编号表示方法

通用详图的定位轴线只画圆圈，不标注轴线号。

（3）比例

工程图纸都是按照一定的比例将建筑物缩小，在图纸上画出。我们看到的施工图都是经过缩小后绘制而成。所绘制的图形与实物相对应的线性尺寸之比称为比例。

比例的符号为"："，比例用阿拉伯数字表示，如1:50、1:100等。比例的大小，是指其比值的大小，如1:50大于1:100。

无论图纸的比例大小如何，在图中都需要标注物体的实际尺寸。

（4）常见符号

1）剖切符号

① 剖视的剖切符号由剖切位置线及剖视方向线组成，均以粗实线绘制。

② 剖视剖切符号的编号一般采用粗阿拉伯数字，按剖切顺序由左至右、由下向上连续编排，并注写在剖视方向线的端部。如图1-9所示。

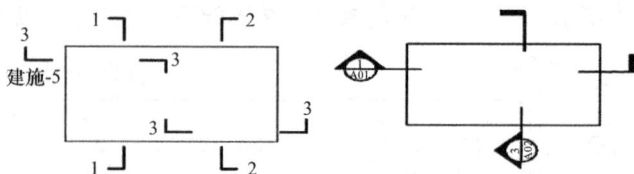

图1-9　剖切符号的表示方法

2）详图索引号

需要对某一构件或某一部位进一步表示清楚时，常采用详图索引号表示。常见的详图索引号表示方法如图 1-10 所示。

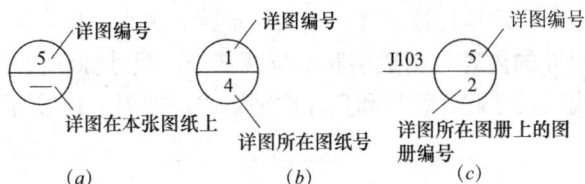

图 1-10　索引符号

3）引出线

需要对建筑物的某些部位或某些构件在图上用文字加以说明时，要用引出线引出，并辅以文字说明。文字说明一般注写在水平线的上方，如图 1-11（a），也可注写在水平线的端部，如图 1-11（b）。索引详图的引出线，应与水平直径线相连接，如图 1-11（c）。

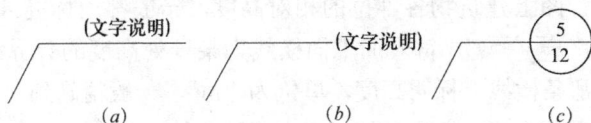

图 1-11　引出线

同时引出的几个相同部分的引出线，宜互相平行，如图 1-12（a），也可画成集中于一点的放射线，如图 1-12（b）。

4）指北针

指北针通常绘制在总平面图上，说明场地方向。如图 1-13 所示。

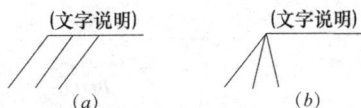

图 1-12　共同引出线

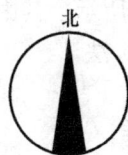

图 1-13　指北针

5）尺寸标注

15

施工图除了画出建筑物及其各部分的形状外，还必须准确、详尽和清晰合理地标注尺寸，以表达形状和大小，作为施工时的依据。尺寸的内容包括数字和单位两部分。尺寸标注由尺寸线、尺寸界线、尺寸起止符号和尺寸数字组成，如图 1-14 所示。

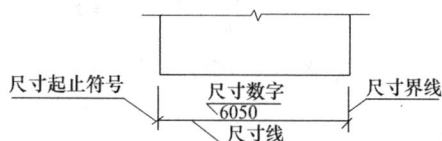

图 1-14　尺寸的组成

根据国家现行标准规定，尺寸单位除总平面图和标高以米（m）为单位外，其余均以毫米（mm）为单位。

6）标高

施工图上建筑物各部位的相对高度，一般都用标高来表示，符号为"▽"，符号的下面横线为某一处高度的分界线；符号上面那条横线上标明高度，单位为"m"，一般精确到"mm"。

标高分为绝对标高和相对标高两种。

绝对标高，是以我国青岛的黄海平均海平面定为标高的零点，其他标高均以此为基准。绝对标高一般标注在总平面图或图纸的总说明上。

相对标高，也称为建筑标高，是以该建筑物的底层室内地坪定为标高的零点，写作"±0.000"。高于它的为正，但一般不标注"＋"符号。低于它的为负，必须注明符号"－"。标高的注法如图 1-15 所示。其中图 1-15（e）为同一位置需要表示几个不同标高时的标法。

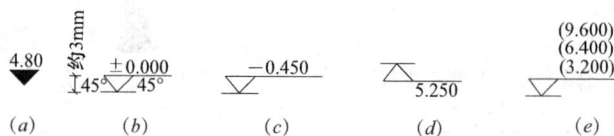

图 1-15　符号及标高数字的注写

1.3.2 识读图纸方法

1. 读图的顺序

读图要有顺序，其方法一般是：由外向里看，由大向小看，由粗向细看，图样与说明互看，建筑施工图与结构施工图对照看，重点看轴线及各种尺寸的关系。

读图时首先看一下总说明，了解建筑概况、技术要求等图面表达不清必须用文字补充加以说明的一些问题，然后进行阅图。

阅图一般按目录顺序由总平面图→建筑平面图→立面图及剖面图→结构布置图→构件详图等，依次看下去。

2. 读图的要领

（1）掌握绘图的基本原则，培养自己通过三面投影图建立形体空间形象的想象力。

（2）掌握常用图例、符号和表示方法。

（3）熟悉建筑构造和结构构造的一般方法。

（4）看图时要先粗后细、先大后小、互相对照，如平面图、立体图、剖面图的对照，整体与详图对照，建筑图与结构图对照，图形与文字说明对照等。

（5）联系实际看图，结合现场情况读图，更能收到很好的看图效果。

（6）读图时，要做记录，掌握一些关键尺寸数据。

1.3.3 脚手架施工图识读

脚手架搭设图样作为专项施工方案中的一项主要内容，一般包括架体平面布置图、立面布置图、剖面图和节点详图等。

1. 读图步骤及要点

（1）先阅读脚手架专项施工方案，了解架体的搭设位置、结构类型、基础的做法、搭设高度、主要构配件等基本技术要求。

（2）阅读架体平面布置图、立面布置图，掌握架体整体构造情况，如立杆、水平杆的间距和步距、连墙件位置、剪刀撑或斜撑设置等。

（3）仔细阅读剖面图和节点详图，掌握关键节点的详细构造和具体做法，如连墙件的拉结形式、悬挑梁的固定位置和结构、斜拉钢丝绳预埋环的设置、可调顶托的长度及支撑位置、剪刀撑接长、门洞的搭设、架体拐角处做法、支架与建筑结构固结方式等。

（4）对照专项施工方案和图纸文字说明，了解铺设脚手板、挂设安全网、设置警示标志等其他技术要求。

2. 识图实例

下面分别以作业脚手架和梁板结构模板支架为例，介绍脚手架施工图纸的识读方法。

（1）作业脚手架

有一外脚手架工程，从专项施工方案了解，该架为双排落地架，采用扣件钢管搭设，总搭设高度 30m，基础采用灰土地基，连墙件按二步三跨设置，钢管采用 ϕ48.3×3.6 的 Q235 普通钢管。

该脚手架的平面图和立面图如图 1-16、图 1-17 所示。

从图 1-16 可以看出，立杆横向水平间距（横距）为 1050mm，纵向水平间距（纵距）为 1500mm；横向水平杆（小横杆）固定在纵向水平杆（大横杆）上，伸出外立杆长度为 150mm；连墙件采用钢管箍柱式结构，其水平间距为 3 跨（3×1500）4500mm。

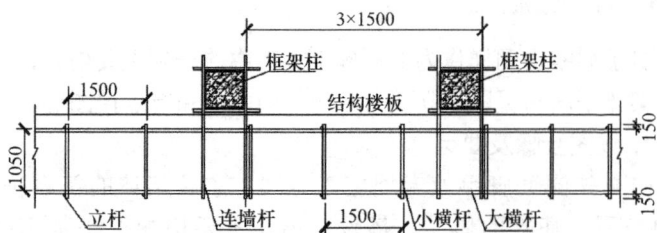

图 1-16　平面布置图

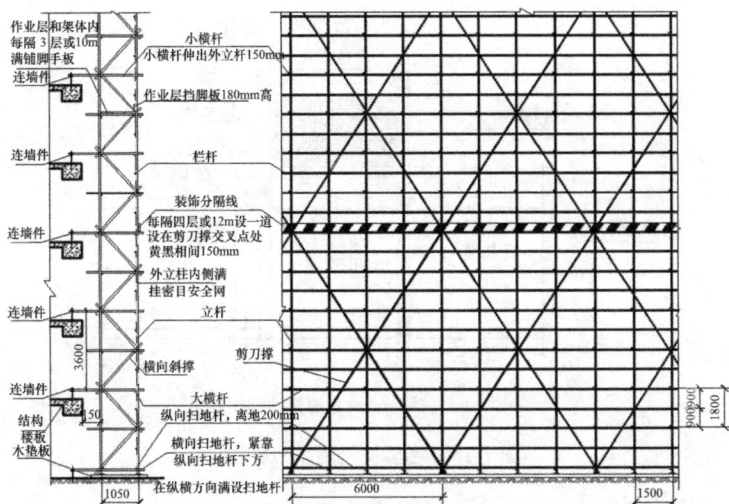

图 1-17　立面布置图

从图 1-17 可以看出，架体内立杆与建筑物的距离为 150mm，立杆底部设有木垫板，下部设纵横向扫地杆，纵向扫地杆在上，横向扫地杆在下，纵向扫地杆离地 200mm；剪刀撑为外侧全立面连续设置，宽度为 4 跨（4×1500）6000mm；架体内设置有横向斜撑，由底至顶呈之字形连续布置；纵向水平杆（大横杆）步距为 1800mm，大横杆之间设有一道栏杆（栏腰杆），距离为 900mm；连墙件竖向间距为 2 步（2×1800）3600mm。从图中还可以看出，作业层和架体内每隔 3 层或 10m 满铺脚手板，作业层挡脚板高度 180mm；架体外立柱内侧满挂密目式安全网；另外，立面外侧每隔四层或 12m；在剪刀撑交叉点处设一道装饰分隔线。

连墙件节点构造如图 1-18 所示。从图中可以看出，连墙件采用 4 根 φ48 钢管通过直角扣件连接而成。右侧连墙杆件与内外立杆连接，左侧连墙杆件与大横杆连接；2 个连墙杆件和 2 个短钢管扣接形成的方框与框架柱紧箍，钢管与框架柱接触部位设有楔木；连墙杆件的尾部加设有防滑扣件，所有钢管端部的伸出长度为 100mm。

19

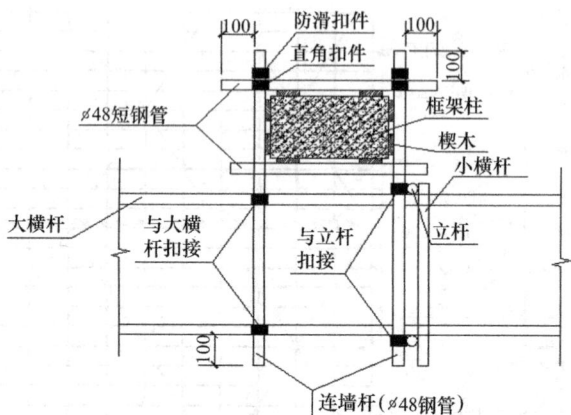

图 1-18　连墙件构造节点样图

剪刀撑接长节点如图 1-19 所示。从图中可以看出，剪刀撑接长采取搭接方式，搭接长度大于 1000mm，采用 3 个旋转扣件分别在两端和中间固定，端部扣件盖板边缘至杆端的距离为 100mm。

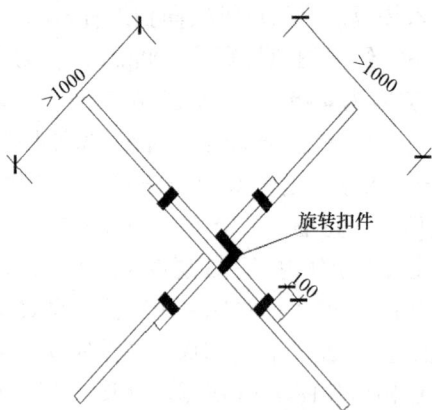

图 1-19　剪刀撑接长节点详图

（2）模板支架

下面介绍某地铁车站梁板结构模板支架施工图的识读要点。

图 1-20 为模板支架平面布置图。识读平面布置图时，首先根据轴线确定模板支架搭设位置，图中每一个黑色圆点表示一

根立杆。然后根据尺寸标注确定立杆的纵、横向水平间距。从图中可以看出，立杆纵向水平间距为600mm，横向水平间距为900mm。交叉的粗实线为水平剪刀撑设置位置，水平剪刀撑应严格按图纸中标注尺寸和位置搭设。

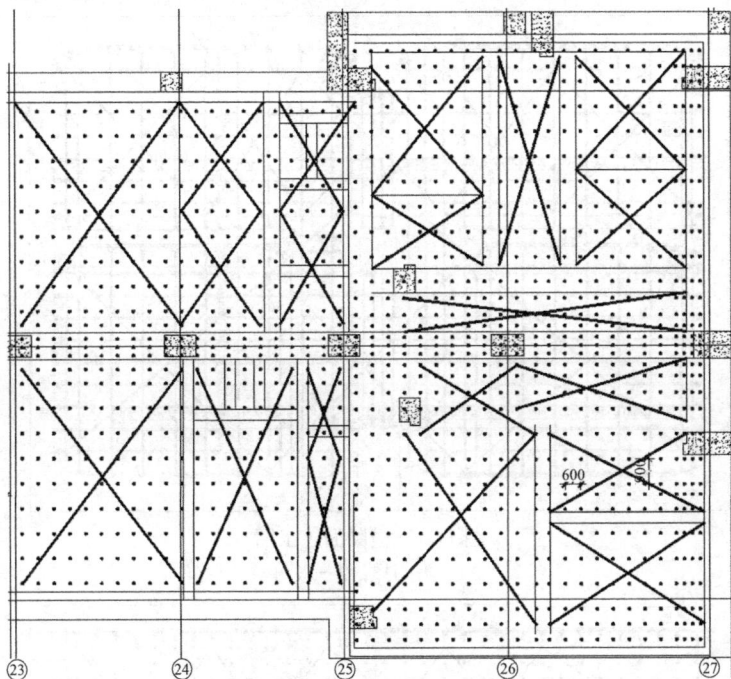

图 1-20　平面布置图

图 1-21 为横断面施工图。从图中可以看出，地铁车站为地下两层结构，架体两侧立杆的横向间距为900mm，中间部分间距为500mm，其中梁下间距为250mm，步距为600mm；支架顶部设置可调顶托（可通过螺丝调节高度）。为了避免中板受力超过其设计值，负1层和负2层立杆搭设位置上下对应，且下层结构立杆不能提前拆除；在结构顶板和中板下方设置有腋角（加腋），在加腋位置设有2根斜杆，斜杆连接在交叉点上。图中的交叉粗实线为横向剪刀撑设置位置。

图 1-22 为纵断面施工图。从图中可以看出，底板厚度为 1000mm，侧墙为 800mm；立杆纵向水平间距为 600mm。支架最下方设置有扫地杆，由于立杆底部不在同一高度上，高处的纵向扫地杆向低处延长了 2 跨；交叉细实线为纵向剪刀撑设置位置。

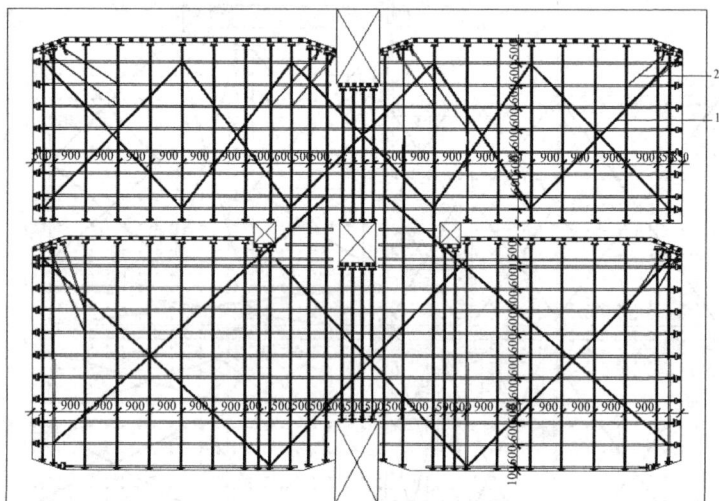

图 1-21　横断面施工图

1—剪刀撑；2—腋角

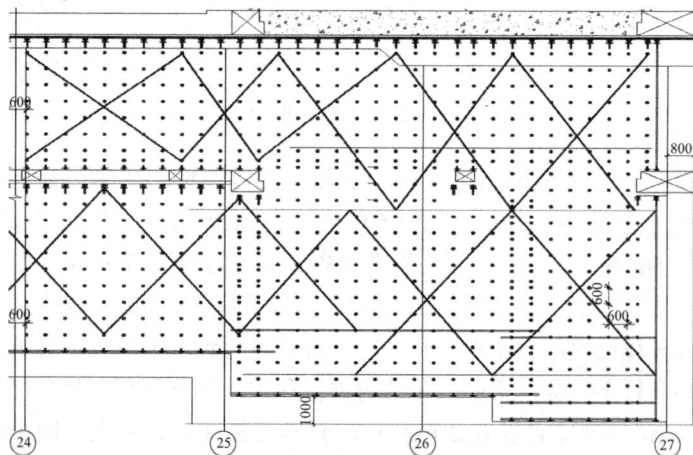

图 1-22　纵断面施工图

图 1-23 为构件间连接处的节点详图。腋角构造做法如图 1-23
（a）所示，在腋角处设置楔形垫块使立杆稳定传力，用斜撑顶紧
模板。图 1-23（b）、（c）、（d）为其他支撑结构的具体做法。从
图中还可以看出，所有水平杆的端部均与四周的侧墙或建筑结构
顶紧，以增加架体的稳定性。

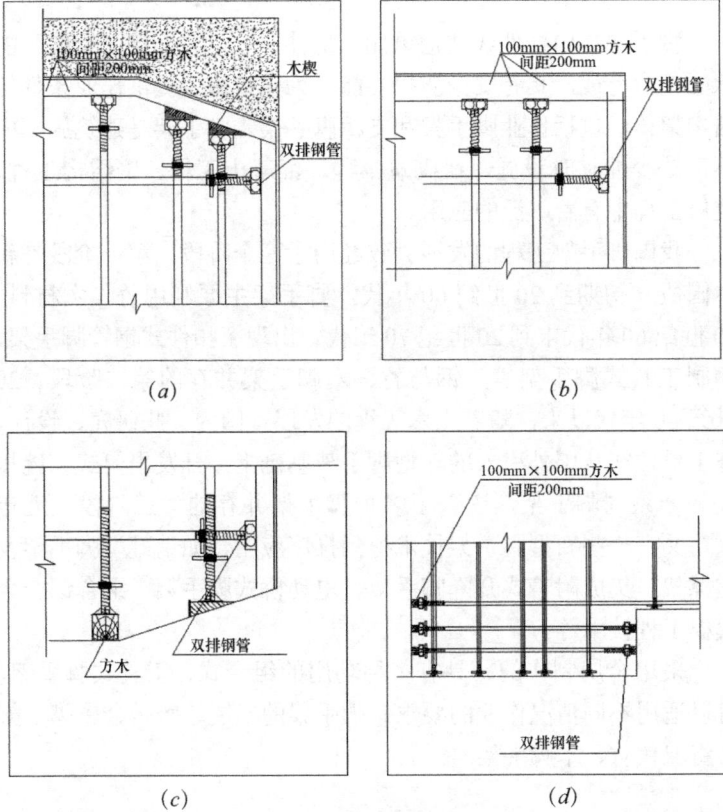

(a)

(b)

(c)

(d)

图 1-23　节点详图

2 脚手架概述

脚手架是由杆件或结构单元、配件通过可靠连接而组成，能承受相应荷载，具有安全防护功能，为建筑施工提供作业条件的结构架体，包括作业脚手架和支撑脚手架。脚手架是建筑施工中不可缺少的临时设施，在砌筑工程、混凝土工程、钢结构工程、装修工程中有着广泛的应用。

我国脚手架工程的发展大致经历了三个阶段。第一阶段是新中国成立初期到 20 世纪 60 年代，脚手架主要利用竹、木材料。20 世纪 60 年代末到 20 世纪 70 年代，出现了扣件式钢管脚手架、钢制工具式脚手架等，钢与竹、木脚手架并存的第二阶段。20 世纪 80 年代以来，随着土木工程的发展，国内一些研究、设计、施工单位在从国外引入的新型脚手架基础上，开发出门式、碗扣式等一系列脚手架，进入了多种脚手架并存的第三阶段。近年来，又有一些新型脚手架技术得到推广应用，如销键型脚手架及支撑架、集成附着式升降脚手架、电动桥式脚手架、组合铝合金模板工程技术等。

采用金属制作的、具有多种功用的组合式、工具式脚手架，可以适用不同情况作业的要求。脚手架的发展趋势是金属脚手架必将取代竹、木脚手架。

2.1 作业脚手架

2.1.1 作业脚手架种类

作业脚手架由杆件或结构单元、配件通过可靠连接而组成，支承于地面、建筑物上或附着于工程结构上，为建筑施工提供作业平台和安全防护的脚手架，包括以各类不同杆件（构件）和节点形式构成的落地作业脚手架、悬挑脚手架、附着式升降脚手架等，简称作业架。

作业脚手架可根据与建筑物的位置关系、支承特点、结构形式以及使用的材料等划分为多种类型。

（1）按搭设材料可分为钢管或金属脚手架、木脚手架和竹脚手架。其中，钢管脚手架又可分为扣件式、碗扣式、门式、承插式、轮扣式等。

（2）按照与建筑物的位置关系可分为外脚手架和里脚手架。

（3）按构架方式可分为杆件组合式脚手架、框架组合式脚手架、格构件组合式脚手架和台架等。

（4）按立杆设置排数可分为单排脚手架、双排脚手架、多排脚手架、满堂脚手架和特形脚手架等。

（5）按架体闭合方式可分为开口架、一字架、交圈脚手架等。

（6）按支固方式可分为落地式脚手架、悬挑式脚手架、附墙悬挂脚手架、悬吊脚手架、附着升降脚手架和水平移动脚手架等。

2.1.2 作业脚手架作用

1. 作业脚手架的主要作用

（1）为操作人员提供可靠的作业平台。

（2）临时堆放建筑材料，放置简单施工工具。

（3）进行短距离的水平运输。

（4）挂设安全网，防止高处坠落和高处坠物。

2. 作业脚手架的基本要求

作业脚手架既要满足施工需要，且又要为保证工程质量和提高工效创造条件，同时还应为组织快速施工提供工作面，确保施工人员的人身安全。

（1）满足使用要求。有适当的宽度，应满足工人操作、材料堆放及运输的要求。

（2）坚固、稳固、安全。有足够的承载力、刚度及稳定性，在施工期间的各种荷载作用下，脚手架不变形，不摇晃，不倾斜。

（3）易搭设。脚手架属于周转性重复使用的临时设施，因此必须搭拆简单，搬运方便，能多次周转使用。

（4）造价经济。因地制宜，就地取材，节约用料。

2.1.3　作业脚手架术语

（1）木脚手架：采用木杆件搭设的脚手架。

（2）竹脚手架：采用成熟竹竿件搭设的脚手架。

（3）金属脚手架：采用金属材料制作、组装的脚手架。

（4）单排脚手架：只有一排立杆，横向水平杆的一端搁置在墙体上的脚手架。

（5）双排脚手架：由内外两排立杆和水平杆等构成的脚手架。

（6）结构脚手架：用于砌筑和结构工程施工作业的脚手架。

（7）装修脚手架：用于装修工程施工作业的脚手架。

（8）敞开式脚手架：仅设有作业层栏杆和挡脚板，无其他遮挡设施的脚手架。

（9）全封闭式脚手架：用密目网、钢丝网等材料将脚手架外侧立面全部遮挡封闭的脚手架。

（10）封圈型脚手架：沿建筑周边交圈设置的脚手架。

（11）开口式脚手架：沿建筑周边非交圈设置的脚手架。

（12）一字型脚手架：沿建筑周边非交圈设置，且呈直线型的脚手架。

（13）落地式脚手架：架体底部直接落于地面、楼面、屋面或其他可靠工程结构台面上的脚手架。

（14）悬挑式脚手架：卸荷于附着在建筑结构的刚性悬挑梁或架体上的脚手架。

（15）满堂脚手架：按施工作业和平面满布设置的多排脚手架。

（16）整体提升脚手架：采用整体一起升降的附着升降脚手架。

（17）扣件式钢管脚手架：采用扣件连接的钢管脚手架。

（18）碗扣式钢管脚手架：采用碗扣方式连接的钢管脚手架。

（19）门式钢管脚手架：采用专用门式构件搭设的钢管脚手架。

（20）承插式钢管脚手架：采用承插连接的钢管脚手架。

（常见作业脚手架的具体实例可扫描二维码 1 进行查看。）

二维码1

2.2 支撑脚手架

2.2.1 支撑脚手架种类

支撑脚手架由杆件或结构单元、配件通过可靠连接而组成，支承于地面或结构上，可承受各种荷载，具有安全保护功能，为建筑施工提供支撑和作业平台的脚手架，包括以各类不同杆件(构件)和节点形式构成的结构安装支撑脚手架、混凝土施工用模板支撑脚手架等，简称支撑架或模板支架。

支撑脚手架主要可划分为两种类型。

（1）按搭设材料可分为钢管或金属模板支架和木结构模板支架。其中，钢管模板支架包括扣件式模板支架、碗扣式模板支架、门式模板支架、承插式模板支架、轮扣式模板支架、组合铝合金模板支架等。

（2）按支模高度、跨度和荷载可分为普通模板支撑系统和高大模板支撑系统。高大模板支撑系统是指混凝土构件模板支撑高度超过 8m，或搭设跨度超过 18m，或施工总荷载（设计值）大于 15kN/m^2，或集中线荷载（设计值）大于 20kN/m 的模板支撑系统，例如饭店大堂、剧院、演播厅等的楼屋盖模板工程，结构复杂，施工技术和安全要求较高。

2.2.2 模板支架主要特点

1. 模板支架的构造特点

模板工程是混凝土结构施工的重要组成部分，主要由面层模板和模板支架两部分组成。面层模板的主要功能是使混凝土成为一定的结构形状；模板支架的主要功能是承受面层模板传来的荷载。模板支架系统的立柱主要采用钢管立柱和木立柱。竹胶合板和钢组合板作为模板面层材料应用的最为广泛。通常情况下，面层模板部分和木支架部分的施工主要由木工完成，模板的钢管支架部分的施工主要由架子工完成。

模板支架所支撑的混凝土结构一般是梁板体系，因板梁之间、主次梁之间存在高差，因而支架顶部多数情况下不在一个水平面，存在一定的高差。从所支撑的结构来看，楼层模板支架，其高度较小，四周有柱、墙等可支撑的结构；桥梁模板支架，如立交桥、跨线桥、城铁桥等，四面无支撑结构，高度较大，荷载也较大。

2. 模板支架的基本要求

（1）应具有足够的承载能力、刚度和稳定性，能可靠地承受浇筑混凝土的重量、侧压力及施工荷载。

（2）能保证工程结构和构件各部分形状尺寸和相互位置的正确。

（3）构造简单，装拆方便，并便于钢筋的绑扎和安装，符合混凝土的浇筑及养护等工艺要求。

2.2.3 模板支架常见结构形式

1. 扣件式钢管模板支架

扣件式钢管模板支架系统主要由钢管和扣件组成，其应用十分广泛。特点是装拆灵活，搬运方便，通用性强，不用加工，立柱和大横杆的间距不受模数限制。

扣件式钢管支架的缺点是横、竖、斜杆件之间有偏心，对立柱受压有不利影响；由于连接点主要依靠拧紧螺栓之后扣件与钢管的摩擦力，节点处的连接力受扣件螺栓拧紧程度的影响，因而其搭设质量有人为因素影响；由于立柱受弯压力作用，步距和搭设高度受立柱的长细比制约。

2. 碗扣式钢管模板支架

碗扣式钢管模板支架系统主要由碗扣和钢管组成，具有拼拆迅速，结构稳定可靠，通用性强，承载力大，安全可靠，易于加工，便于管理和运输，应用广泛等特点，是一种构造简单、操作方便、搭设省时省力的模板支架系统。适用于房屋建筑、市政、桥梁混凝土水平构件的模板承重支架，也适用于作为钢结构施工现场拼装的承重支架。

碗扣式钢管支架的缺点是横杆为几种尺寸的定型杆，立杆上碗扣节点按 0.6m 间距设置，使构架尺寸受到限制；价格比扣件式钢管支架要贵一些。

3. 承插式钢管模板支架

承插式钢管模板支架也称为"雷亚架"。其立杆采用套管承插连接，水平杆和斜杆采用杆端和接头卡入连接盘，用楔形插销连接，形成结构几何不变体系的钢管支架。特点是架体结构稳定，有自锁能力，承载力大，安全系数高，适用性强，产品的使用寿命长，外观形象好，装拆灵活快捷，易于掌握，省工省力，施工效率比碗扣架要快。

承插式钢管支架的缺点是产品型号与尺寸固定，搭设的随意性小；立杆采用 Q345B 合金材质，表面经热镀锌处理，所以产品生产成本较高；配件标准尚不统一，产品通用性低。

4. 门式钢管模板支架

门式钢管模板支架系统是以门架为单元，通过连接部件将门架互相搭设在一起的钢管支架。门式钢管支架以门架为单元实现支架的装拆使用，除了重量轻外，每一组脚手架自身可形成稳定的结构体系，具有操作简单、装拆方便、受力性能好、安全可靠的特点。

门式支架的缺点是体形和尺寸单一，其平面尺寸是固定的，无法适应多变的工程状况，适用范围有限；由于是薄壁构件，坚固性较差，对拆装过程有较高要求；受架体的承载力限制，较少用作市政、桥梁和高大模板工程等重混凝土水平构件的模板支架。

5. 木结构模板支架

木结构模板支架系统主要由木杆通过镀锌钢丝绑扎而成，并通过设置剪刀撑、斜撑等来保证其构造的整体稳定性，一般用于周围有墙体等结构的封闭式空间和承载力小的模板工程。其搭设高度在 5m 以内，不能应用于高大模板支架和超重现浇混凝土楼盖模板的支架。目前，除了一些低层建筑工程外，其他工程已很少使用木结构模板支架。

6. 铝合金模板系统

铝合金模板系统最早诞生于美国，是一种新型的建筑模板技术。其主要由模板系统、支撑系统、紧固系统、附件系统等构成，可广泛应用于钢筋混凝土建筑结构的各个领域。铝合金模板系统具有重量轻、精度高、稳定性好、承载力大、混凝土平整光洁、拆装方便、支撑杆较少、操作空间大、施工快捷、周转次数多、经济性好、施工现场安全整洁、应用范围广等特点。

铝合金模板系统的缺点是铝模板加工出来后，在现场安装基本上不能修改；前期一次性投入相应较大，只有在标准层数量多的建筑物上使用才能有效降低成本；地下室模板暂时还无法使用。

7. 轮扣式钢管模板支架

轮扣式钢管模板支架是由承插式脚手架衍生出来的一种新型建筑模板支撑系统。其立杆采用套管承插连接，水平杆采用杆端焊接楔形直插头插入立杆连接盘，水平杆和竖向剪刀撑采用扣件式钢管与立杆或水平杆固定，有效提高架体的整体稳定强度和安全度，具有拼拆迅速，结构简单，稳定可靠，通用性强，承载力大，安全高效，不易丢失，易于运输等特点，施工效率比承插式更为快捷，在建筑工地上已开始广泛使用。

目前，轮扣式钢管脚手架还没有国家和行业标准，不过广东、山东、湖南等省已颁布了轮扣式钢管脚手架地方性技术标准，为轮扣架的规范使用提供了依据。

（常见模板支架的具体实例可扫描二维码 2 进行查看。）

二维码2

2.3 专项施工方案

按照《危险性较大的分部分项工程安全管理规定》（住房城乡建设部令第 37 号）有关要求，在危险性较大的脚手架工程施工前，施工单位应当组织工程技术人员编制专项施工方案。实行施工总承包的，专项施工方案由施工总承包单位组织编制。实行分包的，专项施工方案可以由相关专业分包单位组织编制。对于超过一定规模的脚手架工程，还应组织专家对方案进行论证。

2.3.1 编制工程项目

1. 需要编制专项施工方案的作业脚手架工程

（1）搭设高度 24m 及以上的落地式钢管脚手架工程（包括采光井、电梯井脚手架）。

（2）悬挑式脚手架工程。

（3）卸料平台、操作平台工程。

（4）异型脚手架工程。

2. 需要编制专项施工方案的模板工程

（1）各类工具式模板工程：包括滑模、爬模、飞模、隧道模等工程。

（2）混凝土模板支撑工程：搭设高度 5m 及以上，或搭设跨度 10m 及以上，或施工总荷载（设计值）10kN/m^2 及以上，或集中线荷载（设计值）15kN/m 及以上，或高度大于支撑水平投影宽度且相对独立无联系构件的混凝土模板支撑工程。

（3）承重支撑体系：用于钢结构安装等满堂支撑体系。

3. 需要专家论证的作业脚手架工程

（1）搭设高度 50m 及以上的落地式钢管脚手架工程。

（2）分段架体搭设高度 20m 及以上的悬挑式脚手架工程。

4. 需要专家论证的模板工程

（1）各类工具式模板工程：包括滑模、爬模、飞模、隧道模等工程。

（2）混凝土模板支撑工程：搭设高度 8m 及以上，或搭设跨度 18m 及以上，或施工总荷载（设计值）15kN/m^2 及以上，或集中线荷载（设计值）20kN/m 及以上。

（3）承重支撑体系：用于钢结构安装等满堂支撑体系，承受单点集中荷载 7kN 及以上。

2.3.2 编制方案内容

专项施工方案应根据工程建设标准和勘察设计文件，并结合工程项目和分部分项工程的具体特点进行编制。方案应包括以下主要内容：

（1）工程概况：脚手架工程概况和特点、施工平面布置、施工要求和技术保证条件；

（2）编制依据：相关法律、法规、规范性文件、标准、规范及施工图设计文件、施工组织设计等；

（3）施工计划：包括施工进度计划、材料与设备计划；

（4）施工工艺技术：技术参数、工艺流程、施工方法、操作要求、检查要求等；

（5）施工安全保证措施：组织保障措施、技术措施、监测监控措施等；

（6）施工管理及作业人员配备和分工：施工管理人员、专职安全生产管理人员、特种作业人员、其他作业人员等；

（7）验收要求：验收标准、验收程序、验收内容、验收人员等；

（8）应急处置措施；

（9）计算书及相关施工图纸。

2.3.3　方案审批

安全专项施工方案编制后，施工单位技术部门应组织本单位安全、质量、材料、机械等相关部门的专业人员进行审核。经审核合格的，由施工单位技术负责人签字、加盖单位公章。实行分包并由分包单位编制专项施工方案的，专项施工方案应当由总承包单位技术负责人及分包单位技术负责人共同审核签字并加盖单位公章。专项施工方案经施工单位技术负责人审核签字后报监理单位，由项目总监理工程师审查签字、加盖执业印章后方可实施。

专项施工方案经论证需修改后通过的，施工单位应当根据论证报告修改完善后，重新履行施工和监理单位审核、审查、签字、盖章程序。专项施工方案经论证不通过的，施工单位修改后应当重新组织专家论证。

2.3.4　安全技术交底

脚手架工程施工前，施工单位应根据专项施工方案编制和审批权限，对现场管理人员和作业人员分级进行安全技术交底。

1. 安全技术交底的主要内容

（1）工程项目和分部分项工程的概况；

（2）脚手架的搭设、构造要求，检查验收标准；

（3）施工过程的危险部位和环节及可能导致生产安全事故的因素；

（4）针对危险因素采取的具体预防措施；

（5）作业中应遵守的安全操作规程及应注意的安全事项；

（6）作业人员发现事故隐患应采取的措施；

（7）发生事故后应及时采取的避险和救援措施。

2. 交底程序

专项施工方案实施前，方案编制人员或者项目技术负责人应当向施工现场管理人员进行方案交底。施工现场管理人员应当向作业人员进行安全技术交底。安全技术交底应有书面记录，并由交底双方和项目专职安全生产管理人员共同签字确认。

2.3.5 方案实施

（1）脚手架的搭设和拆除，应当严格按照专项方案组织施工，不得擅自修改、调整专项方案。如因设计、结构、外部环境等因素发生变化确需修改的，修改后的专项方案应当重新审核、论证。

（2）施工单位应当对脚手架工程施工作业人员进行登记，项目专职安全生产管理人员应当对专项施工方案实施情况进行现场监督，项目负责人应当在施工现场履职，施工单位技术负责人应当定期巡查专项方案实施情况。

（3）在脚手架搭拆过程中，如发现不按照专项方案施工的，应当要求其立即整改；发现有危及人身安全紧急情况的，应当立即组织作业人员撤离危险区域。

2.3.6 施工验收

（1）脚手架在搭设过程中和阶段使用前，应进行阶段施工质量检查，确认合格后才能进行下道工序施工或阶段使用；在作业脚手架、支撑脚手架达到设计高度后，还应当对脚手架搭设施工质量进行完工验收。

（2）脚手架搭设施工质量合格判定应符合下列规定：

1）所用材料、构配件和设备质量应经现场检验合格；

2）搭设场地、支承结构件固定应满足稳定承载的要求；

3）阶段施工质量检查合格，符合脚手架相关的国家现行标准、专项施工方案的要求；

4）观感质量检查应符合要求；

5）有关技术资料应完整。

检查验收合格的，经施工单位项目技术负责人及总监理工程师签字确认后，方可继续进行下步施工或使用。危险性较大的脚手架工程在验收合格后，施工单位还应当在施工现场明显位置设置验收标识牌，公示验收时间及责任人员。

（3）施工验收通常由施工单位、监理单位组织，参加验收人员包括：

1）总承包单位和分包单位技术负责人或授权委派的专业技术人员、项目负责人、项目技术负责人、专项施工方案编制人员、项目专职安全生产管理人员及相关人员；

2）监理单位项目总监理工程师及专业监理工程师；

3）有关勘察、设计和监测单位项目技术负责人。

2.4 安全管理

2.4.1 持证上岗制度

建筑架子工属于特种作业人员，应年满 18 周岁，具有初中以上文化程度，接受专门安全操作知识培训，经建设主管部门考核合格，取得《建筑施工特种作业操作资格证书》，方可在建筑施工现场从事作业脚手架、模板支架、外电防护架、卸料平台、洞口临边等安全防护设施的登高架设、维护、拆除作业。

持有《建筑施工特种作业操作资格证书》的建筑架子工应当遵守以下规定：

（1）架子工应当受聘于建筑施工企业，方可从事脚手架特种作业；

（2）首次取得资格证书的人员实习操作不得少于三个月。否则，不得独立上岗作业；

（3）每年应当参加不少于 24 小时的安全教育培训或者继续教育；

（4）每年须进行一次身体检查，没有色盲、听觉障碍、心脏病、美尼尔症、癫痫、眩晕、突发性昏厥、断指等妨碍作业的疾病和缺陷；

（5）资格证书每两年应进行一次延期复核。

2.4.2 安全操作规程

（1）进入施工现场的架子工应接受公司、项目和班组三级安全教育培训。在脚手架搭设作业前，应接受安全技术交底。

（2）搭设和拆除脚手架作业应有相应的安全设施，架子工必须戴安全帽、系安全带、穿防滑鞋，冬期施工应当佩戴手套。

（3）搭设脚手架前严格检查所使用的工具以及脚手架钢管、扣件等材料和构配件的质量，确认合格后方可使用。

（4）当有雷雨天气、6级及以上强风天气应停止架上作业；雨、雪、雾天气应停止脚手架搭设和拆除作业；雨、雪、霜后上架作业应有防滑措施，并应清除积雪。

（5）搭拆作业时，工具、材料的上下须用工具袋、绳索传递，不要乱放材料及工具，不得抛掷物料，以免造成物体坠落伤人。

（6）在脚手架上进行电、气焊和其他动火作业时，应办理动火审批手续，采取防火措施，配置灭火器材，并设专人监护。

（7）脚手架与架空外电线路应保持安全距离。

（8）脚手架要结合工程进度搭设，搭设未完的脚手架，在离开作业岗位时，不得留有未固定构件和安全隐患，确保架体稳定。

（9）在脚手架使用期间，立杆基础下及附近不宜进行挖掘作业，否则应对架体采取加固措施。

（10）严禁将支撑脚手架、缆风绳、混凝土输送泵管、卸料平台及大型设备的支承件等固定在作业脚手架上。严禁在作业脚手架上悬挂起重设备。

（11）在搭设和拆除脚手架作业时，应设置安全警戒线、警戒标志，并应派专人监护，严禁非作业人员入内。

（12）严禁酒后作业。

（13）夜间不宜进行脚手架搭设与拆除作业。

2.5 建筑架子工的常用工具及测量用具

2.5.1 常用工具

建筑架子工常用的工具有扳手、钢丝钳、榔头、钎子等。

1. 扳手

扳手是一种旋紧或拧松有角螺栓、螺钉、螺母螺丝钉或螺母的开口或套孔固件的手工工具，通常用碳素结构钢或合金结构钢制造。使用时沿螺纹旋转方向在柄部施加外力，就能拧转螺栓或螺母。

扳手是架子工在作业时常用到的工具。常用的扳手类型主要有活络扳手、电动扳手、开口扳手、扭力扳手等。

（1）活络扳手

活络扳手，又叫活扳手，如图2-1所示，活络扳手由呆扳唇、活扳唇、蜗轮、轴销和手柄组成。常用250mm、300mm两种规格，使用时应根据螺母的大小选配。

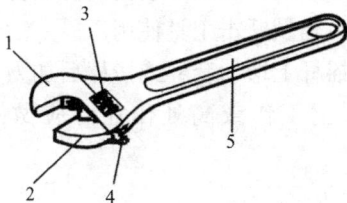

图 2-1 活络扳手
1—呆扳唇；2—活扳唇；3—蜗轮；4—销轴；5—手柄

37

使用活络扳手时，应注意以下几点：

1）扳动小螺母时，因需要不断地转动蜗轮，调节扳口的大小，所以手应靠近呆扳唇，并用大拇指调制蜗轮，以适应螺母的大小。

2）活络扳手的扳口夹持螺母时，呆扳唇在上，活扳唇在下，切不可反过来使用。

3）在扳动生锈的螺母时，可在螺母上滴几滴煤油或机油。

4）在拧不动时，切不可采用钢管套在活络扳手的手柄上来增加扭力，因为这样极易损伤活络扳唇。

5）不得把活络扳手当锤子用。

（2）电动扳手

电动扳手是以电源或电池为动力的扳手，是一种拧紧和旋松螺栓及螺母的电动工具，具有操作方便、省时省力、工作可靠的特点。

使用电动扳手时，应注意以下几点：

1）在工具使用前，应确保电动扳手完好可靠。

2）确认现场所接电源与电动扳手所需要电压是否相符，是否接有漏电保护器。

3）如果作业场所在远离电源的地点，需延伸电缆时，需要使用容量足够、安装合格的电缆。

4）在工具接通电源前，需要检查开关处于断开状态才能插入。

5）根据螺母大小选择匹配的套筒，并妥善安装。

6）不应将筒体当做锤击工具使用。

7）不应在手摇杆上增加套杆或撬棒后加力。

8）站在梯子上工作或高处作业时应做好防止高处坠落措施。

（3）其他常用扳手

如图 2-2 所示，是其他几种常见的扳手。

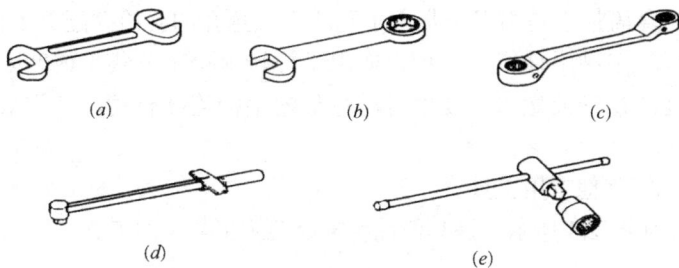

图 2-2　常用扳手

（*a*）开口扳手；（*b*）两用扳手；（*c*）梅花扳手；
（*d*）扭力扳手；（*e*）套筒扳手

1）开口扳手

开口扳手，也称呆扳手，有单头和双头两种，其开口和螺钉头、螺母尺寸相适应的，并根据标准尺寸做成一套。

2）两用扳手

两用扳手的一端与单头呆扳手相同，另一端与梅花扳手相同，两端拧转相同规格的螺栓或螺母。

3）梅花扳手

梅花扳手的两端具有带六角孔或十二角孔的工作端，它只要转过 30°，就可改变扳动方向，所以在狭窄的地方工作较为方便。

4）扭力扳手

扭力扳手，又叫力矩扳手、扭矩扳手、扭矩可调扳手等，在紧固螺丝螺栓螺母等螺纹紧固件时可以控制施加的力矩大小，以保证螺纹紧固且不至于因力矩过大破坏螺纹。常用的手动扭力扳手分为定值式、预置式两种。定值式扭力扳手，在拧转螺栓或螺母时，能显示出所施加的扭矩；预置式扭力扳手，当施加的扭矩到达规定值后，会发出信号。扭矩显示方式有电子数显式和表盘式两种。力矩扳手既可初紧，又可终紧，还可作为检查测量工具使用。

5）套筒扳手

套筒扳手是由多个带六角孔或十二角孔的套筒并配有手柄、接杆等多种附件组成，特别适用于拧转地位十分狭小或凹陷很深处的螺栓或螺母。使用时用弓形的手柄连续转动，工作效率较高。

2. 其他常用工具

如图 2-3 所示，是其他几种脚手架施工常见的工具。

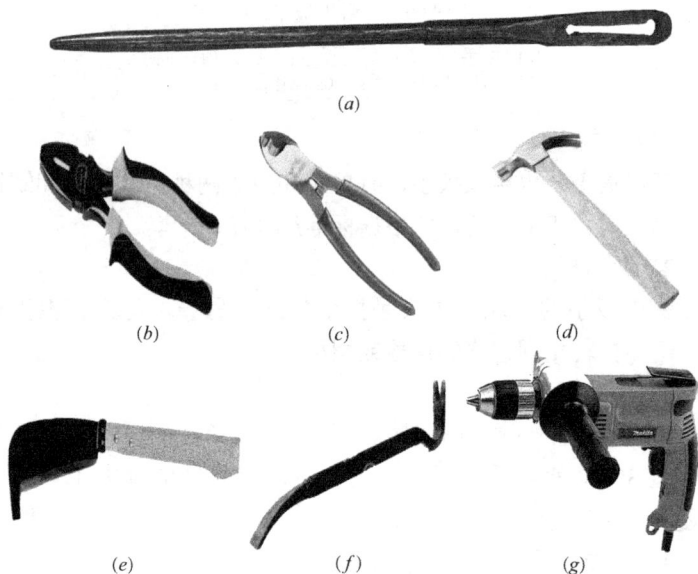

图 2-3　其他常用工具
(a) 钎子；(b) 钢丝钳；(c) 钢丝剪；(d) 榔头；
(e) 篾刀；(f) 撬杠；(g) 手电钻

（1）钎子

主要在搭设木脚手架或竹脚手架中杆件的固定绑扎和接长时，或者在作业脚手架脚手板的固定时，用于铁丝的拧紧。

（2）钢丝钳、钢丝剪、斩斧

主要用于拧紧、剪断铁丝和钢丝。

（3）榔头

主要用于搭设碗扣式、承插式钢管脚手架时杆件连接紧固，以及木结构模板支架中扫地杆、水平拉杆、剪刀撑与木立柱的钉固。

（4）篾刀

主要用于搭设竹木脚手架时劈竹破篾。

（5）撬杠

主要用于移动物体和矫正构件、拆除模板、起拔钉子等。

（6）手电钻

又称为电锤，主要用于开孔或洞穿物体。

2.5.2　测量用具

脚手架工程常用的测量用具有经纬仪、水平仪、游标卡尺、钢卷尺、扭力扳手等。它们的主要用途见表 2-1。

脚手架工程常见测量用具及主要用途　　　　表 2-1

测量用具名称	主要用途
经纬仪	用于测量作业脚手架和模板支架立杆垂直度
水准仪或水平尺	用于测量脚手架纵向水平杆的水平度
游标卡尺	用于测量钢管尺寸（外径、壁厚）和外表面的锈蚀深度、板厚以及碗扣的高度、直径（孔径）、圆度等
钢卷尺、钢板尺	主要用于长度尺寸的测量，如单双排和满堂脚手架的步距、纵距、横距；满堂支撑架的步距和立杆间距；脚手板外伸长度；剪刀撑搭接长度；扣件安装相互位置；钢管的弯曲变形量；冲压脚手板的板面挠曲或扭曲量；可调托撑支托板变形量等
扭力扳手	用于测量扣件螺栓拧紧力矩
角尺	用于测量剪刀撑斜杆与地面的倾角以及钢管端面切斜偏差等
吊线	用于测量作业脚手架和模板支架立杆垂直度等
塞尺	用于测量钢管端面切斜偏差以及可调托撑支托板变形量
焊接检验尺	用于测量焊缝高度

2.6　安全网

安全网是一种最常见的群体防护装置，其主要作用是将人与物体进行有效限制或隔离，以避免人、物相互接触或碰撞。合格的安全网可以防止作业人员高处坠落伤亡以及因物体坠落而造成的人员伤害或设施被砸毁。

安全网按功能划分为平网和立网。建筑施工现场常用的安全网主要有安全平网、密目式安全立网和钢制安全网。安全平网通常用于水平面防护；密目式安全立网和钢制安全网主要用于立面的防护，如作业脚手架的外立面和临边的防护。

安全平网、密目式安全立网一般由网体、边绳、系绳等组成。

2.6.1 安全平网

安全平网是安装平面不垂直于水平面，用来防止人、物坠落，或用来避免、减轻坠落及物击伤害的网具，简称平网。高处作业中用于施工垂直方向水平防护时，应选用平网。

1. 安全平网的构造和材料

安全平网的网体由网绳编结而成，具有菱形或方形的网目，如图2-4所示。

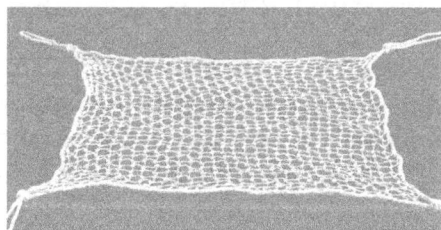

图2-4 安全平网

安全平网的材料，要求其密度小、强度高、耐磨性好、延伸率大和耐久性较强。此外还应具有一定的耐气候性能，受潮受湿后其强度下降不大。目前，安全网以化学纤维为主要材料。通常，多采用维纶和尼龙等合成化纤作网绳。无论采用何种材料，每张安全平网的重量一般不宜超过15kg，并要能承受800N的冲击力。

2. 安全平网的挂设

作业脚手架内的安全平网至少挂设首层网、随层网和层间网3道，电梯井内一般用多层平网封闭。

（1）首层网。距地面第一道网称为首层。当脚手架搭设高度达到3m时，应沿建筑物四周在架体内架设首层安全平网。首层网架设的宽度视建筑的防护高度和脚手架形式而定，当建筑总高度较高时，应增大搭设宽度，以加大保护范围。在烟囱、水塔等较高构筑物施工时，首层网应采用双层网，以增加抗冲击能力。首层网在建筑工程整个施工期间，不能拆除。

（2）随层网。随施工作业层逐层升高，在作业层脚手板下面搭设的平网称为随层网，主要用于作业层人员的保护。当脚手架外立面采用立网全封闭，且作业层满铺脚手板时，也可不搭设随层网。

（3）层间网。在首层网与随层网之间搭设的平网称为层间网。当建筑物层数较多，而且脚手架施工作业面已离地面较高时，需要自首层网开始，每隔3～4层（间隔小于10m）设置一道层间安全平网。

（4）电梯井内如采用平网防护时，应进行多层封闭，在井口内应每隔2层且不大于10m设置一道安全平网。电梯井内的施工层上部，应设置平网或其他隔离防护措施。所有网体与井壁的空隙不得大于25mm。

（5）对于短边边长大于或等于1500mm的非竖向洞口，除了在洞口作业侧设置防护栏杆外，洞口应采用安全平网进行封闭。

（6）挂设平网时应外高里低，与水平面成15°，网片不宜绷得过紧。每个系结点上的边绳要靠紧支撑架，并用一根独立的系绳连接，边绳的断裂张力不得小于7kN，系绳应沿网边均匀分布，间距不得大于750mm。

（7）搭设好的安全平网应能承受100kg重、表面积2800cm^{2}的砂袋假人，从10m高处的冲击后，网绳、系绳、边绳不断。

2.6.2 密目式安全立网

密目式安全立网是指网眼孔径不大于 12mm，垂直于水平面安装，用于防止人员坠落及坠物伤害，简称为密目网。如图 2-5 所示。

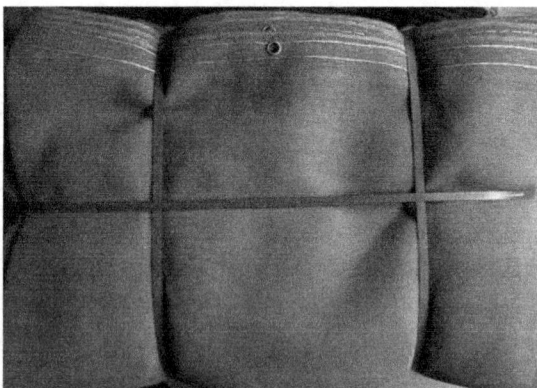

图 2-5 密目式安全立网

1. 密目式安全立网的构造和材料

密目式安全立网一般由网体、开眼环扣、边绳和附加系绳组成。通常用棉纶、维纶、涤纶或其他材料制成。密目网的宽度一般在 1.2 ～ 2m，长度最低不小于 2m。建筑施工用密目式安全立网的网目密度要求不能低于 2000 目 /100cm^2，并且还有阻燃性要求，其续燃、阴燃时间均不应大于 4s。

2. 密目式安全立网的挂设

（1）对有外脚手架的工程，包括落地架和悬挑架，应采用密目式安全立网全封闭。密目网应设置在脚手架外侧立杆上，并与脚手杆紧密连接。

（2）坠落高度基准面 2m 及以上的临边和竖向洞口临空一侧的防护栏杆，应张挂密目式安全立网或其他材料封闭。

（3）密目式安全立网搭设时，每个开眼环扣应穿入系绳，系绳应绑扎在支撑架上，间距不得大于 450mm。

（4）挂设密目式安全立网必须拉紧、拉直，相邻密目网间应紧密结合或重叠。

（5）当栏杆和挡脚板外侧安装立网时，立网应与栏杆、挡脚板同时搭设。

（6）龙门架、物料提升机及井架的防护不宜采用密目式安全立网全封闭，可采用其他透视性好的安全立网，以保证操作人员的良好视线。

2.6.3 钢制安全网

钢制安全网又称钢板网，是近年来广泛应用的一种新型的安全防护网，其安装部位和作用与密目式安全立网相同，如图 2-6 所示。

图 2-6 钢制安全网

1. 钢制安全网的构造和材料

钢制安全网一般采用镀锌钢板冲压而成，网孔多以圆孔为主，板厚 0.5～1mm，板宽 1～1.5m，长度 1～3m，其中 1850mm×1200mm 的规格比较常见。边框大多采用 2cm×2cm 的方管焊接而成，表面经过防腐喷塑处理。具有外形美观、易于安装、周转次数多等特点。

2. 钢制安全网的安装方法

钢板网的安装需要通过连接件来进行。连接件一般使用 $\phi48.3mm \times 3.6mm$、长度 300mm 普通钢管与 $40mm \times 40mm \times 5mm$ 角钢和 $\phi12$ 圆钢焊接而成。同一立面钢板网安装时,首先安装两侧连接件,连接件与横向水平杆固定连接,外露长度 150mm。然后拉通线依次安装其他连接件并固定钢板网,钢板网与横向水平杆预留 150mm 间隙用于连墙件的连接。

具体做法是:

(1)首先将三个连接件按照挂耳间距固定在第一步横向水平杆上,将钢板网下部三个挂耳对准连接件上 $\phi12$ 圆钢插入,三个连接件托住钢板网,然后将三个连接件插入钢板网上部三个挂耳,慢慢拉向横向水平杆,用扣件固定到位。

(2)第二步钢板网安装时,将钢板网下部三个挂耳直接插入第一步钢板网上部三个连接件圆钢上,再将三个连接件插入钢板网上部三个挂耳,慢慢拉向横向水平杆,使用扣件固定。

(3)往上各步以此类推,即可完成全部钢板网的安装。

(钢制安全网安装视频可扫描二维码3进行查看。)

二维码3

2.6.4 安全网挂设注意事项

(1)安全网的搭设和拆除必须由考核合格的持有效证件的专业架子工进行。

(2)安全网挂设前,应进行进场验收,对网具进行检验,确认合格方可使用。

(3)安全网搭设应绑扎牢固、网间严密、外观整齐。建筑物的转角处、阳台口和平面形状突出的部位,安全网要整体连接,不得中断。

(4)绑扎固定安全网所用系绳应与安全网的系绳一致,严禁使用细钢丝等绑扎丝代替。系绳应打结方便、连结牢固而又容易解开,受力后不会散脱。

（5）安全网的支撑架应有足够的强度和稳定性，确保安全网固定牢靠。

（6）采用平网防护时，严禁使用密目式安全立网代替平网使用。

（7）高层建筑外脚手架和既有建筑外墙改造时外脚手架的安全防护网以及临时疏散通道的安全防护网应采用阻燃型安全网。

2.6.5 安全网的使用

安装后的安全网应经验收合格后，方可使用。

（1）使用时，应避免发生下列现象：

1）随便拆除安全网的构件。

2）人跳进或把物料投入安全网内。

3）大量焊接或其他火星落入安全网内。

4）在安全网内堆积物品。

5）安全网周围有严重腐蚀性气体。

（2）对使用中的安全网，应进行定期或不定期的检查，及时清理网上落物、尘土，对受到较大冲击或破损的网片应及时更换。

（3）安全网应由专人保管发放，如暂不使用，应存放在通风、避光、隔热、无化学品污染的仓库货专有场所。

3 扣件式钢管脚手架

扣件式钢管脚手架由扣件和钢管等构成,具有搭拆简单、灵活,搬运方便,强度高,坚固耐用,通用性强,能适应建筑物平立面的变化等特点,既可搭设作业脚手架,也可搭设模板支架,在建筑工程施工中被广泛应用。

扣件式钢管落地脚手架主要构配件如图 3-1 所示。

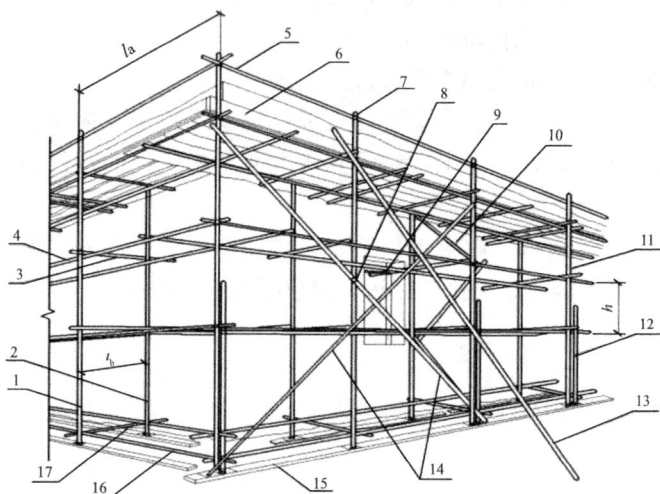

图 3-1　扣件式钢管落地脚手架主要构配件

1—外立杆;2—内立杆;3—横向水平杆;4—纵向水平杆;5—栏杆;6—挡脚板;
7—直角扣件;8—旋转扣件;9—连墙件;10—横向斜撑;11—主立杆;
12—副立杆;13—抛撑;14—剪刀撑;15—垫板;16—纵向扫地杆;
17—横向扫地杆

3.1 脚手架主要材料

3.1.1 底座

扣件式钢管脚手架的底座，置于立杆底部，包括固定底座、可调底座，用来承受脚手架立杆传递下来的荷载。按材料分为锻铸铁制造和焊接两种，如图 3-2 所示；按照承插形式分为内插式和外套式两种。

焊接底座一般采用厚度不小于 8mm，边长 150 ~ 200mm 的钢板作为底板，用高度不小于 150mm 的钢管焊接在底板上制成；焊接底座采用 Q235A 钢，焊条采用 E43 型。底座的承载力不应小于 40kN。内插式的外径 D 比立杆内径小 2mm，外套式的内径 D 比立杆外径大 2mm，且壁厚不小于 3.6mm。

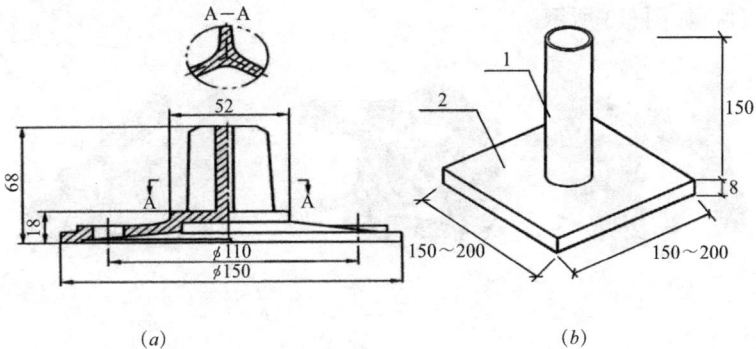

图 3-2 底座

（a）可锻铸铁标准底座；（b）钢板底座

1—承插或外套钢管；2—钢板底座

3.1.2 垫板

垫板用来增大脚手架立杆与地基接触面积，防止基础沉降而导致架体失稳。垫板宜采用木垫板，也可采用槽钢。

木垫板厚度不小于 50mm，宽度不小于 200mm，平行于建筑物铺设时垫板长度应不少于 2 跨。通常情况下，应使用冷底子油等做防腐处理，两端头使用 8 号镀锌钢丝绑扎两道，以防开裂。槽钢垫板应当沿纵向仰铺，规格为 12 ～ 16 号。

3.1.3 钢管

钢管应采用符合现行国家标准的 Q235 级钢，外径为 48.3mm、壁厚为 3.6mm，每根钢管的最大质量不应大于 25.8kg；一般情况下，单、双排脚手架横向水平杆最大长度不超过 2.2m，其他杆最大长度不超过 6.5m。

3.1.4 扣件

扣件主要用于钢管杆件之间的连接，依靠摩擦力传递各种施工荷载。扣件按结构形式分为直角扣件、旋转扣件、对接扣件三种，如图 3-3 所示。

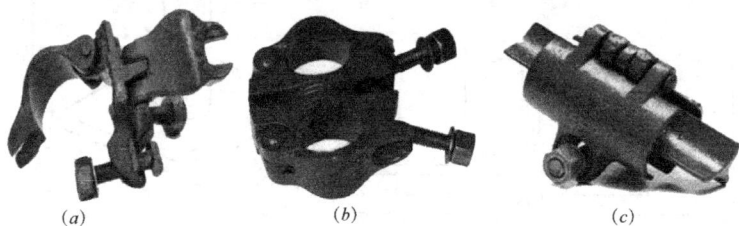

图 3-3　扣件
（a）直角扣件；（b）旋转扣件；（c）对接扣件

1. 直角扣件

直角扣件是用于垂直交叉杆件间连接的扣件（如立杆与纵向水平杆），其结构示意图如图 3-4 所示。

2. 旋转扣件

旋转扣件是用于平行或斜交杆件间连接的扣件（如立杆与剪

刀撑），其结构示意图如图 3-5 所示。

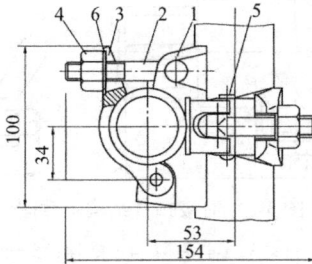

图 3-4 直角扣件结构示意图

1—直角座；2—螺栓；3—盖板；4—螺母；5—销钉；6—垫圈

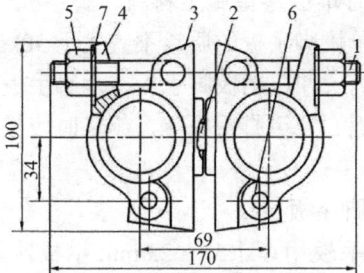

图 3-5 旋转扣件结构示意图

1—螺栓；2—铆钉；3—旋转座；4—盖板；

5—螺母；6—销钉；7—垫圈

3. 对接扣件

对接扣件是用于杆件对接连接的扣件（如立杆、纵向水平杆的接长），其结构示意图如图 3-6 所示。

扣件式钢管外脚手架应采用可锻铸铁或铸钢制作的扣件，其材质应符合现行国家标准《钢管脚手架扣件》GB 15831 的规定；采用其他材料制作的扣件，应经实验证明其质量符合该标准的规定后，方可使用。

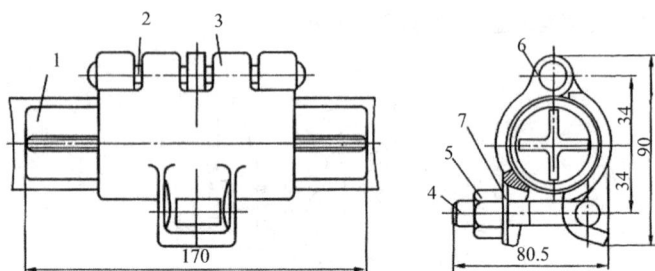

图 3-6 对接扣件结构示意图

1—杆芯；2—铆钉；3—对接座；4—螺栓；5—螺母；7—垫圈

3.1.5 脚手板

脚手板，又称跳板，是用于构造作业层架面的板材，便于施工人员工作和临时堆放零星施工材料。脚手板一般采用钢、木、竹等材料制作，单块脚手板的质量不宜大于 30kg。

常用脚手板有：冲压钢板脚手板、木脚手板、钢木混合脚手板、竹串片脚手板、竹笆脚手板等，施工时应按照适用、安全的要求进行选用。

1. 冲压钢板脚手板

冲压钢板脚手板用厚 1.5 ～ 2.0mm 钢板冷加工而成，其形式、构造和外形尺寸如图 3-7 所示，板面上冲有梅花形翻边防滑圆孔。钢材应符合现行国家标准《优质碳素结构钢》GB/T 699 中 Q235A 级钢的规定。

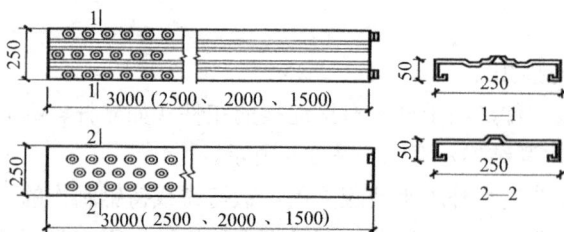

图 3-7 冲压钢板脚手板

钢脚手板的连接方式有挂钩式、插孔式和 U 形卡式。如图3-8所示。

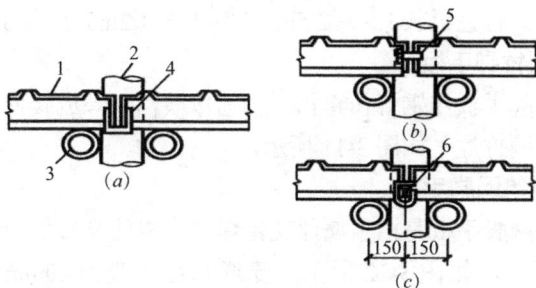

图 3-8　冲压钢脚手板的连接方式

（a）挂钩式；（b）插孔式；（c）U 形卡式

1—钢脚手板；2—立杆；3—小横杆；4—挂钩；5—插销；6—U 形卡

2. 木脚手板

木脚手板应采用杉木或落叶松制作，其材质应符合现行国家标准《木结构设计规范》GB 50005 中Ⅱa 级材质的规定。脚手板厚度不应小于 50mm，板宽为 200～250mm，板长 3～6m。在板两端往内 80mm 处，用不小于 4mm 的镀锌钢丝箍两道，防止板端劈裂。

3. 竹串片脚手板

竹串片脚手板采用螺栓穿过并列的竹片拧紧而成。螺栓直径 8～10mm，间距 500～600mm；竹片宽 50mm；竹串片脚手板长 2～3m，宽 0.25～0.3m，如图 3-9 所示。

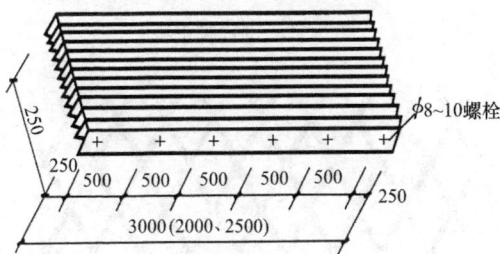

图 3-9　竹串片脚手板

4. 竹芭片脚手板

竹芭脚手板用竹筋作横档，穿编竹片，竹片与竹筋相交处用铁丝扎牢。竹芭板长 1.5～2.5m，宽 0.8～1.2m。如图 3-10 所示。

5. 钢竹脚手板

钢竹脚手板用钢管作直挡，钢筋作横档，焊成爬梯式，在横档中间穿编竹片。如图 3-11 所示。

6. 钢笆网脚手板

钢笆网脚手板是由金属丝交错焊接而成的具有均匀菱形网孔尺寸的网板，如图 3-12 所示。菱形孔径一般为 40mm×80mm，网板厚度为 3.5～5.0mm，常规厚度宜采用 4.0mm。网板常见尺

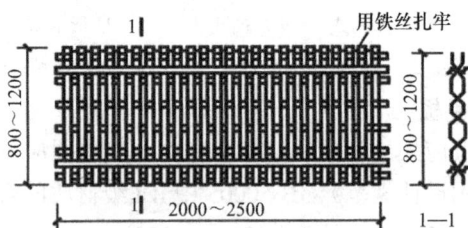

图 3-10 竹芭片脚手板

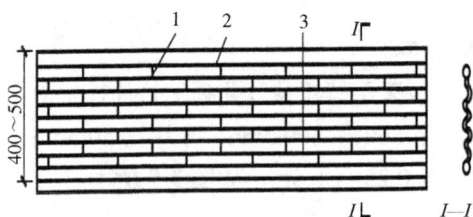

图 3-11 钢竹脚手板

图 3-12 钢笆网脚手板

寸 有 1000mm×800mm、1000mm×750mm、1200mm×750mm。钢笆网脚手板承重力大、防滑耐磨、不变形无开裂、使用方便、阻燃性强、绿色环保、重复使用率高。

3.1.6 可调托撑

可调托撑，又称可调托座、U型支托，是插入立杆钢管的顶部，可以调节高度的顶撑，主要用于模板支架，其构造如图3-13所示。螺杆外径不得小于36mm，直径与螺距应符合现行国家标准《梯形螺纹 第2部分：直径与螺距系列》GB/T 5976.2、《梯形螺纹 第3部分：基本尺寸》GB/T 5976.3的规定。

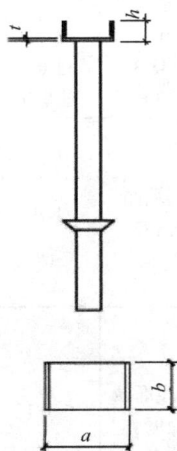

图 3-13 可调托撑构造图

t—支托板厚度；h—支托板侧翼高；

a—支托板侧翼外皮距离；b—支托板长

可调托撑的螺杆与支托板应焊接牢固，焊缝高度不得小于6mm，可调托撑螺杆与螺母旋合长度不得少于5扣，螺母厚度不得小于30mm。支托板厚不应小于5mm。

3.1.7 构配件检查与验收

1. 新钢管的检查

对新钢管的检查应符合下列规定：

（1）应有产品质量合格证；

（2）应有质量检验报告，钢管材质检验方法应符合现行国家标准《金属材料室温拉伸试验方法》GB/T 228 的有关规定；

（3）钢管表面应平直光滑，不应有裂缝、结疤、分层、错位、硬弯、毛刺、压痕和深的划痕；

（4）钢管外径、壁厚、端面等的偏差应分别符合表3-1的规定。

钢管的允许偏差　　　　　　　　　　　　　　　　　　　表3-1

序号	项目	允许偏差 Δ（mm）	示意图	检查工具
1	焊接钢管尺寸（mm） 外径 48.3 壁厚 3.6	±0.5 ±0.36		游标卡尺
2	钢管两端面切斜偏差	1.70		塞尺、拐角尺
3	钢管外表面锈蚀深度	≤0.18		游标卡尺
4	钢管弯曲 1. 各种杆件钢管的端部弯曲 l≤1.5m 2. 立杆钢管弯曲 3m＜l≤4m 4m＜l≤6.5m	≤5 ≤12 ≤20		钢板尺
	水平杆、斜杆的钢管弯曲 l≤6.5m	≤30		

（5）钢管应涂有防锈漆。

56

2. 旧钢管的检查

旧钢管的检查应符合下列规定：

（1）表面锈蚀深度应不大于 0.18mm。锈蚀检查应每年一次。检查时，应在锈蚀严重的钢管中抽取三根，在每根锈蚀严重的部位横向截断取样检查，当锈蚀深度超过规定值时不得使用；

（2）钢管弯曲变形应符合 1. 新钢管的检查中（4）的规定；

（3）钢管上严禁打孔；

（4）每根钢管修补不能多于 3 处，每处补焊长度范围为50～150mm，总和不大于 300mm。补焊焊缝应修磨，修磨后的高度不大于 1.5mm。在距离管端 200mm 内不允许有补焊点；

（5）不得使用带有裂纹、折痕、表面明显凹陷、严重锈蚀、钢管上打孔的钢管。

3. 扣件的检查

扣件进入施工现场应检查产品合格证，并应进行抽样复试，技术性能应符合现行国家标准。扣件在使用前应逐个挑选，有裂缝、变形、螺栓出现滑丝的严禁使用。具体检查项目和验收要求见表 3-2。

扣件质量检验表　　　　　　　　　　　　　　　表 3-2

项目	检查项目	验收要求
1	生产许可证、产品质量合格证	必须具备
2	法定检测单位的质量检测报告、复试报告	必须具备。若对扣件质量有怀疑，应按现行国家标准《钢管脚手架扣件》GB 15831 的规定抽样检测

项目	检查项目	验收要求
3	扣件表面质量	1. 不得有裂纹、气孔、变形； 2. 盖板与座的张距离不得小于 50mm，表面积大于 10mm^2 的砂眼不应超过 3 处，且累计面积不应大于 50mm^2； 3. 表面粘砂面积累计不应大于 150mm^2，错箱不应大于 1mm； 4. 表面凸（或凹）的高（或深）值不应大于 1mm； 5. 扣件与钢管接触部位不应氧化皮面积累计不应大于 150mm^2； 6. 铆接处应牢固，不应有裂纹，铸件表面无粘砂、毛刺； 7. 扣件应铸有产品的型号、商标、生产年号，字迹、图案应清晰完整
4	螺栓	1. 材质应符合《碳素结构钢》GB/T 700 中 Q235 级钢的有关规定； 2. 螺纹应符合《普通螺纹基本尺寸》GB 196 的规定； 3. T 型螺栓和螺母应符合 GB/T 3098.1、GB/T 3098.2 的规定，活动部位应灵活转动、旋转扣件两旋转面间隙应小于 1mm
5	防锈处理	表面应涂防锈漆和面漆，油漆应均匀美观，不应有堆漆或露铁
6	扣件性能	1. 与钢管的贴合面必须严格整形，应保证与钢管扣紧时接触良好； 2. 当扣件夹紧钢管时其开口处的最大距离应小于 5mm； 3. 扣件活动部位应转动灵活，旋转扣件的两旋转面间隙应小于 1.0mm

4. 脚手板的检查

脚手板的检查应符合下列规定：

（1）冲压钢脚手板

1）新脚手板应有产品质量合格证；

2）脚手板长度 $L \leq 4m$ 的，板面挠曲应小于 12mm；长度 $L > 4m$ 的，板面挠曲应小于 16mm。板面扭曲（任一角翘起）应小于 5mm；

3）不得有裂纹、开焊与硬弯；

4）应有防滑措施；

5）新、旧脚手板均应涂防锈漆。

（2）木脚手板和竹脚手板

1）木脚手板宽度、厚度允许偏差应符合现行国家标准《木结构工程施工质量验收规范》GB 50206 的规定，不得使用扭曲变形、劈裂、腐朽的脚手板；

2）竹笆脚手板应用两年以上生长期的成年毛竹或楠竹纵劈成宽度 30mm 的竹片编制成。竹笆片脚手板的纵筋不少于 5 道，并且每道为双片，横筋则反正相间，四边端部纵、横筋交点用铁丝穿过钻孔扎牢。每张竹笆片脚手板沿纵向用铁丝扎两道宽40mm 的双面夹筋，不得用圆钉固定。用于斜道板时，应将横筋作纵筋，作为防滑措施；

3）竹串片脚手板应符合现行行业标准《建筑施工木脚手架安全技术规范》JGJ 164 的相关规定。

5. 可调托撑的检查

可调托撑的检查应符合下列规定：

（1）应有产品质量合格证；

（2）应有质量检验报告，可调托撑抗压承载力应不小于40kN；

（3）支托板厚不应小于 5mm，变形不应大于 1mm；

（4）严禁使用有裂缝的支托板、螺母。

6. 扣件式钢管脚手架构配件质量的主要检查方法（表3-3）

构配件质量检查表

表3-3

项目	要求	抽检数量	检查方法
钢管	应有产品质量合格证、质量检验报告	750根为一批，每批抽取1根	
	钢管表面应平直光滑，不应有裂缝、结疤、分层、错位、硬弯、毛刺、压痕、深的划道及严重锈蚀等缺陷，严禁打孔；钢管使用前必须涂刷防锈漆	全数	目测
钢管外径及壁厚	外径48.3mm，允许偏差±0.5mm；壁厚3.6mm，允许偏差±0.36，最小壁厚3.24mm	3%	游标卡尺测量
扣件	应有生产许可证、质量检测报告、产品质量合格证、复试报告	《钢管脚手架扣件》GB 15831的规定	检查资料
	不允许有裂缝、变形、螺栓滑丝；扣件与钢管接触部位不应有氧化皮；活动部位应能灵活转动，旋转扣件两旋转面间隙应小于1mm；扣件表面应进行防锈处理	全数	目测
扣件螺栓拧紧扭力矩	扣件螺栓拧紧扭力矩值不应小于40N·m，且不应大于65N·m	按《建筑施工扣件式钢管脚手架安全技术规范》JGJ 130规定	扭力扳手
可调托撑	可调托撑抗压承载力设计值不应小于40kN。应有产品质量合格证、质量检验报告	3%	检查资料
	可调托撑螺杆外径不得小于36mm，可调托撑螺杆与螺母旋合长度不得少于5扣，螺母厚度不小于30mm。插入立杆内的长度不得小于150mm。支托板厚不小于5mm，变形不大于1mm。螺杆与支托板焊接要牢固，焊缝高度不小于6mm	3%	游标卡尺、钢板尺测量
	支托板、螺母有裂缝的严禁使用	全数	目测

项目	要求	抽检数量	检查方法
脚手板	新冲压钢脚手板应有产品质量合格证		检查资料
	冲压钢脚手板板面挠曲 $\leq 12mm$（$L \leq 4m$）或 $\leq 16mm$（$L > 4m$）；板面扭曲 $\leq 5mm$（任意角翘起）	3%	钢板尺
	不得有裂纹、开焊与硬弯；新、旧脚手板均应涂防锈漆	全数	目测
	木脚手板材质应符合现行国家标准《木结构设计规范》GB 50005 中Ⅱa级材质的规定。扭曲变形、劈裂、腐朽的脚手板不得使用	全数	目测
	木脚手板的宽度不宜小于 200mm，厚度不应小于 50mm；厚度允许偏差－2mm	3%	目测
	竹脚手板的宜采用由毛竹或楠竹制作的竹串板、竹笆板	全数	目测
	竹串片脚手架宜采用螺栓将并列的竹片串连而成。螺栓直径宜为 3～10mm，螺栓间距宜为 500～600mm，螺栓离板端宜为 200～250mm，板宽250mm，板长2000mm、2500mm、3000mm	3%	钢板尺

3.2 作业脚手架

扣件式钢管作业脚手架主要有单排、双排和满堂脚手架，其中单排和双排落地式脚手架形式，如图 3-14 所示。

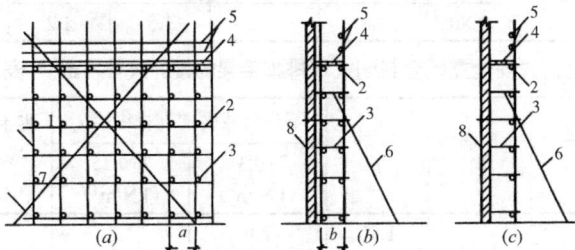

图 3-14 单双排脚手架示意图
(a) 立面；(b) 侧面（双排）；(c) 侧面（单排）
1—立杆；2—纵向水平杆；3—横向水平杆；4—脚手板；5—栏杆；6—抛撑；7—斜撑（剪刀撑）；8—墙体

3.2.1 构造尺寸

（1）单排和双排作业脚手架的宽度不应小于 0.8m，且不宜大于 1.2m。作业层高度不应小于 1.7m，且不宜大于 2m。

（2）单排脚手架搭设高度不应超过 24m；双排脚手架搭设高度不宜超过 50m，高度超过 50m 的双排脚手架，应采用双管立杆、分段卸荷等加强措施，或采用分段搭设方法；满堂脚手架搭设高度不宜超过 36m，满堂脚手架施工层不超过 1 层。

常用作业脚手架的结构尺寸见表 3-4 ～表 3-6。

常用敞开式双排脚手架的设计尺寸（m）　　　表 3-4

连墙件设置	立杆横距 l_b	步距 h	下列荷载时的立杆纵距 l_a				脚手架允许搭设高度 $[H]$
			2+0.35 (kN/m²)	2+2+ 2×0.35 (kN/m²)	3+0.35 (kN/m²)	3+2+ 2×0.35 (kN/m²)	
二步三跨	1.05	1.50	2.0	1.5	1.5	1.5	50
		1.80	1.8	1.5	1.5	1.5	32
	1.30	1.50	1.8	1.5	1.5	1.5	50
		1.80	1.8	1.2	1.5	1.2	30
	1.55	1.50	1.8	1.5	1.5	1.5	38
		1.80	1.8	1.2	1.5	1.2	22
三步三跨	1.05	1.50	2.0	1.5	1.5	1.5	43
		1.80	1.8	1.2	1.5	1.2	24
	1.30	1.50	1.8	1.5	1.5	1.2	30
		1.80	1.8	1.2	1.5	1.2	17

常用密目式安全立网全封闭式单排脚手架的设计尺寸（m）　表 3-5

连墙件设置	立杆横距 l_b	步距 h	下列荷载时的立杆纵距 l_a		脚手架允许搭设高度 $[H]$
			2+0.35 (kN/m²)	3+0.35 (kN/m²)	
二步三跨	1.20	1.50	2.0	1.8	24
		1.80	1.5	1.2	24
	1.40	1.50	1.8	1.5	24
		1.80	1.5	1.2	24

连墙件设置	立杆横距 l_b	步距 h	下列荷载时的立杆纵距 l_a		脚手架允许搭设高度 $[H]$
			2+0.35 （kN/m²）	3+0.35 （kN/m²）	
三步三跨	1.20	1.50	2.0	1.8	24
		1.80	1.2	1.2	24
	1.40	1.50	1.8	1.5	24
		1.80	1.2	1.2	24

注：1. 表中所示 2+2+2×0.35（kN/m²），包括下列荷载：2+2（kN/m²）为二层装修作业层施工荷载标准值；2×0.35（kN/m²）为二层作业层脚手板自重荷载标准值。

2. 作业层横向水平杆间距，应按不大于 $l_a/2$ 设置。

常用敞开式满堂脚手架结构的设计尺寸　　　　表 3-6

序号	步距 （m）	立杆间距 （m）	支架高宽比不大于	下列施工荷载时最大允许高度（m）	
				2（kN/m²）	3（kN/m²）
1	1.7～1.8	1.2×1.2	2	17	9
2		1.0×1.0	2	30	24
3		0.9×0.9	2	36	36
4	1.5	1.3×1.3	2	18	9
5		1.2×1.2	2	23	16
6		1.0×1.0	2	36	31
7		0.9×0.9	2	36	36
8	1.2	1.3×1.3	2	20	13
9		1.2×1.2	2	24	19
10		1.0×1.0	2	36	32
11		0.9×0.9	2	36	36
12	0.9	1.0×1.0	2	36	33
13		0.9×0.9	2	36	36

3.2.2　地基与基础

（1）脚手架地基与基础的施工，必须根据脚手架搭设高度、搭设场地地层情况与现行国家标准《建筑地基基础工程施工质量验收规范》GB 50202 的有关规定进行。

（2）压实填土地基、灰土地基是脚手架常用的两种地基形式。压实填土地基应符合现行国家标准《建筑地基基础设计规范》GB 50007 的相关规定；灰土地基应符合现行国家标准《建筑地基工程施工质量验收规范》GB 50202 的相关规定。

（3）永久性建筑结构混凝土基面也可以作为脚手架地基，但需要对其结构强度进行验算。

（4）双排脚手架基础的主要构造形式，如图 3-15 所示。

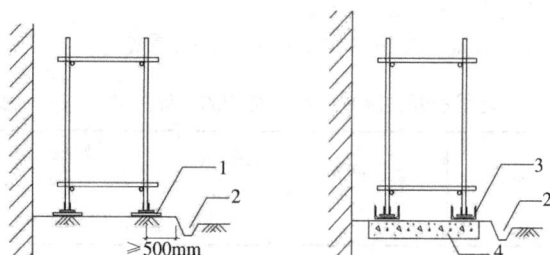

图 3-15　脚手架基础

1—木垫板；2—排水沟；3—槽钢；4—混凝土垫层

（5）脚手架基础的形式应当根据实际地基承载力情况经计算确定，当脚手架专项施工方案无特殊要求时，可按如下方法进行：

1）搭设高度在 25m 以下时，可素土夯实找平，上面铺设垫板，并设底座。

2）搭设高度在 25 ～ 50m 时，可采用回填土分层夯实找平，可铺设枕木作垫木或在地基上加铺 20cm 厚道碴，其上铺设混凝土板，再仰铺 12 ～ 16 号槽钢。

3）搭设高度超过 50m 时，可于地面下 1m 深处采用灰土地基，或浇筑 50cm 厚混凝土基础，其上采用槽钢支垫。

4）脚手架底座底面标高宜高于自然地坪 50 ～ 100mm。

5）脚手架基础外侧应设置排水沟进行有组织排水。排水沟应素土夯实，铺设 100mm 厚 C15 混凝土。排水沟几何形状一般为上宽下窄的梯形，上口宽为 300 ～ 400mm，下底宽为 200 ～ 300mm；深度为 150 ～ 200mm。沟底设 3% ～ 5% 的坡度，便于沟内积水及时排出。

6）遇有坑槽时，立杆应下到槽底或在槽上加设底梁（一般可用枕木或型钢梁）。

7）脚手架旁有开挖的沟槽时，应控制外立杆距沟槽边的距离：当架高在 30m 以内时，不小于 1.5m；架高为 30 ～ 50m 时，不小于 2.0m；架高在 50m 以上时，不小于 2.5m。当不能满足上述距离时，应核算边坡承受脚手架的能力，不足时可加设挡土墙或其他可靠支护，避免槽壁坍塌危及脚手架安全。

8）位于通道处的脚手架底部垫木（板）应低于其两侧地面，并在其上加设盖板，避免扰动。

3.2.3 杆件

作业脚手架的杆件主要有水平杆、立杆、扫地杆、剪刀撑、横向斜撑等。水平杆包括纵向水平杆、横向水平杆和扫地杆。

在脚手架术语中，两水平杆轴线之间的距离称为步距，简称步；纵向相邻两立杆之间的轴线的距离称为纵（跨）距，简称跨；横向相邻两立杆之间的轴线的距离（单排脚手架为外立杆轴线到墙面的距离）称为立杆横距。

1. 纵向水平杆

纵向水平杆是沿脚手架纵向设置的水平杆，其构造应符合以下要求：

（1）纵向水平杆底层步距不应大于 2m，其他步距不应大于 1.8m。

（2）纵向水平杆应设置在立杆内侧，单根杆长度不应小于 3 跨。

（3）纵向水平杆接长应采用对接扣件连接或搭接。

（4）纵向水平杆接头应交错布置，如图 3-16 所示。两根相邻纵向水平杆的接头不应设置在同步或同跨内；不同步或不同跨两个相邻接头在水平方向错开的距离不应小于500mm；各接头中心至最近主节点的距离不应大于立杆纵距的1/3。

（5）纵向水平杆搭接，如图3-17所示。搭接长度不应小于1m，应等间距设置3个旋转扣件固定，端部扣件盖板边缘至搭接纵向水平杆杆端的距离不应小于100mm。

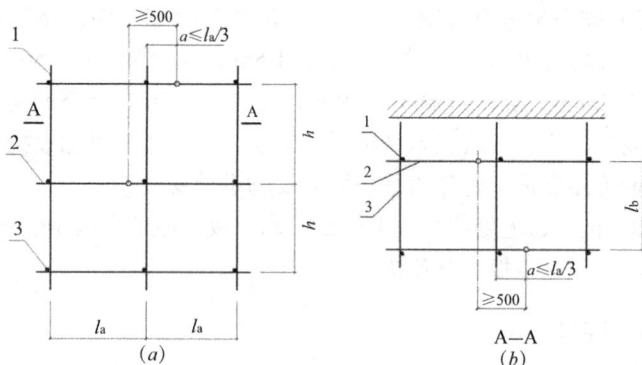

图3-16 纵向水平杆接头布置

（a）接头不在同步内（立面）；（b）接头不在同跨内（平面）

1—立杆；2—纵向水平杆；3—横向水平杆

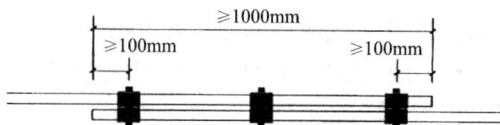

图3-17 纵向水平杆搭接接头形式

（6）使用不同的脚手板，纵向水平杆（包括横向水平杆）的设置位置也有所不同。

1）当采用冲压钢脚手板、木脚手板、竹串片脚手板时，脚手板放置在横向水平杆上；纵向水平杆应作为横向水平杆的支座，用直角扣件固定在立杆上，如图3-18所示。

2）当使用竹笆脚手板时，脚手板放置在纵向水平杆上；纵向水平杆应采用直角扣件固定在横向水平杆上，并应等间距设置，间距不应大于400mm，如图3-19所示。

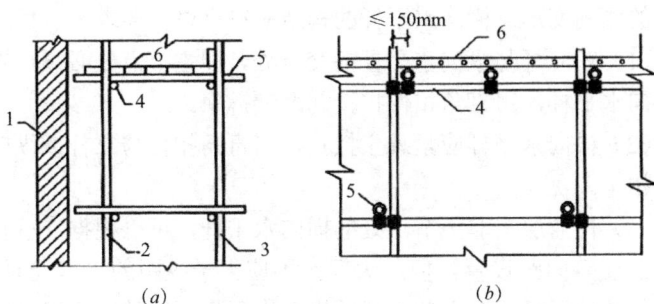

图 3-18　采用冲压钢脚手板等脚手板时纵向水平杆的设置

（*a*）侧立面图；（*b*）正立面图

1—建筑结构；2—内立杆；3—外立杆；4—纵向水平杆；

5—横向水平杆（放在纵向水平杆上）；6—脚手板

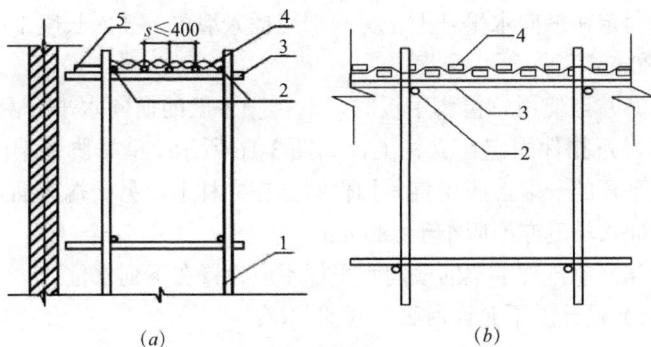

图 3-19　采用竹笆脚手板时纵向水平杆的设置

（*a*）侧立面图；（*b*）正立面图

1—立杆；2—横向水平杆；3—纵向水平杆；

4—竹笆脚手板；5—其他脚手板

2. 横向水平杆

横向水平杆是沿脚手架横向设置的水平杆，是构成脚手架空间框架必不可少的杆件。它的作用是与纵向水平杆组成一个刚性平面，缩小立杆的长细比，提高立杆的承载能力，同时承受脚手板或纵向水平杆传来的荷载，增强脚手架横向平面的刚度，约束立杆的侧向变形。横向水平杆的构造应符合以下要求：

（1）在立杆与纵向水平杆的交点处，即主节点处必须设置一根横向水平杆，用直角扣件扣接并严禁拆除。

（2）横向水平杆应紧靠主接点，用直角扣件与立杆或纵向水平杆扣牢。

（3）作业层上非主节点处的横向水平杆，可以根据支承脚手板的需要等间距设置，但最大间距不应大于纵距的1/2。当作业层转入其他层时，非主节点处的横向水平杆可以随脚手板一同拆除，但主节点处的横向水平杆不得拆除。

（4）当使用冲压钢脚手板、木脚手板、竹串片脚手板时，双排脚手架的横向水平杆两端均应采用直角扣件固定在纵向水平杆上，如图3-18所示；单排脚手架的横向水平杆的一端应用直角扣件固定在纵向水平杆上，另一端应插入墙内，插入长度不应小于180mm。

（5）当使用竹笆脚手板时，双排脚手架的横向水平杆两端，应用直角扣件固定在立杆上，如图3-16所示；单排脚手架的横向水平杆的一端，应用直角扣件固定在立杆上，另一端应插入墙内，插入长度亦不应小于180mm。

（6）单排脚手架的横向水平杆不应设置在下列部位：

1）设计上不允许留脚手眼的部位；

2）过梁上与过梁两端成60°角的三角形范围内及过梁净跨度1/2的高度范围内；

3）宽度小于1m的窗间墙；

4）梁或梁垫下及其两侧各500mm的范围内；

5）砖砌体的门窗洞口两侧200mm和转角处450mm的范围内，其他砌体的门窗洞口两侧300mm和转角处600mm的范围内；

6）墙体厚度小于或等于180mm；

7）独立或附墙砖柱，空斗砖墙、加气块墙等轻质墙体；

8）砌筑砂浆强度等级小于或等于M2.5的砖墙。

3. 立杆

立杆通常有单立杆和双立杆两种形式，应均匀设置，纵向间距不应大于 2m，横向间距一般不超过 1.3m。立杆的搭设应符合以下要求：

（1）立杆必须用连墙件与建筑物可靠连接。

（2）立杆接长除了顶层顶步可以采用搭接外，其余各层各步的接头必须采用对接扣件连接。

（3）当立杆采用对接接长时，立杆的对接扣件应交错布置，两根相邻立杆的接头不应设置在同步内，同步内隔一根立杆的两个相隔接头在高度方向错开的距离不宜小于 500mm；各接头中心至主节点的距离不宜大于步距的 1/3，如图 3-20 所示。

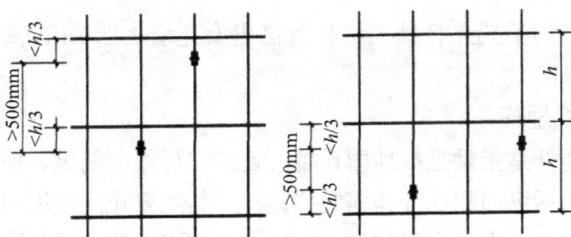

图 3-20　立杆对接接头位置

（4）当立杆顶层顶步采用搭接接长时，搭接长度不应小于 1m，并应采用不少于 2 个旋转扣件固定。端部扣件盖板的边缘至杆端距离不应小于 100mm，如图 3-21 所示。

（5）当采用双立杆时，双立杆中副立杆的高度不应低于 3 步，钢管长度不应小于 6m。上部单立杆与下部双立杆中的一根采用对接扣件接长，双立杆用旋转扣件连接，并同时用直角扣件与纵向水平杆扣紧，以保证双立杆共同受力，如图 3-22 所示。

（6）脚手架各转角处应设置内外立杆。如建筑结构有阳台等时，应相应增加转角处立杆。

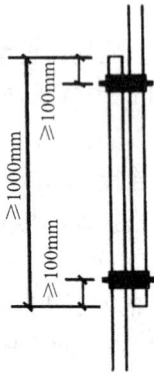

图 3-21 立杆搭接接头形式

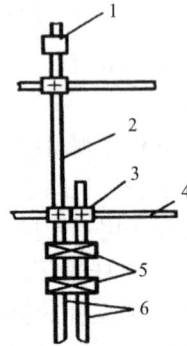

图 3-22 单干和双杆的连接构造
1—对接扣件；2—上单立杆；3—直角扣件；4—纵向水平杆；5—旋转扣件；6—下双立杆

（7）脚手架立杆顶端栏杆宜高出女儿墙上端 1m，高出檐口上端 1.5m。

4. 扫地杆

扫地杆是指贴近楼地面设置，连接立杆根部的纵、横向水平杆件，包括纵向扫地杆和横向扫地杆。其主要作用是用于固定立杆底部，约束立杆水平位移及沉陷，提高脚手架的整体刚度。扫地杆的设置应符合以下要求：

（1）脚手架必须设置纵、横向扫地杆。

（2）纵向扫地杆应采用直角扣件固定在距钢管底端不大于 200mm 处的立杆上。横向扫地杆应采用直角扣件固定在紧靠纵向扫地杆下方的立杆上，如图 3-23 所示。

（3）脚手架立杆基础不在同一高度上时，必须将高处的纵向扫地杆向低处延长两跨与立

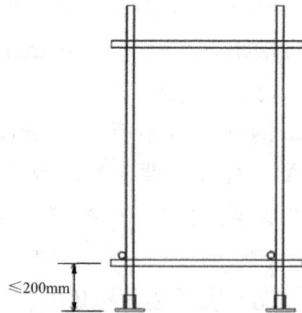

图 3-23 扫地杆设置示意图

杆固定，高低差不应大于1m。靠边坡上方的立杆轴线到边坡的距离不应小于500mm，如图3-24所示。

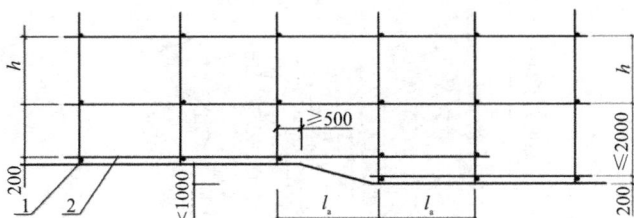

图 3-24 纵、横向扫地杆构造

1—横向扫地杆；2—纵向扫地杆

5. 剪刀撑与横向斜撑

剪刀撑与横向斜撑可以增强脚手架的整体刚度，能够显著提高脚手架的稳定性和承载力，是防止脚手架纵向变形的重要措施。双排脚手架应设剪刀撑与横向斜撑，单排脚手架应设剪刀撑。

（1）剪刀撑

剪刀撑是在脚手架外侧成对设置的交叉斜杆，其设置应符合以下要求：

1）高度在24m以下的单、双排脚手架，均必须在外侧立面两端、转角及中间间隔不超过15m的立面上，各设置一道剪刀撑，并应由底至顶连续设置，如图3-25所示。

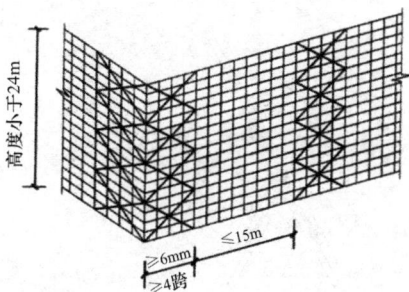

图 3-25 24m以下单、双排脚手架剪刀撑设置示意图

2）高度在 24m 及以上的双排脚手架应在外侧立面连续设置剪刀撑，如图 3-26 所示。

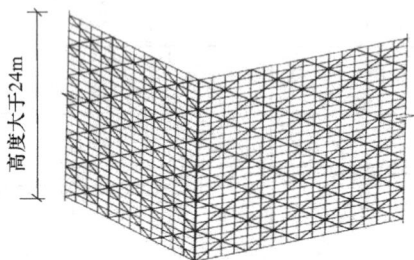

图 3-26　24m 及以上双排脚手架剪刀撑设置示意图

3）每道剪刀撑宽度应为 4 ～ 6 跨，且不应小于 6m，也不应大于 9m；剪刀撑斜杆与水平面的倾角应在 45° ～ 60° 之间，各底层剪刀撑斜杆的下端均应支承在垫块或垫板上。每道剪刀撑跨越立杆的最多根数应按表 3-7 来确定。

剪刀撑跨越立杆的最多根数　　　　　　表 3-7

剪刀撑斜杆与地面的倾角 α	45°	50°	60°
剪刀撑跨越立杆的最对根数 n	7	6	5

4）剪刀撑斜杆的接长通常采用搭接，搭接长度不应小于 1m，采用不少于 3 个旋转扣件固定，端部扣件盖板的边缘至杆端距离不应小于 100mm，如图 3-27 所示。

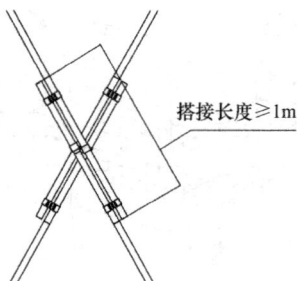

图 3-27　剪刀撑搭接

72

（2）横向斜撑

横向斜撑是与双排脚手架的内、外立杆或水平杆斜交呈之字形的斜杆，如图 3-28 所示，一般用于开口型或高度超过 24m 的脚手架，以及门洞、卸料平台等架体的开口处。横向斜撑的设置应符合以下要求：

1）开口型双排脚手架的两端均必须设置横向斜撑；

2）高度在 24m 以上的封闭型脚手架，除拐角应设置横向斜撑外，中间应每隔 6 跨距设置一道；

3）横向斜撑应在同一节间，由底至顶层呈"之"字型连续布置。

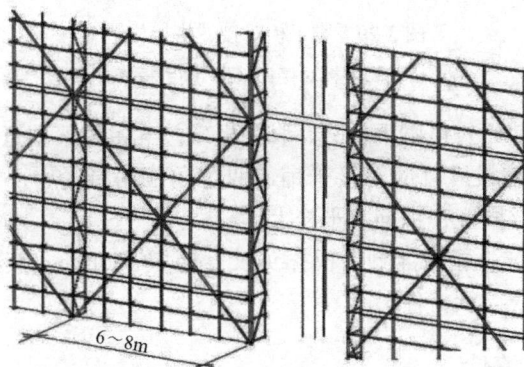

图 3-28　横向斜撑

3.2.4　脚手板

脚手板的设置应符合以下要求：

（1）作业脚手板应满铺、铺稳、铺实。

（2）使用冲压钢脚手板、木脚手板、竹串片脚手板时，脚手板应设置在三根横向水平杆上。当脚手板长度小于 2m 时，可采用两根横向水平杆支承，但应将脚手板两端与其可靠固定，严防倾翻。

（3）脚手板的铺设应采用对接平铺或搭接铺设，其中：

1) 脚手板对接平铺时，接头处必须设两根横向水平杆，脚手板外伸长应取 130 ～ 150mm，两块脚手板外伸长度的和不应大于 300mm，如图 3-29（a）所示。

2) 脚手板搭接铺设时，接头必须支在横向水平杆上，搭接长度不应小于 200mm，其伸出横向水平杆的长度不应小于 100mm，如图 3-29（b）所示。

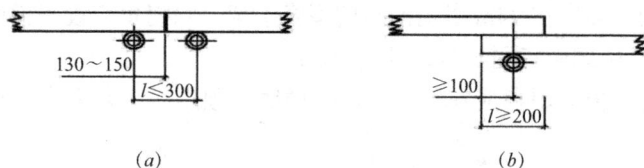

（a）　　　　　　　　　　　　　　　（b）

图 3-29　脚手板对接、搭接构造

（a）脚手板对接；（b）脚手板搭接

（4）使用竹笆脚手板时，脚手板应按其主竹筋垂直于纵向水平杆方向铺设，且应对接平铺，四个角应用直径不小于 1.2mm 的镀锌钢丝固定在纵向水平杆上。

（5）作业层端部脚手板探头长度应取 150mm，其板的两端均应固定于支承杆件上。

3.2.5　连墙件

连墙件能够防止因风荷载等水平外力作用而发生的脚手架向内或向外倾翻，同时减小立杆的计算长度，提高承载能力，对保证脚手架的稳定性至关重要。连墙件设置数量不足、构造不符合要求或被任意拆卸，极易造成脚手架倾覆坍塌事故。

1. 连墙件的构造类型

按照构造形式，连墙件可分为刚性连墙件和柔性连墙件，一般情况下应优先采用刚性连墙件。

（1）采用钢管、扣件或预埋件等变形较小的材料将立杆与主体结构连接在一起，可组成刚性连墙件。刚性连墙件既能承受拉力，又能承受压力作用，又有一定的抗弯和抗扭能力，能抵抗脚手架相对于墙体的向里和向外倾倒变形，也能对立杆的纵向弯曲变形有一定的约束作用。

（2）采用钢丝、钢筋等作拉结筋将立杆与主体结构连接在一起，可组成柔性连墙件。柔性连墙件只能承受拉力作用，不具有抗弯、抗扭作用，只能限制脚手架向外倾倒，不能防止脚手架向里倾斜，因此必须与顶撑配合使用。

2. 刚性连墙件构造形式

刚性连墙件常用的构造形式有：埋件连固式、单杆穿墙夹固式、双杆穿墙夹固式、单杆窗口夹固式、双杆窗口夹固式、单杆箍柱式、双杆箍柱式等。

刚性连墙件形式的选用应根据连墙件设置部位建筑物主体边沿的结构情况来确定。

（1）当边沿结构为梁时，可采用埋件连固式连墙件。在混凝土浇筑前用一竖向短钢管埋设于梁内约 300mm，露出梁背约 200mm，待混凝土浇筑完成后，用水平长钢管连接立杆与竖向短钢管即可，如图 3-30 所示。

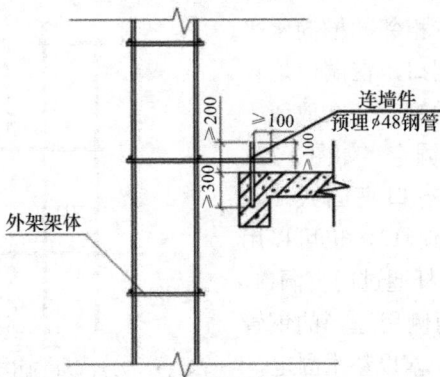

图 3-30　埋件连固式刚性连墙件

（2）当边沿结构为剪力墙时，可采用穿墙夹固式连墙件。

1）单杆穿墙夹固式。用单根横向水平杆穿过墙体，在墙体的两侧用短钢管（立放或平放）塞以垫木固定，如图 3-31（a）。

2）双杆穿墙夹固式。用一对上下或左右相邻的横向水平杆穿过墙体，在墙体的两侧用短钢管（立放或平放）塞以垫木固定，如图 3-31（b）。

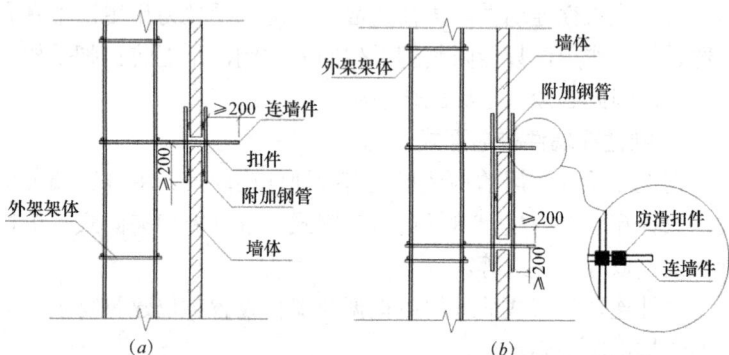

图 3-31　穿墙夹固式刚性连墙件
（a）单杆穿墙加固式；（b）双杆穿墙加固式

（3）当边沿结构为窗洞时，可采用窗口夹固式连墙件。

1）双杆窗口夹固式。用一对上下或左右相邻的横向水平杆通过门窗洞口，在洞口墙体两侧用适当的钢管（立放或平放）塞以垫木固定，如图 3-32。

2）单杆窗口夹固式。对于尺寸不大的洞口，也可以用一根横向水平杆通过门窗洞口，在洞口墙体两侧用适当的钢管（立放或平放）塞以垫木固定。

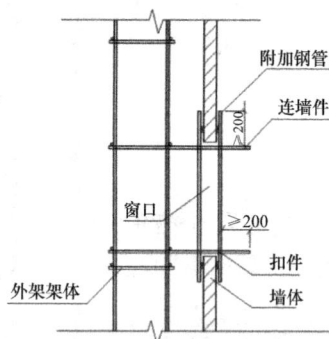

图 3-32　双杆窗口加固式刚性连墙件

（4）当边沿结构为柱子时，可采用箍柱式连墙件。

1）单杆箍柱式。用一根横向水平杆与 3 根短钢管并塞以垫木抱紧柱子固定，如图 3-33（a）。

2）双杆箍柱式。用 2 根横向水平杆与 2 根短钢管并塞以垫木抱紧柱子固定，如图 3-33（b）。

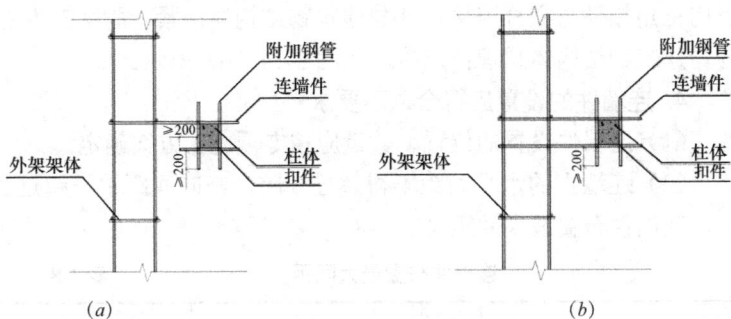

图 3-33　箍柱式刚性连墙件

（a）单杆箍柱式；（b）双杆箍柱式

3. 柔性连墙件构造形式

柔性连墙件可采用在主体结构内预埋 $\phi 6$ 钢筋与架体拉结，或用双股 8 号镀锌钢丝与架体拉结，同时设置顶撑，使其可靠地顶在圈梁、柱等结构部位。

（1）单排脚手架柔性连墙件。靠近建筑物结构体，在横向水平杆用直角扣件连接适长的钢管，钢管与建筑物结构体之间塞以垫木固定，并将钢管与建筑物结构体预埋件连接，如图 3-34（a）所示。

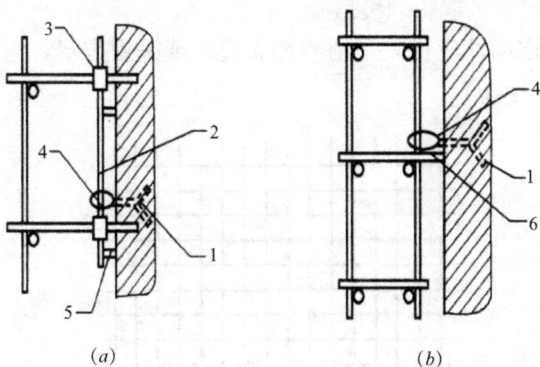

图 3-34　柔性连墙构造

（a）单排脚手架；（b）双排脚手架

1—预埋件；2—适长钢管；3—直角扣件；4—双股钢丝（或钢筋）；5—塞木顶紧；
6—横向水平杆顶紧

（2）双排脚手架柔性连墙件。连墙件处横向水平杆靠近主节点用直角扣件与立杆连接，并与建筑物结构体顶紧。脚手架内立杆与建筑物结构体预埋件连接，如图3-34（b）所示。

4. **连墙件的设置应符合以下要求：**

（1）连墙件设置的位置、数量应按专项施工方案确定。

（2）连墙点的水平间距不得超过3跨，竖向间距不得超过3步，连墙件布置最大间距见表3-8。

连墙件布置最大间距　　　　　表3-8

搭设方法	高度	竖向间距（h）	水平间距（l_a）	每根连墙件覆盖面积（m^2）
双排落地	$\leqslant 50m$	$3h$	$3l_a$	$\leqslant 40$
双排悬挑	$> 50m$	$2h$	$3l_a$	$\leqslant 27$
单排	$\leqslant 24m$	$3h$	$3l_a$	$\leqslant 40$

注：h—步距；l_a—纵距。

（3）连墙件应靠近主节点设置，偏离主节点的距离不应大于300mm。

（4）连墙件应从底层第一步纵向水平杆处开始设置，当该处设置有困难时，应采用其他可靠措施固定。当脚手架下部暂不能设连墙件时应采取防倾覆措施。

（5）连墙件应优先采用菱形布置，或采用方形、矩形布置，如图3-35所示。

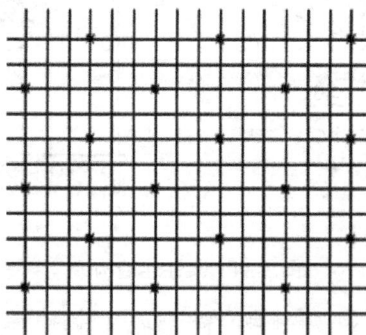

图3-35　二步三跨连墙件菱形布置

（6）在架体的转角处、开口型脚手架端部必须设置连墙件，连墙件的垂直间距不应大于建筑物的层高，并不应大于4m。

（7）连墙件中的连墙杆应呈水平设置，当不能水平设置时，应向脚手架一端下斜连接，如图3-36所示。

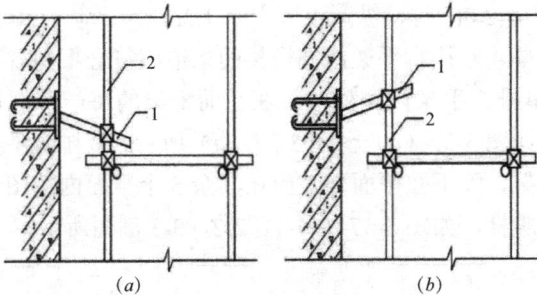

图3-36　连墙件的构造

（a）连墙件下斜（允许）；（b）连墙件上斜（错误）

1—连墙件；2—内立杆

（8）连墙件必须采用可承受拉力和压力的构造。对高度24m以上的双排脚手架，应采用刚性连墙件与建筑物连接。

（9）架高超过40m且有风涡流作用时，应采取抗上升翻流作用的连墙措施。

（10）严禁将作业脚手架与模板支架、卸料平台及起重设备的支承件等进行连接固定。

3.2.6　门洞

脚手架需要设置门洞时，洞口上方的立杆不能直接落到基础上，这时可以挑空1～2根立杆，并将悬空的立杆用斜杆逐根连接，使荷载分布到两侧的立杆上。门洞设置应符合以下要求：

（1）门洞上方的立杆从洞口上方的纵向水平杆开始扣接，洞口上方的内、外纵向水平杆可用两根钢管加强。

（2）单、双排脚手架门洞宜采用上升斜杆、平行弦杆桁架结构型式，如图3-37所示，斜杆与地面的倾角α应在45°～60°之间。门洞桁架的型式宜按下列要求确定：

79

1）当步距（h）小于纵距（l_a）时，应采用 A 型；

2）当步距（h）大于纵距（l_a）时，应采用 B 型，并应符合下列规定：

① $h = 1.8m$ 时，纵距不应大于 1.5m；

② $h = 2.0m$ 时，纵距不应大于 1.2m。

（3）单、双排脚手架门洞桁架的构造应符合下列规定：

1）单排脚手架门洞处，应在平面桁架的每一节间设置一根斜腹杆，如图 3-37（a）～图 3-37（d）所示；双排脚手架门洞处的空间桁架，除下弦平面外，应在其余 5 个平面内的图示节间设置一根斜腹杆，如图 3-37 中 1-1、2-2、3-3 剖面所示。

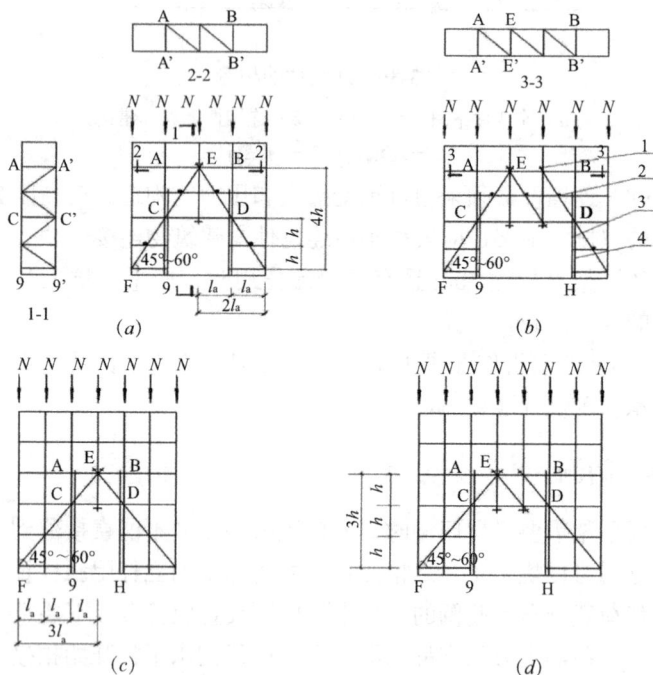

图 3-37　门洞处上升斜杆、平行弦杆桁架

（a）挑空一根立杆 A 型；　（b）挑空二根立杆 A 型；

（c）挑空一根立杆 B 型；　（d）挑空二根立杆 B 型

1—防滑扣件；2—增设的横向水平杆；3—副立杆；4—主立杆

80

2）斜腹杆宜采用旋转扣件固定在与之相交的横向水平杆的伸出端上，旋转扣件中心线至主节点的距离不宜大于150mm。当斜腹杆在1跨内跨越2个步距（图3-37A型）时，宜在相交的纵向水平杆处，增设一根横向水平杆，将斜腹杆固定在其伸出端上。

3）斜腹杆宜采用通长杆件，当必须接长使用时，宜采用对接扣件连接，也可采用搭接，搭接构造应符合杆件接长有关要求。

4）单排脚手架过窗洞时应增设立杆或增设一根纵向水平杆，如图3-38所示。

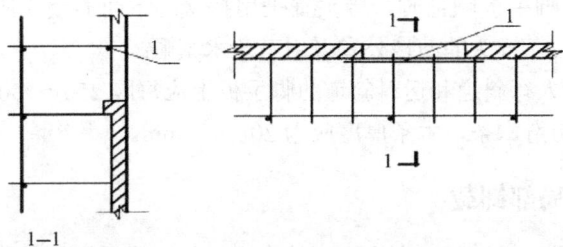

图3-38　单排脚手架过窗洞构造
1—增设的纵向水平杆

5）门洞桁架下的两侧立杆应为双管立杆，副立杆高度应高于门洞口1～2步。

6）门洞桁架中伸出上下弦杆的杆件端头，均应增设一个防滑扣件，该扣件宜紧靠主节点处的扣件。

3.2.7　斜道

斜道，又称马道，是作业人员上下施工层通行用的通道。对于高度不大于6m的脚手架，通常采用一字型斜道；而对于高度大于6m的脚手架，一般采用之字型斜道。通道的构造应符合以下要求：

（1）斜道应附着外脚手架或建筑物设置，人行斜道严禁搭设在临近高压线一侧。

（2）运料斜道宽度不宜小于1.5m，坡度不应大于1:6，人行斜道宽度不宜小于1m，坡度不应大于1:3。

（3）拐弯处应设置平台，其宽度不应小于斜道宽度。

（4）斜道两侧及平台外围均应设置栏杆及挡脚板。栏杆高度应为 1.2m，挡脚板高度不应小于 200mm。

（5）运料斜道两端、平台外围和端部均应设置连墙件；每两步应加设水平斜杆；设置剪刀撑和横向斜撑。

（6）斜道脚手板构造应符合下列规定：

1）脚手板横铺时，应在横向水平杆下增设纵向支托杆，纵向支托杆间距不应大于 500mm；

2）脚手板顺铺时，接头宜采用搭接；下面的板头应压住上面的板头，板头的凸棱外宜采用三角木填顺；

3）人行斜道和运料斜道的脚手板上应每隔 250～300mm 设置一根防滑木条，木条厚度应为 20～30mm。

3.2.8 局部卸载

当需要搭设超过允许高度的脚手架时，应采取卸载措施。卸载措施指在规定高度之上分段装设挑支架或撑拉构造，将该段的脚手架荷载全部或部分的卸载给工程结构承受，如图 3-39 所示。卸载装置的设置和构造一般应满足以下要求：

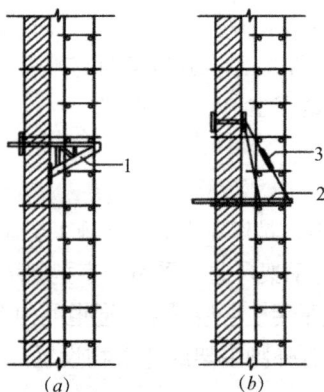

图 3-39　桁架卸载示意图

（a）下撑式桁架卸载；（b）斜拉式桁架卸载

1—卸载桁架；2—挑架；3—钢丝绳拉杆（花篮螺栓）

（1）卸载桁架和撑拉体系的构造和建筑物结构上的附着点、拉结点必须经过严格的设计计算，使其具有足够的承载力；

（2）撑拉体系的撑拉节点必须满足传力要求；

（3）必须经过荷载试验并确保其安全可靠后，方可确定使用。

3.3 作业脚手架搭设

3.3.1 准备工作

（1）脚手架搭设前，应按专项施工方案向施工人员进行安全技术交底。

（2）应按规范规定和脚手架专项施工方案要求，对钢管、扣件、脚手板等进行检查验收，不合格产品不得使用。

（3）经检验合格的构配件应按品种、规格分类，堆放整齐、平稳，堆放场地不得有积水。

（4）应清除搭设场地杂物，平整搭设场地，并使排水畅通。

（5）确定脚手架附着于建筑结构处混凝土强度满足安全承载要求。

（6）做好脚手架搭设工具与辅助设备的准备工作。

3.3.2 搭设程序

脚手架一般搭设流程是：基础处理→立杆放线定位→设置底座或垫板→摆放纵向扫地杆→逐根竖立杆（随即与纵向扫地杆扣紧）→安放横向扫地杆（与立杆或纵向扫地杆扣紧）→加设临时抛撑（在设置二道连墙杆后可拆除）→安装第一步大横杆和小横杆→设置连墙件→安装第二步大横杆和小横杆→设首层安全平网→挂密目式安全立网→安装第三、四步大横杆和小横杆→设置连墙件→接立杆→安装剪刀撑、横向斜撑（随立杆、水平杆等同步搭设）→铺设作业层脚手板→安装拦腰杆及挡脚板→依次向上搭设（中间不超过 10m 设一道层间安全平网）→安装封顶杆→剪刀撑和横向斜撑设置至顶、满挂密目式安全立网。

3.3.3　搭设方法

　　脚手架应按形成基本构架单元的要求，逐排、逐跨、逐步地进行搭设。"一字型"脚手架从一端开始向另一端延伸搭设；封圈型脚手架可从一个角部开始向两边延伸交圈搭设。

　　下面以双排落地式脚手架为例，简述脚手架搭设方法。

1. 基础处理

　　（1）对基础进行平整、夯实，并采用 100mm 厚 C15 混凝土进行硬化。立杆基础外侧设置截面不小于 200mm×200mm 的排水沟，脚手架底座底面标高应高于室外自然地坪 50 ～ 100mm，保证脚手架基础不积水如图 3-40 所示。

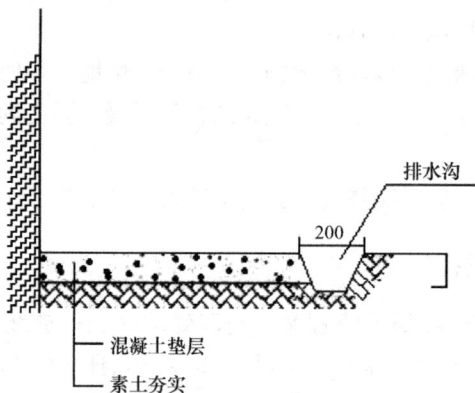

　　　　　　　　　　　　　　　　　　　　排水沟

　　　　　　　　　　　　　　　　　　200

　　　　混凝土垫层
　　　　素土夯实

图 3-40　脚手架基础剖面图

　　（2）脚手架基础经验收合格后，应按施工组织设计或专项方案的要求放线定位，双排脚手架内外立杆的连线应与墙面垂直，如图 3-41 所示。

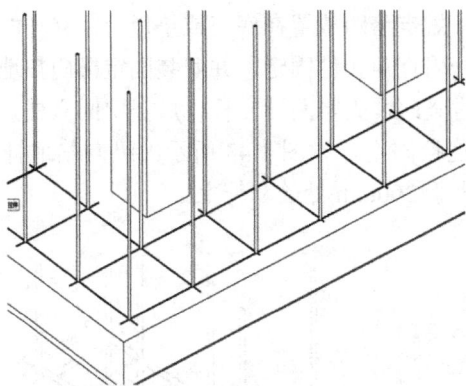

图 3-41　定位放线

2．安放底座垫板

（1）底座或垫板均应准确地放在定位线上。

（2）垫板应采用长度不少于 2 跨、厚度不小于 50mm、宽度不小于 200mm 的木垫板，如图 3-42 所示。

（3）当脚手架搭设在永久性建筑结构混凝土基面时，可根据情况不设置底座或垫板。

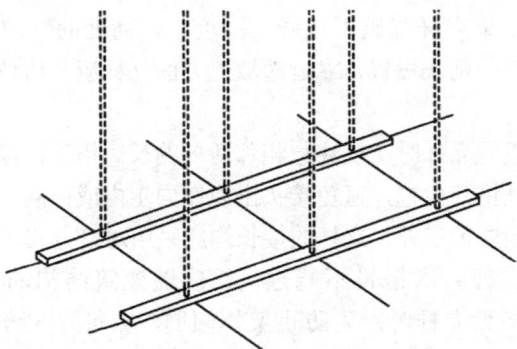

图 3-42　放置底部垫板

3．立杆搭设

（1）安装立杆时，第一步架最好有 6～8 人相互配合操作。

将立杆底端按规定跨距放置在底座或垫板上，立杆的下部与摆好的纵向扫地杆用直角扣件固定，并安装固定横向扫地杆。内外排的立杆要同时竖起，先竖两端立杆，后竖中间立杆，并依次与纵横向扫地杆连接固定，如图 3-43 所示。纵向扫地杆应固定在距钢管底端不大于 200mm 处的立杆上。

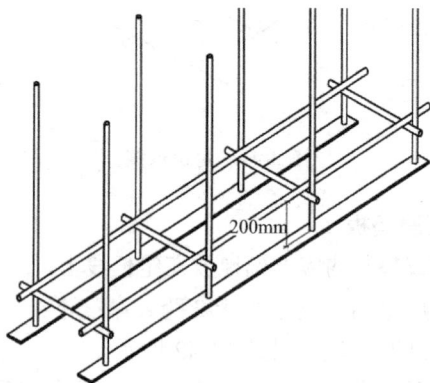

200mm

图 3-43　搭设立杆和扫地杆

（2）如果立杆基础不在同一高度上，高处的纵向扫地杆应按要求向低处延长设置，靠近边坡上方的立杆应与边坡保持一定距离。

（3）设置立杆时，要注意相邻两杆的长短搭配，以便在立杆接长时相互错开位置，避免接头出现在同步内或在同一高度方向上。除了顶层顶步外，立杆的接长均应采用对接方式。

（4）立杆一次搭设不能过高，应随建筑结构的升高而升高。开始搭设立杆时，为防止架体倾倒，应每隔 6 跨设置一根抛撑，直至连墙件安装稳定后，方可根据情况拆除，如图 3-44 所示。

抛撑应采用通长杆件，用旋转扣件固定在脚手架上，与地面的倾角应在 45°～60°之间，连接点中心与主节点的距离不大于

300mm。

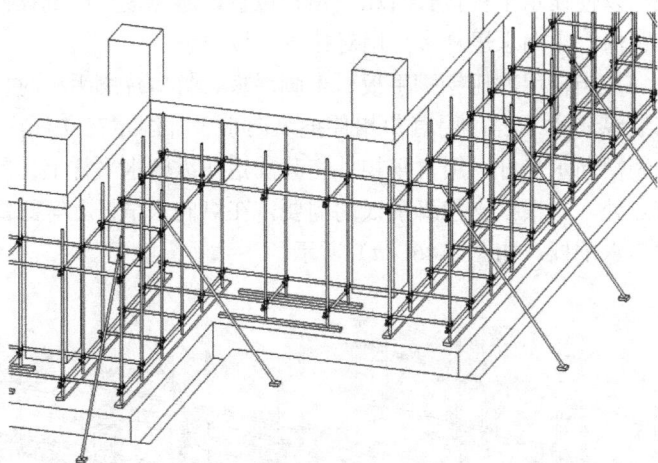

图 3-44　抛撑搭设示意图

4. 安装纵横向水平杆

（1）纵向水平杆应随立杆按步搭设，并用直角扣件与立杆固定。封闭型脚手架同一步架内纵向水平杆必须四周交圈，用直角扣件与内、外立柱固定好。

（2）脚手架步距应按照专项施工方案规定设置，第一步纵向水平杆与扫地杆的间距应不大于 2m，如图 3-45 所示。

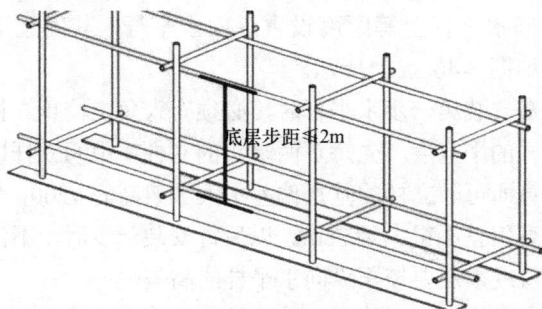

底层步距≤2m

图 3-45　底层步距设置图

（3）设置纵向水平杆时，要注意两根相邻纵向水平杆的长短搭配，以便在水平杆接长时相互错开位置，避免接头出现在同步或同跨内。纵向水平杆多采用对接方式接长。

（4）当使用冲压钢脚手板、木脚手板、竹串片脚手板时，应先安装纵向水平杆，用直角扣件把纵向水平杆固定在立杆内侧，再安装横向水平杆，用直角扣件将其固定在纵向水平杆上。除了主节点处，应根据支承脚手板的需要，在纵向水平杆上等距离设置横向水平杆，如图 3-46（a）所示。

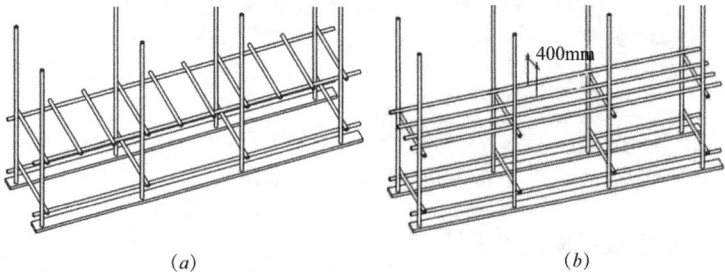

400mm

（a）　　　　　　　　　　　　　　　　（b）

图 3-46　纵横向水平杆安装

（a）铺冲压钢脚手板等；（b）铺竹笆脚手板

（5）使用竹笆脚手板时，应先安装横向水平杆，两端用直角扣件固定在立杆上，再安装纵向水平杆，在立杆内侧用直角扣件固定在横向水平杆上。除了主节点处，应根据铺放脚手板需要，在横向水平杆上等距离设置纵向水平杆，其间距不应大于400mm，如图 3-46（b）所示。

（6）在安装第一步水平杆时，必须有人负责校正立杆的垂直度和水平杆的平直度。先矫正两端头的立杆，中间立杆以端头立杆为准竖直即可。立杆的垂直偏差不大于架高的 1/200，如 6m 长立杆的垂直偏差不得大于 3cm。以后每安装一步后，不但要校正立杆的垂直度，还要校正纵向水平杆的高差。

（7）安装横向水平杆时，其靠墙一端至墙面的距离不应大于

100mm。

5. 设置连墙件

（1）连墙件的安装应随脚手架搭设同步进行，不允许滞后安装。当架体搭设至有连墙件的主节点时，在搭设完该处的立杆、纵向水平杆、横向水平杆后，应立即设置连墙件。

（2）脚手架一次搭设高度不应超过相邻连墙件以上两步。如超过相邻连墙件以上两步，无法设置连墙件时，应采取撑拉固定等措施与建筑结构拉结，直到上一层连墙件安装完毕后再视情况予以拆除。

（3）对于埋件结构的连墙件，应按设计位置和要求提前设置好预埋件，并做好成品保护，避免因其他施工活动受到破坏。

（4）连墙杆最好与内外立杆同时拉结，使连墙件与架体连接牢固。连墙杆与节点之间距离不能任意加长，长细比应控制在150以内。

（5）连墙件只有在主节点附近才能有效地阻止脚手架发生横向弯曲失稳或倾覆。目前在实际搭设中，许多连墙件设置在立杆步距的1/2附近，这对脚手架稳定是极为不利的，必须予以注意。

（6）刚性连墙件水平杆的后部应增设一个防滑扣件，防止杆件滑移。

（7）安装连墙件时，不能随意增大连墙件竖向或水平向间距，或减少连墙件数量。

6. 设置剪刀撑、横向斜撑

（1）横向斜撑、剪刀撑搭设应随立杆、纵向和横向水平杆等同步搭设，不得滞后安装。

（2）剪刀撑斜杆应用旋转扣件固定在与之相交的横向水平杆的伸出端或立杆上，旋转扣件中心线至主节点的距离不应大于150mm，如图3-47所示。各底层剪刀撑斜杆的下端均应支承在垫块或垫板上。

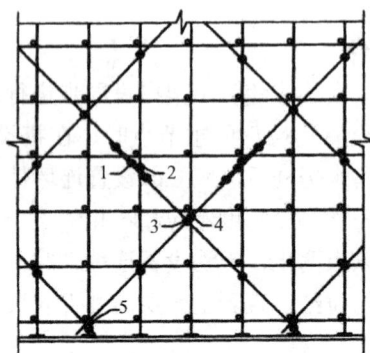

图 3-47　剪刀撑杆件固定点示意图

1－搭接段固定（共三个）；2－搭接段与立杆固定；3－交叉点固定；

4－斜杆与立杆固定；5－底部端点与立杆或横向水平杆固定

（3）横向斜撑宜采用旋转扣件固定在与之相交的横向水平杆的伸出端上，旋转扣件中心线至主节点的距离不宜大于 150mm，如图 3-48 所示。

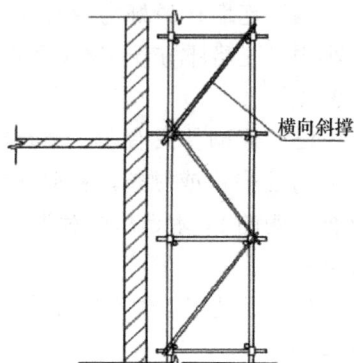

横向斜撑

图 3-48　横向斜撑设置

7. 铺设脚手板

（1）脚手板应铺满、铺稳，离开墙面的距离不应大于 150mm。

（2）脚手板采用对接时，接头处应设置横向水平杆；采用搭接时，搭接长度应符合规定。脚手板探头应用直径 3.2mm 镀锌钢丝固定在支承杆件上。

（3）在拐角、斜道平台口处的脚手板，应用镀锌钢丝固定在横向水平杆上，防止滑动。

8. 安装栏杆、挡脚板

作业层、斜道的栏杆和挡脚板均应搭设在外立杆的内侧，上栏杆上皮高度应为 1.2m，中栏杆应居中设置；挡脚板高度不应小于 180mm，如图 3-49 所示。

9. 脚手架封顶

外排立杆必须超过房屋檐口的高度，平屋顶高出女儿墙 1m，坡屋顶超过檐口 1.5m。

（1）坡屋顶脚手架封顶，如图 3-50 所示。

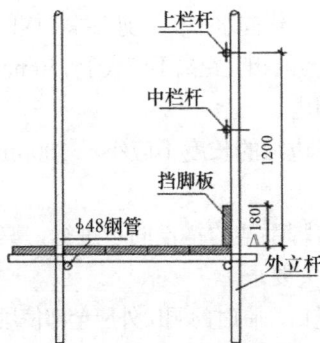

图 3-49　栏杆与挡脚板设置

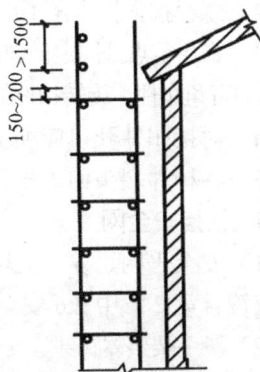

图 3-50　坡屋顶脚手架封顶示意图

1）里排立杆应低于檐口底 150～200mm。

2）设置两道护身栏杆，一道 180mm 高的挡脚板，并挂设安全立网。

（2）房屋挑檐部位脚手架封顶。在房屋的挑檐部位搭设脚手架时，可用斜杆将脚手架挑出，如图 3-51 所示。

1）挑出部分的高度不超过两步，宽度不超过 1.5m。

2）斜杆应在每根立杆上挑出，与水平面的夹角不小于 60°，斜杆的两端均交于脚手架的主节点处。

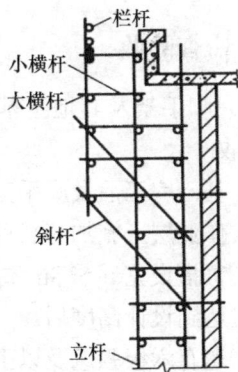

图 3-51　挑檐部位脚手架封顶示意图

3）斜杆间的距离不大于 1.5m。

4）脚手架挑出部分最外排立杆与原脚手架的两排立杆，至少设置三道平行的纵向水平杆。

10. 扣件安装

（1）扣件规格应与钢管外径相同，直角扣件、旋转扣件不能作为对接扣件使用。

（2）螺栓拧紧扭力矩不应小于 40N·m，且不应大于 65N·m。

（3）在主节点处固定横向水平杆、纵向水平杆、剪刀撑、横向斜撑等用的直角扣件、旋转扣件的中心点的相互距离不应大于 150mm。

（4）对接扣件开口应朝上或朝内。

（5）各杆件端头伸出扣件盖板边缘的长度不应小于 100mm。

11. 张挂安全网

（1）安全平网、安全立网应随脚手架的搭设同步进行，具体设置应符合第 2 章中 2.6 安全网有关要求。

（2）脚手架架体底部除安全通道口、临时门洞口外应全部使用安全立网封闭，脚手架外立面安全立网的设置高度应超过作业面 1.5m。

（3）安全立网应设置在外立杆和横杆内侧，与架体绑扎牢固。

（扣件式钢管脚手架搭设视频可扫描二维码 4 进行查看。）

3.3.4 检查验收

（1）脚手架及其地基基础应在下列阶段进行检查与验收：

二维码 4

1）基础完工后及脚手架搭设前。

2）作业层上施加荷载前。

3）每搭设完 6 ～ 8m 高度后。

4）达到设计高度后。

5）遇有六级强风及以上风或大雨后；冻结地区解冻后。

6）停用超过一个月。

（2）脚手架搭设的技术要求、允许偏差与检验方法，应符合表 3-9 的规定。

脚手架搭设的技术要求、允许偏差与检验方法　　表 3-9

项次	项目		技术要求	允许偏差 Δ（mm）	示意图	检查方法与工具
1	地基基础	表面	坚实平整	—		观察
		排水	不积水			
		垫板	不晃动			
		底座	不滑动			
			不沉降	−10		
2	单、双排与满堂脚手架立杆垂直度	最后验收立杆垂直度（20～50）m	—	±100		用经纬仪或吊线和卷尺

下列脚手架允许水平偏差（mm）

搭设中检查偏差的高度（m）	总高度		
	50m	40m	20m
$H=2$	±7	±7	±7
$H=10$	±20	±25	±50
$H=20$	±40	±50	±100
$H=30$	±60	±75	
$H=40$	±80	±100	
$H=50$	±100		

中间档次用插入法

项次	项目	技术要求	允许偏差	示意图	检查方法与工具
3	单双排、满堂脚手架间距	步距 纵距 横距	—	±20 ±50 ±20	—	钢板尺

项次	项目		技术要求	允许偏差 Δ(mm)	示意图	检查方法与工具
4	纵向水平杆高差	一根杆的两端	—	±20		水平仪或水平尺
		同跨内两根纵向水平杆高差	—	±10		
5	剪刀撑斜杆与地面的倾角		45°～65°			角尺
6	脚手板外伸长度	对接	$a=(130～150)$ mm $l\leqslant300$mm	—		卷尺
		搭接	$a\geqslant100$mm $l\geqslant200$mm	—		卷进尺
7	扣件安装	主节点处各扣件中心点相互距离	$a\leqslant500$mm	—		钢板尺
		同步立杆上两个相隔对接扣件的高差	—	—		钢卷尺
		立杆上的对接扣件至主节点的距离	$a\leqslant h/3$			

94

项次	项目	技术要求	允许偏差 Δ(mm)	示意图	检查方法与工具
7	扣件安装 纵向水平杆上的对接扣件至主节点的距离	$a \leqslant l_a/3$	—		钢卷尺
	扣件螺栓拧紧扭力矩	(40～65) N·m	—		扭力扳手

注：图中1—立杆；2—纵向水平杆；3—横向水平杆；4—剪刀撑。

（3）安装后的扣件螺栓拧紧力矩应采用扭力扳手检查，抽样方法应按随机分布的原则进行。抽样检查数目与质量判定标准，应按表3-10的规定确定，不合格的应重新拧紧至合格。

扣件拧紧抽样检查数目及质量判定标准   表3-10

项次	检查项目	安装扣件数量（个）	抽查数量（个）	允许的不合格数量（个）
1	连接立杆与纵（横）向水平杆或剪刀撑的扣件；接长立杆、纵向水平杆或剪刀撑的扣件	51～90 11～150 151～280 2851～500 501～1200 1201～3200	5 8 13 20 32 50	0 1 1 2 3 5
2	连接横向水平杆与纵向水平杆的扣件（非主节点处）	51～90 11～150 151～280 2851～500 501～1200 1201～3200	5 8 13 20 32 50	1 2 3 5 7 10

3.4 作业脚手架拆除

3.4.1 准备工作

（1）应全面检查脚手架的扣件连接、连墙件、支撑体系等是否符合构造要求，如果存在问题必须在拆除之前先行加固。

（2）应根据检查结果补充完善施工脚手架专项方案中的拆除顺序和措施，经审批后方可实施。

（3）拆除前应对施工人员进行书面安全交底。交底要有记录，内容要有针对性，明确架体拆除过程中的注意事项。

（4）应清除脚手架上杂物及地面障碍物，如脚手板上的混凝土、砂浆块、U形卡、活动杆子及材料。

（5）拆架前施工现场先拉好警戒线，现场技术管理人员和安全管理人员应对拆除作业进行巡查，及时纠正违章作业。

3.4.2 拆除程序及要求

（1）脚手架拆除应按照专项施工方案进行，并应遵守"后搭的先拆、先搭的后拆"的原则。

一般拆除程序为：拆除架底防护→拆安全网→拆防护栏杆及挡脚板→拆除脚手板→拆横向水平杆→拆纵向水平杆→拆剪刀撑→拆连墙件→拆立杆→杆件传至地面→拆横向水平扫地杆→拆纵向水平扫地杆→拆底座或垫板。

（2）拆除过程中还应遵守以下规定：

1）脚手架拆除作业必须由上而下逐层进行，严禁上下同时作业。

2）连墙件、剪刀撑和横向斜撑必须随脚手架逐层拆除，严禁先将整层或数层拆除后再拆除脚手架。

3）分段拆除高差大于两步时，应增设连墙件加固。

4）当脚手架拆至下部最后一根长立杆的高度（约 6.5m）时，应先在适当位置搭设临时抛撑加固后，再拆除连墙件。当脚手架采取分段、分立面拆除时，对不拆除的脚手架两端，应先按有关规定设置连墙件和横向斜撑加固。

5）架体拆除作业应设专人指挥，当有多人同时操作时，应明确分工、统一行动，且应具有足够的操作面。

6）卸料时各构配件严禁抛掷至地面，拆下的杆件和扣件要及时清除、转运，分类、分堆、分规格码放整齐，要有防水措施，以防雨后生锈。

7）运至地面的构配件应按规范的规定及时检查、整修与保养，并应按品种、规格分别存放。

8）拆除过程中如更换人员，必须重新进行安全技术交底。

（扣件式钢管脚手架拆除视频可扫描二维码5进行查看。）

二维码 5

3.5 模板支架（支撑脚手架）

扣件式钢管模板支架主要由钢管、扣件、可调托撑等组成，如图 3-52 所示。

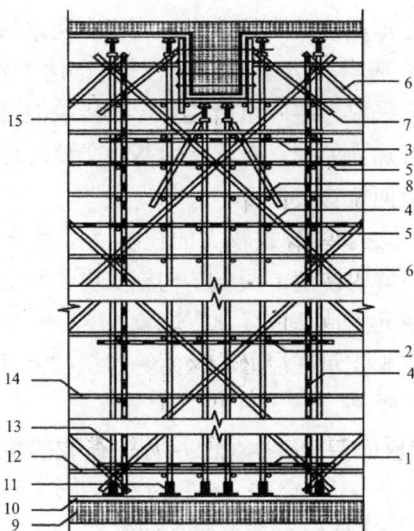

图 3-52 扣件式钢管模板支架构造示意图

1—单元体底部水平剪刀撑；2—单元体中部水平剪刀撑；3—单元体顶部水平剪刀撑；4—加强单元体的四个立面设置从底到顶连续式竖向剪刀撑；5—架体高度大于 20m 时，顶部两步距纵横水平杆之间增加两道纵横向水平杆；6—多个加强单元体四个立面之间设置从底到顶连续式竖向剪刀撑；7—梁侧增设斜撑；8—大梁底立杆两侧增设加强斜撑；9—地基；10—垫板；11—底座；12—扫地杆；13—立柱；14—水平拉杆；15—可调托撑

97

3.5.1　构造尺寸

（1）扣件式钢管模板支架的步距与立杆间距应按设计计算确定，步距不应大于 1.8m，立杆间距不应大于 1.2m。

（2）模板支架搭设高度不宜超过 30m，独立架体高宽比不应大于 3.0。

3.5.2　地基

（1）地基基础强度必须满足支模施工和计算要求，验收合格后按施工方案的要求放线定位。

（2）模板支架支承在地面时，基础应坚实并有排水措施。

（3）支承在湿陷性黄土地面时，应当有防水措施；支承在冻胀性土地面时，应当有防冻融措施；地基土达不到承载要求时，应当对地基部分采取分层回填夯实基土、浇筑混凝土垫层或设置桩基等措施进行加固处理。对软土地基，必要时可采用堆载预压的方法调整模板面板安装高度。

（4）对高大复杂和荷载较大的模板支架系统，为了防止施工过程中地基沉降对现浇混凝土结构施工质量和支架稳定性的影响，应对支架单元和地基进行预压试验。

（5）模板支架支承在屋面、楼面等建筑物上时，应当进行验算，并满足以下要求：

1）下层楼板应当具有承受上层施工荷载的承载能力，否则应当支撑支架。

2）上层支架立柱应对准下层支架立柱，并在立柱底铺设垫板，如图 3-53 所示。

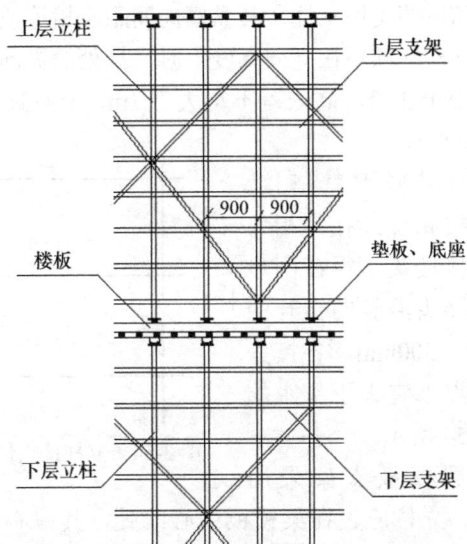

图 3-53　多层模板支架示意图

3.5.3　垫板与底座

（1）模板支架立柱应设置垫板和底座。

（2）垫板应有足够强度和支撑面积，且应中心承载，垫板应采用木板或槽钢，木板厚度不得小于 50mm。禁止使用砖及脆性材料铺垫。

（3）底座应采用可锻铸铁制造或焊接制作的扣件式钢管脚手架底座。

3.5.4　支架立柱

（1）模板支架立柱间距一般设置在 0.4 ～ 1.2m 之间，见表 3-11。

模板支架立柱间距　　　　表 3-11

立杆间距（m）	1.2×1.2	1.0×1.0	0.9×0.9	0.75×0.75	0.6×0.6	0.4×0.4
高宽比不大于	2	2	2	2	2.5	2.5
最少跨数	4	4	5	5	5	8

（2）梁和板的支撑立柱，其纵横向间距应相等或成倍数。

（3）当立柱底部不在同一高度上时，高处的纵向扫地杆应向低处延长不少于 2 跨，高低差不得大于 1m，立柱距边坡上方边缘不得小于 0.5m。

（4）立柱接长严禁搭接，必须采用对接扣件连接，相邻两立柱的对接接头不得在同步内，且对接接头沿竖向错开的距离不宜小于 500mm，各接头中心距主节点不宜大于步距的 1/3，如图 3-54 所示。

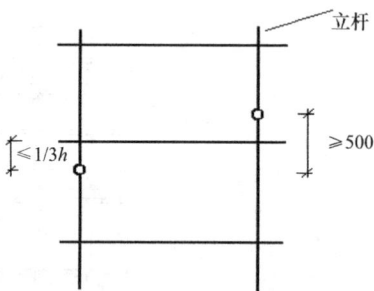

图 3-54　立柱接头位置示意图

（5）当梁模板支架采用单根立柱时，立柱应设在梁模板中心线处，其偏心距不应大于 25mm。

（6）当模板支架局部所承受的荷载较大，立杆需加密设置时，加密区的水平杆应向非加密区延伸不少于 1 跨；非加密区立杆的水平间距应与加密区立杆的水平间距互为倍数。

3.5.5　扫地杆与水平拉杆

（1）在立柱底距地面 200mm 高处，应沿纵横水平方向设置扫地杆。

（2）可调支托底部的立柱顶端应沿纵横向各设置一道水平拉杆。

（3）扫地杆与顶部水平拉杆之间的间距，在满足模板设计所确定的水平拉杆步距要求条件下，进行平均分配确定步距后，在每一步距处纵横向应各设一道水平拉杆。水平拉杆的步距通常在 1.2～1.8m。

（4）对于高大模板支架，在架体顶部还应增设水平拉杆。当层高在 8～20m 时，在最顶步距两水平拉杆中间应加设一道水平拉杆；当层高大于 20m 时，在最顶两步距水平拉杆中间应分别增加一道水平拉杆。

（5）所有水平拉杆的端部均应与四周建筑物顶紧顶牢。无处可顶时，应于水平拉杆端部和中部沿竖向设置连续式剪刀撑。

（6）纵横向扫地杆、水平拉杆应采用直角扣件固定在立柱上。扫地杆、水平拉杆应采用对接扣件接长。

3.5.6 剪刀撑

模板支架应设置竖向剪刀撑和水平剪刀撑，如图 3-55 所示。

（1）竖向剪刀撑设置应符合以下要求：

1）高大模板支架（指搭设高度＞8m，荷载标准值＞15kN/m^2 或＞20kN/m 或＞7kN/ 点的模板支架）应在架体四周、内部纵向和横向每隔不大于 6m 设置一道竖向剪刀撑。

2）其他模板支架应在架体的四周、内部纵向和横向每隔不大于 9m 设置一道竖向剪刀撑。

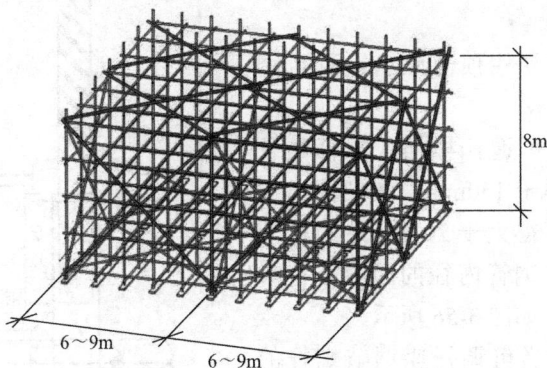

图 3-55　模板支架剪刀撑设置

3）竖向剪刀撑斜杆间的水平距离宜为 6～9m，剪刀撑斜杆与水平而的倾角应为 45°～60°。

（2）水平剪刀撑设置应符合以下要求：

1）高大模板支架应在架顶设置一道水平剪刀撑，同时在竖向每隔不大于 8m 设置一道水平剪刀撑。

2）其他模板支架宜在架顶处设置一道水平剪刀撑。

3）每道水平剪刀撑应连续设置，剪刀撑的宽度宜为 6～9m。

（3）满堂支撑脚手架应在外侧立面、内部纵向和横向每隔 6～9m 由底至顶连续设置一道竖向剪刀撑，在顶层和竖向间隔不超过 8m 处设置一道水平剪刀撑，并应在底层立杆上设置纵向和横向扫地杆。

（4）当采用竖向斜撑杆、竖向交叉拉杆代替竖向剪刀撑，或采用水平斜撑杆、水平交叉拉杆代替，水平剪刀撑时，其间隔距离、形状、长度等应符合《建筑施工脚手架安全技术统一标准》GB 51210 的规定。

（5）模板支架的剪刀撑或斜撑杆、交叉拉杆的布置应均匀、对称。

3.5.7 可调托撑

可调托撑的设置应符合以下要求：

（1）立柱顶部应当设置可调托撑。

（2）可调托撑插入立杆的长度不应小于 150mm，螺杆伸出钢管顶部不得大于 200mm，螺杆外径与立柱钢管内径的间隙不得大于 3mm，如图 3-56 所示。

（3）当可调托座调节螺杆的外伸长度较大时，宜在水平方向设有限位措施，其可调螺杆的外伸长度应按计算确定。

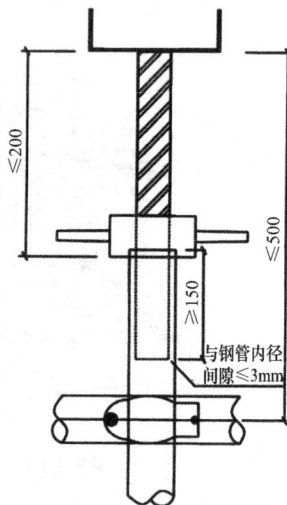

图 3-56 可调托撑安装示意图

3.5.8 拉结固定

（1）当有既有建筑结构时，模板支架应与既有建筑结构可靠连接，连接点至架体主节点的距离不宜大于 300mm，应与水平杆同层设置，并应符合以下规定：

1）连接点竖向间距不宜超过 2 步。

2）连接点水平向间距不宜大于 8m。

（2）当支架立柱高度超过 5m 时，应在立柱周圈外侧和中间有结构柱的部位，按水平间距 6 ～ 9m，竖向间距 2 ～ 3m 与建筑结构设置一个固结点。

3.5.9 满堂脚手架

满堂脚手架是在纵、横方向，由不少于三排立杆并与水平杆、水平剪刀撑、竖向剪刀撑、扣件等构成的脚手架，如图 3-57 所示。该架体顶部作业层施工荷载通过水平杆传递给立杆，顶部立杆呈偏心受压状态。

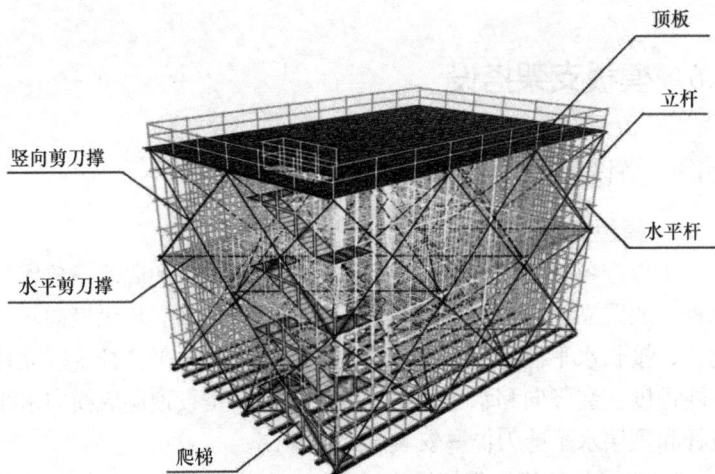

图 3-57 满堂脚手架示意图

满堂脚手架的立杆和水平杆构造、杆件接长、剪刀撑固定、脚手板铺设均与模板支架和双排脚手架的设置要求一致，其构造还应符合以下要求：

（1）水平杆长度不宜小于 3 跨。

（2）在架体体外侧四周及内部纵、横向由底至顶设置连续竖向剪刀撑；在架体底部、顶部及中部分别设置连续水平剪刀撑。

（3）满堂脚手架的高宽比不宜大于 3，当高宽比大于 2 时，应在架体的外侧四周和内部水平间隔 6～9m，竖向间隔 4～6m 设置连墙件与建筑结构拉结，当无法设置连墙件时，应采取设置钢丝绳张拉固定等措施。

（4）当满堂脚手架局部承受集中荷载时，应按实际荷载计算并应局部加固。

（5）满堂脚手架应设爬梯，爬梯踏步间距不得大于 300mm。

（6）满堂脚手架操作层支撑脚手板的水平杆间距不应大于 1/2 跨距。

3.6 模板支架搭设

3.6.1 搭设程序

1. 模板支架一般搭设流程

工作准备→处理基础→放线定位→安放垫板和底座→放置扫地杆→放置立柱并与纵横向扫地杆固定→安装第一步纵横向水平拉杆、接长水平拉杆→依次搭设其他步纵横向水平拉杆、接立柱→随进度安装竖向和水平剪刀撑及拉结点→搭设顶层纵横向水平拉杆和顶层水平剪刀撑→安装可调托撑。

2. 普通梁板模支架搭设方法

模板支架应逐排、逐层进行搭设。每搭设完一步架体后，应按规定校正立杆间距、步距、垂直度及水平杆的水平度。

（1）工作准备。模板支架搭设前应做好安全技术交底、材料进场验收、平整场地等准备工作，具体要求参见 3.3.1。

（2）基础处理。按照专项施工方案要求对基础进行加固处理，达到设计承载力要求。做好基础排水措施，对基面进行清理。基础完工应经验收合格后，方可进行架体搭设。

（3）安放垫板和底座。根据方案设计的立柱纵横间距进行放线定位，将垫板放在定位线上，底座置于垫板定位点的中心位置，保证垫板中心承载，如图3-58所示。

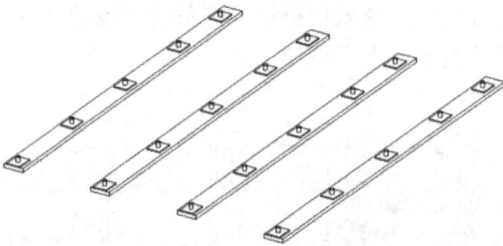

图3-58　设置垫板与底座

（4）设置立柱和扫地杆。提前将扫地杆摆好，按定位依次把立柱竖起并放置在底座上，在立柱底离地面200mm高处，将立柱与纵、横向扫地杆连接固定，纵向扫地杆设置在横向扫地杆的上面，如图3-59所示。当立柱底部不在同一高度时，应将高处的纵向扫地杆向低处延长固定，立柱距边坡上方边缘不得小于0.5m。

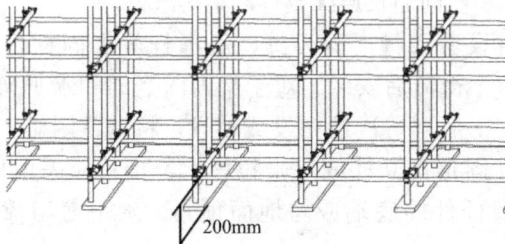

200mm

图3-59　安装扫地杆

（5）设置第一步纵、横向水平拉杆。按照方案规定步距的位置，安装第一步纵、横向水平拉杆，在校正立柱的垂直度后，予以牢靠固定。立杆搭设的垂直偏差不宜大于 1/200，且不宜大于100mm。

（6）接长杆件。在开始设置底部立柱、扫地杆及首层水平拉杆时，最初设置的相邻杆件的长度不能相同，这样在杆件接长时能相互错开位置，避免接头出现在同一高度、同步、同跨内或远离主节点，如图 3-60 所示。立柱、扫地杆及水平拉杆的接长必须采用对接方式，严禁采用搭接，严禁将上段的钢管立柱与下段钢管立柱错开固定于水平拉杆上。

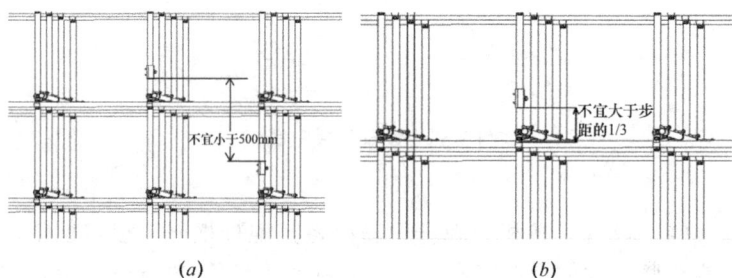

图 3-60　立柱接头设置示意图

（a）相邻杆件接头间距；（b）接头与主节点距离

（7）依次向上搭设立柱和纵、横向水平拉杆。水平拉杆应按步距沿纵向和横向通长连续设置，不得缺失。

（8）搭设剪刀撑。剪刀撑、斜撑杆等加固杆件应随架体同步搭设，不得滞后安装。对于架内的竖向和水平剪刀撑，如果等架体完工后再一次性搭设或补设，将非常困难。剪刀撑应用旋转扣件固定在立柱或水平拉杆上，接长应采用搭接方式。竖向剪刀撑杆件的底端应与地面顶紧。水平剪刀撑应延伸至周边。

（9）设置拉结点。搭设支架时，应根据周边结构的情况，采取有效的连接措施加强支架整体稳固性。如周边或架内有结构柱等既有建筑结构时，应及时与其进行可靠连接，如

图 3-61 所示。拉结点的水平和竖向间距应符合设计和标准规定。

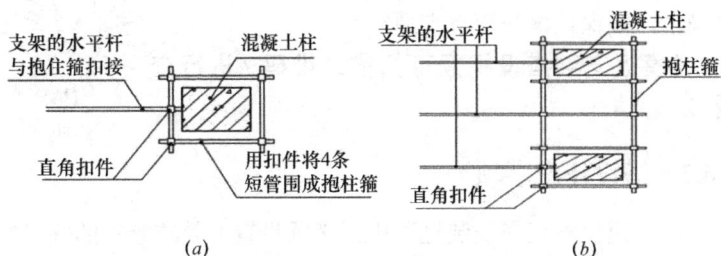

图 3-61　拉结点设置示意图

（a）与单柱连接；（b）与多柱连接

（10）搭设顶层纵、横向水平拉杆。将纵、横向水平拉杆按照方案设计位置与立柱顶端固定，顶层水平拉杆至模板支撑点的长度不应超过 0.5m，如图 3-62 所示。对于高大模板支架，在最顶步距水平拉杆中间应加设一道或两道水平拉杆。架顶处应根据设计要求设置一道水平剪刀撑。

（剪刀撑的搭设以及最顶步距加设水平杆效果可扫描二维码 6 进行查看。）

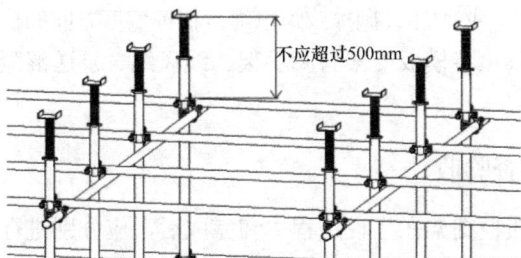

图 3-62　顶层纵、横向水平拉杆设置示意图

（11）安装可调托撑。将可调托撑插入顶部钢管立柱中，插入立杆的长度不应小于 150mm，可调螺杆伸出钢管顶部不得大

于 200mm。安装时应保证可调托撑与钢管保证上下同心，避免偏心受力。U 型支托与模板主楞如有间隙必须用木块楔紧，确保托撑与模板支撑牢靠。

（**模板支架搭设视频可扫描二维码 7 进行查看。**）

二维码 7

3.6.2 搭设注意事项

（1）模板支架在安装过程中，必须设置有效防倾覆的临时固定设施。

（2）施工时，对于已承受荷载的支架和附件，不得随意拆除或移动。

（3）当支架安装超过 3m 时，应搭设作业脚手架，设置安全防护设施。

（4）所有垂直支架柱均应保证垂直。如设计规定支架立柱成一定角度倾斜，或其支架立柱的顶表面倾斜时，应采取可靠措施确保支点稳定，支撑底脚必须有防滑移的可靠措施。

（5）对梁和板安装二次支撑前，其上不得有施工荷载，支撑的位置必须正确。安装后所传给支撑或连接件的荷载不应超过其允许值。

（6）当露天支架立柱为群柱架时，高宽比不应大于 5；当高宽比大于 5 时，必须加设抛撑或缆风绳，保证宽度方向的稳定。

（7）禁止将模板支架与脚手架、缆风绳、泵送混凝土输送管等固定。

3.6.3 检查验收

（1）模板支架在搭设过程中和完成后，应分别进行阶段检查和完工验收。检查项目应符合以下要求：

1）立柱底部基土应回填夯实。

2）垫木应满足设计要求。

3）底座位置应正确，顶托螺杆伸出长度应符合规定。

4）立杆的规格尺寸和垂直度应符合要求，不得出现偏心荷载。

5）扫地杆、水平拉杆、剪刀撑等的设置应符合规定，固定应可靠。

6）各种安全设施应符合要求。

（2）模板支架搭设的技术要求、允许偏差与检验方法，应符合表 3-12 的规定。

模板支架搭设的技术要求、允许偏差与检验方法　表 3-12

项次	项目		技术要求	允许偏差 Δ（mm）	示意图	检查方法与工具
1	地基基础	表面	坚实平整	—	—	观察
		排水	不积水			
		垫板	不晃动			
		底座	不滑动			
			不沉降	−10		
2	满堂支撑架立杆垂直度	最后验收垂直度 30m		±90	—	用经纬仪或吊线和卷尺
		下列满堂支撑架允许水平偏差（mm）				
		搭设中检查偏差的高度（m）		总高度		
				30m		
		H=2		±7		
		H=10		±30		
		H=20		±60		
		H=30		±90		
		中间档次用插入法				
3	满堂支撑架间距	步距纵距横距	—	±20 ±30	—	钢板尺

项次	项目		技术要求	允许偏差 Δ（mm）	示意图	检查方法与工具
4	纵横向水平杆高差	一根杆的两端	—	±20		水平仪或水平尺
		同跨内两根纵横向水平杆高差	—	±10		
5	剪刀撑斜杆与地面的倾角		45°～60°	—		角尺
6	扣件安装	主节点处各扣件中心点相互距离	a≤500mm	—		钢板尺
		同步立杆上两个相隔对接扣件的高差	—	—		钢卷尺
		立杆上的对接扣件至主节点的距离	a≤h/3	—		
		纵横向水平杆上的对接扣件至主节点的距离	a≤l_a/3	—		钢卷尺
		扣件螺栓拧紧扭力矩	(40～65)N·m	—		扭力扳手

110

（3）安装后的扣件螺栓拧紧力矩抽样检查数目与质量判定标准，应按表 3-10 的规定确定。

（4）对于高大模板支架，在搭设前，应由项目技术负责人组织对需要处理或加固的地基、基础进行验收；在搭设完成后，应由项目负责人组织验收。验收合格，并经施工单位项目技术负责人及项目总监理工程师签字后，方可进入后续工序的施工；在扣件抽查中，对于梁底扣件应进行 100% 检查。

3.7　模板支架拆除

3.7.1　准备工作

（1）拆模前必须有拆模申请，经审批后，方可拆除。现浇整体模板拆除之前，必须经验算复核，对照拆除的部位查阅混凝土强度试验报告，达到拆模强度的方可进行。

（2）全面检查架体的扣件连接、连墙件、支撑体系等是否符合构造要求，清除架体上的杂物及地面障碍物。

（3）拆除前应对施工人员进行安全技术交底。

（4）在模板拆装区域周围，设置围栏、挂明显的标志牌，派专人监护，禁止非作业人员进入警戒范围内。

（5）检查所使用的的工具有效可靠，并检查拆模场所范围内的安全措施情况。

3.7.2　拆除程序

（1）拆模的顺序和方法应按模板的设计规定进行。当设计无规定时，可采取先支的后拆，后支的先拆，先拆非承重部位、后拆承重部位，并应从上而下进行拆除。拆除时，应做到一步一清，并不得损伤构件或模板。

（2）部件拆除的顺序与安装顺序相反。

（3）同层杆件和构配件必须按先外后内的顺序拆除；剪刀撑、

斜撑杆等加固杆件必须在拆卸至该杆件所在部位时再拆除。

（4）肋形楼盖应先拆柱模板，再拆楼板底模、梁侧模板，最后拆梁底模板。

（5）当拆除 4 ～ 8m 跨度的梁下立柱时，应先从跨中开始，对称地分别向两端拆除。拆除时，严禁采用连梁底板向旁侧一片拉倒的拆除方法。侧立模应自上而下进行拆除。

（6）后浇带两侧的模板支架应在架体左右分别保留两排立柱。

（7）普通多层楼板模板支柱的拆除应按以下要求进行：

1）当上层模板正在浇筑混凝土时，下一层楼板的支柱不得拆除，再下一层楼板支柱，仅可拆除一部分；

2）当立柱的水平拉杆超过 2 层时，应当先拆除 2 层以上的拉杆，最后一道拉杆应与立柱同时拆除。

（8）当施工超重楼层转换层梁板结构时，下部各层支架的拆除时间，应由结构计算决定。

（9）后张预应力混凝土结构构件，侧模宜在预应力筋张拉前拆除；底模及支架不应在结构构件建立预应力前拆除。

（10）拆除高大模板支架拆时，纵横竖向及水平剪刀撑应滞后于其他杆件拆除，连墙件等固定措施必须最后拆除。

3.7.3　注意事项

（1）拆除作业人员应严格遵守安全操作规程，严格按照施工方案进行拆除作业。

（2）作业人员应当有足够、安全的作业面，可靠的立足点。拆 4m 以上模板时，应搭脚手架或工作台，严禁站在已拆或松动的模板上进行拆除作业。拆除平台、楼板下的立柱时，作业人员应站在安全处。

（3）架体的拆除应从上而下逐层进行，严禁上下同时作业。

（4）多人同时操作时，应明确分工、统一信号、统一指挥、统一行动。

（5）在提前拆除互相搭连并涉及其他后拆模板的支撑时，应补设临时支撑。

（6）拆模中途停歇时，应将已拆松动、悬空、浮吊的模板或支架进行临时支撑牢固或相互连接稳固。对活动部件必须一次拆除。

（7）拆模时，应逐块拆卸，不得重锤击打、铁棍撬别或成片拉倒。严禁作业人员站在悬臂结构边缘敲拆下面的底模。

（8）拆下的模板及支架杆件不得抛掷，所有杆件和扣件在拆除时应分离，不准在杆件上附着扣件或两杆连着送到地面。

（9）拆除楼层外边模板时，应有防高空坠落及防止模板向外翻倒的措施。

（10）混凝土板有预留洞口时，拆模后，应随时在其周围做好安全护栏，或用板将洞口盖住。

（11）在拆除模板过程中，如发现混凝土有影响结构安全的质量问题时，应暂停拆除。经处理后，方可继续进行拆除作业。

3.8 安全管理

3.8.1 安全检查

（1）脚手架在使用过程中，应定期进行检查，检查项目应符合以下规定：

1）主要受力杆件、剪刀撑等加固杆件、连墙件应无缺失、无松动，架体应无明显变形。

2）场地应无积水，立杆底端应无松动、无悬空。

3）安全防护设施应齐全、有效，应无损坏缺失。

4）立杆的沉降与垂直度的偏差在规定范围内。

5）应无超载使用。

（2）当脚手架遇有下列情况之一时，应进行检查，确认安全后方可继续使用：

1）遇有 6 级及以上强风或大雨过后。

2）冻结的地基土解冻后。

3）停用超过 1 个月。

4）架体部分拆除。

5）其他特殊情况。

3.8.2　安全要求

（1）严禁将支撑脚手架、缆风绳、混凝土输送泵管、卸料平台及大型设备的支承件等固定在作业脚手架上。严禁在作业脚手架上悬挂起重设备。

（2）在脚手架使用期间，严禁拆除下列杆件：

1）主节点处的纵、横向水平杆，纵、横向扫地杆；

2）连墙件。

（3）严禁擅自拆除架体上的安全防护设施，或临时拆除后不及时恢复。

（4）满堂脚手架在使用过程中，应设有专人监护施工，当出现异常情况时，应立即停止施工，并应迅速撤离作业面上人员。

（5）临街作业脚手架外侧立面、转角处应采取硬防护措施。

（6）在脚手架使用期间，立杆基础下及附近不宜进行挖掘作业。

4 门式钢管脚手架

门式钢管脚手架主要部件包括门式框架、交叉支撑和水平梁架等，门架立杆的竖直方向采用连接棒和锁臂接高，纵向使用交叉支撑连接门架立杆，在架顶水平面使用挂扣式脚手板连接水平梁架，如图4-1所示。这些基本组合单元相互连接，逐层叠高，左右伸展，再设置水平加固杆、剪刀撑及连墙件等，构成整体门式脚手架。门式钢管脚手架不仅可作为作业脚手架，也可作为模板支架。

图 4-1 门式脚手架

1—可调托撑；2—上架；3—脚手板；4—连接棒；5—可调底座；
6—下门架；7—交叉支撑

4.1 脚手架材料

门式钢管脚手架是一种标准化钢管脚手架，绝大部分部件由工厂定型生产，使用其他部件难以替代。

4.1.1 主要构配件

门式钢管脚手架的主要构配件包括门架以及连接棒、锁臂、交叉支撑、挂扣式脚手板、托座等配件。门架与配件的钢管采用普通钢管，材质为 Q235 级钢。

1. 门架

门架是门式脚手架的主要构件，其受力杆件为焊接钢管，由立杆、横杆及加强杆等相互焊接组成。门架有典型门架、调节门架、连接门架、扶梯门架 4 种类型，其中典型门架作为基本构件，采用的也最多，如图 4-2 所示。

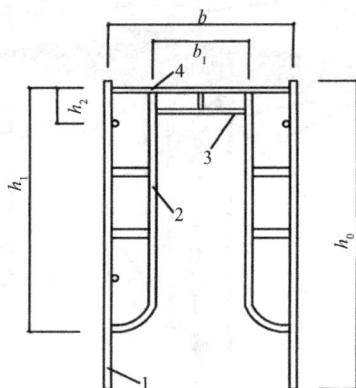

图 4-2　典型门架

1—外立杆；2—立杆加强杆；3—横杆加强杆；4—横杆

门架立杆加强杆的长度通常不小于门架高度的 70%，门架宽度不小于 800mm，且不宜大于 1200mm。典型门架的几何尺寸及杆件规格见表 4-1。

典型门架几何尺寸及杆件规格 表 4-1

门架代号		MF1219	
门架几何尺寸（mm）	h_2	80	100
	h_0	1930	1900
	b	1217	1200
	b_1	750	800
	h_1	1536	1550
杆件外径壁厚（mm）	1	$\phi\,42.0\times2.5$	$\phi\,48.0\times3.5$
	2	$\phi\,26.8\times2.5$	$\phi\,26.8\times2.5$
	3	$\phi\,42.0\times2.5$	$\phi\,48.0\times3.5$
	4	$\phi\,26.8\times2.5$	$\phi\,26.8\times2.5$

2. 交叉支撑

交叉支撑是每两榀门架纵向连接的交叉拉杆，两根交叉杆可以围绕中间连接螺栓转动，杆的两端有销孔，如图 4-3(a) 所示。

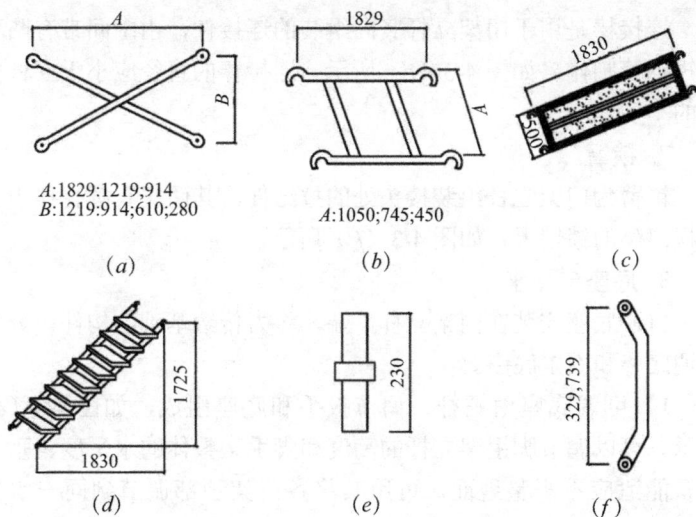

A:1829;1219;914
B:1219;914;610;280

(a)

A:1050;745;450

(b)

(c)

(d)

(e)

(f)

图 4-3 门架主要配件

(a) 交叉支撑；(b) 水平架；(c) 钢脚手板；(d) 钢爬梯；
(e) 连接棒；(f) 锁臂

3. 水平架

水平架是在脚手架非作业层上代替脚手板挂扣在门架横杆上的水平构件，由横杆、短杆和搭钩焊接而成，可与门架横杆自锚连接，如图 4-3（b）所示。

4. 挂扣式脚手板

挂扣式脚手板一般为钢脚手板，其两端带有挂扣，搁置在门架的横梁上并扣紧，如图 4-3（c）所示。钢脚手板用厚 1.5～2.0mm 钢板冷加工而成，板面上冲有梅花形翻边防滑圆孔，材质为 Q235A 级钢。

5. 钢爬梯

钢爬梯为设有踏步的斜梯，分别挂扣在上下两层门架的横梁上，如图 4-3（d）所示。钢梯踏板的厚度不应小于 1.2mm，并有防滑功能，搭钩厚度不应小于 7mm。

6. 连接棒

连接棒是用于门架立杆竖向组装的连接件，由中间带有凸环的短钢管制作，如图 4-3（e）所示。连接棒的直径应小于立杆内径的 1～2mm。

7. 锁臂

锁臂为门架立杆组装接头处的拉结件，其两端有圆孔挂于上下榀门架的锁销上，如图 4-3（f）所示。

8. 底座与托座

（1）底座安装在门架立杆下端，将力传给基础的构件，分为可调底座和固定底座。

1）可调底座由螺杆、调节扳手和底座组成，如图 4-4（a）所示。可以调节脚手架立杆的高度和脚手架整体的水平度、垂直度。能适应不平整地面，可用其将各门架顶部调节到同一水平面上。

2）固定底座由底板和套管两部分焊接而成，只起支承作用，无调节高低功能，使用它时要求地面平整，如图 4-4（b）所示。

118

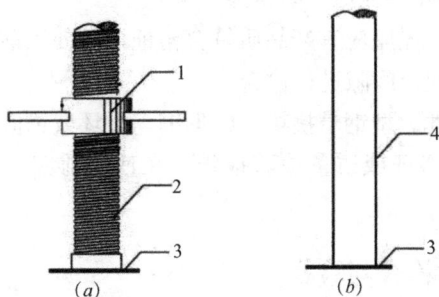

图 4-4　底座

1—底板；2—螺杆；3—调节扳手；4—套筒

（2）托座插放在门架立杆上端，承接上部荷载的构件，分为可调托座和固定托座。其结构尺寸与第 3 章中可调托撑的相关规定基本相同。

（3）底座、托座及其可调螺母应采用可锻铸铁或铸钢制作。

4.1.2　构配件质量

（1）施工现场使用的门架与配件应具有产品质量合格证，应标志清晰，并应符合下列要求：

1）门架与配件表面应平直光滑，焊缝应饱满，不应有裂缝、开焊、焊缝错位、硬弯、凹痕、毛刺、锁柱弯曲等缺陷。

2）门架与配件表面应涂刷防锈漆或镀锌。

3）周转使用的门架与配件，应经分类检查确认质量是否符合使用要求。

（2）加固杆、连接杆等所用钢管和扣件的质量，应符合下列要求：

1）应具有产品质量合格证。

2）严禁使用有裂缝、变形的扣件，出现滑丝的螺栓必须更换。

3）钢管和扣件应涂有防锈漆。

（3）底座和托座应有产品质量合格证，在使用前应对调节螺杆与门架立杆配合间隙进行检查。

（4）连墙件、型钢悬挑梁、U形钢筋拉环或锚固螺栓，应具有产品质量合格证或质量检验报告，在使用前应进行外观质量检查。

4.1.3　构配件检查与验收

门式脚手架搭设前，对门架与配件的基本尺寸、质量和性能应按现行行业产品标准《门式钢管脚手架》JG 13 的规定进行检查，确认合格后方可使用。

（1）质量分类

门架与构配件质量可分为 A、B、C、D 四类，并应符合下列规定：

1）A 类：有轻微变形、损伤、锈蚀。经清除粘附砂浆泥土等污物，除锈、重新油漆等保养工作后可继续使用。

2）B 类：有一定程度变形或损伤（如弯曲、下凹），锈蚀轻微。应经校正、平整、更换部件、修复、补焊、除锈、油漆等修理保养后继续使用。

3）C 类：锈蚀严重。应抽样进行荷载试验后确定能否使用。经试验确定可使用者，应按 B 类要求经修理保养后使用；不能使用者，则按 D 类处理。

4）D 类：有严重变形、损伤或锈蚀。不得修复，应报废处理。

（2）质量类别判定

1）周转使用的门架与配件质量类别判定应按表 4-2 ～表 4-6 的规定划分。

门架质量分类　　　　　　　　表 4-2

部位及项目		A 类	B 类	C 类	D 类
立杆	弯曲（门架平面处）	≤ 4mm	> 4mm	—	—
	裂纹	无	微小	—	有
	下凹	无	轻微	较严重	≥ 4mm
	壁厚	≥ 2.2mm	—	—	< 2.2mm
	端面不平整	≤ 0.3mm	—	—	> 0.3mm
	锁销损坏	无	损伤或脱落	—	—
	锁销间距	±1.5mm	> 1.5mm < 1.5mm	—	—
	锈蚀	无或轻微	有	有较严重（鱼鳞状）	深度 ≥ 0.3mm
	立杆（中-中）尺寸变形	±5mm	> 5mm < 5mm	—	—
	下部堵塞	无或轻微	较严重	—	—
	立杆下部长度	≤ 400mm	> 400mm	—	—
横杆	弯曲	无或轻微	严重	—	—
	裂纹	无	轻微	—	有
	下凹	无或轻微	≤ 3mm	—	> 3mm
	锈蚀	无或轻微	有	较严重	深度 ≥ 0.3mm
	壁厚	≥ 2mm	—	—	< 2mm
加强杆	弯曲	无或轻微	有	—	—
	裂纹	无	有	—	—
	下凹	无或轻微	有	—	—
	锈蚀	无或轻微	有	较严重	深度 ≥ 0.3mm
其他	焊接脱落	无	轻微缺陷	严重	—

脚手板质量分类　　　　　　　　　　　　表 4-3

部位及项目		A 类	B 类	C 类	D 类
脚手板	裂纹	无	轻微	较严重	严重
	下凹	无或轻微	有	较严重	—
	锈蚀	无或轻微	有	较严重	深度≥0.2mm
	面板厚	≥0.1mm	—	—	<1.0mm
搭钩零件	裂纹	无	—	—	有
	锈蚀	无或轻微	有	较严重	深度≥0.2mm
	铆钉损坏	无	损伤、脱落	—	—
	弯曲	无	轻微	—	严重
	下凹	无	轻微	—	严重
	锁扣损坏				
其他	脱焊	无	轻微	—	严重
	整体变形、翘曲	无	轻微	—	严重

交叉支撑质量分类　　　　　　　　　表 4-4

部位及项目	A 类	B 类	C 类	D 类
弯曲	≤3mm	>3mm	—	—
端部孔周裂纹	无	轻微	—	严重
下凹	无或轻微	有	—	严重
中部铆钉脱落	无	有	—	—
锈蚀	无或轻微	有	—	严重

连接棒质量分类　　　　　　　　　表 4-5

部位及项目	A 类	B 类	C 类	D 类
弯曲	无或轻微	有	—	严重
锈蚀	无或轻微	有	较严重	深度≥0.2mm
凸环脱落	无	轻微	—	—
凸环倾斜	≤0.3mm	>0.3mm	—	—

122

部位及项目		A 类	B 类	C 类	D 类
螺杆	螺牙缺损	无或轻微	有	—	严重
	弯曲	无	轻微	—	严重
	锈蚀	无或轻微	有	较严重	严重
扳手、螺母	扳手断裂	无	轻微	—	—
	螺母转动困难	无	轻微	—	严重
	锈蚀	无或轻微	有	较严重	严重
底板	翘曲	无或轻微	有	—	—
	与螺杆不垂直	无或轻微	有	—	—
	锈蚀	无或轻微	有	较严重	严重

2）判定标准

① A 类：表中所列 A 类项目全部符合。

② B 类：表中所列 B 类项目有一项和一项以上符合，但不应有 C 类和 D 类中任一项。

③ C 类：表中 C 类项目有一项和一项以上符合，但不应有 D 类中任一项。

④ D 类：表中 D 类项目有任一项符合。

3）抽样检查

① 抽样方法：C 类品中，应采用随机抽样方法，不得挑选。

② 样本数量：C 类样品中，门架或配件总数小于或等于 300 件时，样本数不得少于 3 件；大于 300 件时，样本数不得少于 5 件。

③ 在施工现场每使用一个安装拆除周期，应对门架、配件采用目测、尺量的方法检查一次。锈蚀深度检查时，应按规定抽取样品，在每个样品锈蚀严重的部位宜采用测厚仪或横向截断取样检测，当锈蚀深度超过规定值时不得使用。

（3）门架及配件挑选后，应按质量分类和判定方法分别做上标志。门架及配件分类经维修、保养、修理后必须标明“检验合格”的明显标志和检验日期，不得与未经检验和处理的门架及配件混放或混用。

4.2 作业脚手架构造

4.2.1 构造尺寸

门式钢管脚手架基本构造如图 4-5 所示。搭设高度除应满足设计计算条件外，不宜超过表 4-7 的规定。

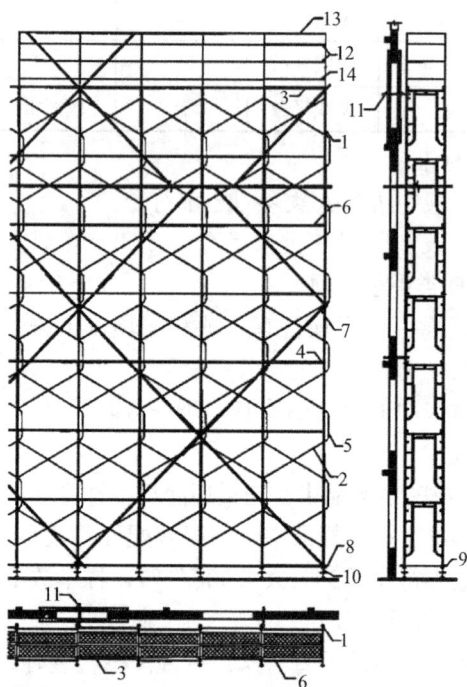

图 4-5 门式钢管脚手架的组成

1—门架；2—交叉支撑；3—挂扣式脚手板；4—连接棒；5—锁臂；
6—水平加固杆；7—剪刀撑；8—纵向扫地杆；9—横向扫地杆；10—底座；
11—连墙件；12—栏杆；13—扶手；14—挡脚板

门式钢管脚手架搭设高度 表 4-7

序号	搭设方式	施工荷载标准值 ΣQk（kN/m²）	搭设高度（m）
1	落地、密目式安全网全封闭	≤ 3.0	≤ 55
2		> 3.0 且 ≤ 5.0	≤ 40
3	悬挑、密目式安全立网全封闭	≤ 3.0	≤ 24
4		> 3.0 且 ≤ 5.0	≤ 18

4.2.2 基础

（1）门式脚手架的地基承载力应经计算确定，并根据不同地基土质和搭设高度应符合表 4-8 的规定。

门式钢管脚手架地基要求 表 4-8

搭设高度（m）	地基土质		
	中低压缩性且压缩性均匀	回填土	高压缩性或压缩性不均匀
≤ 24	夯实原土，干重力密度要求 15.5kN/m³。立杆底座置于面积不小于 0.075m² 的垫木上	土夹石或素土回填夯实，立杆底座置于面积不小于 0.10m² 垫木上	夯实原土，铺设通长垫木
> 24 且 ≤ 40	垫木面积不小于 0.10m²，其余同上	砂夹石回填夯实，其余同上	夯实原土，在搭设地面满铺 C15 混凝土，厚度不小于 150mm
> 40 且 ≤ 55	垫木面积不小于 0.15m² 或铺通长垫木，其余同上	砂夹石回填夯实，垫木面积不小于 0.15m² 或铺通长垫木	夯实原土，在搭设地面满铺 C15 混凝土，厚度不小于 200mm

注：垫木厚度不小于 50mm，宽度不小于 200mm；通长垫木的长度不小于 1500mm。

（2）搭设脚手架场地必须平整坚实，并应符合下列规定：

1）回填土应分层回填，逐层夯实。

2）场地排水应顺畅，不应有积水。

3）搭设脚手架的地面标高宜高于自然地坪标高 50～100mm。

（3）对搭设在地下室顶板、楼面等建筑结构上的门式脚手架，应对支承架体的建筑结构进行承载力验算，门架立杆下宜铺设垫板。

4.2.3　门架

（1）底步门架的立杆应当放置在底座上。

（2）门架的跨距应与交叉支撑的规格配合。

（3）上下榀门架立杆应在同一轴线位置上，门架立杆轴线的对接偏差不应大于 2mm。

（4）脚手架的内侧立杆离墙面净距不宜大于 150mm；当大于 150mm 时，应采取内设挑架板或其他隔离防护的安全措施。

（5）脚手架顶端栏杆宜高出女儿墙上端或檐口上端 1.5m。

4.2.4　门架配件

（1）配件应与门架配套使用，并应与门架连接可靠。

（2）门架的两侧应设置交叉支撑，并与门架立杆上的锁销锁牢。

（3）上下榀门架的组装必须设置连接棒，连接棒与门架立杆配合间隙不应大于 2mm。

（4）门式脚手架上下榀门架间应设置锁臂。但当采用插销式或弹销式连接棒时，可不设锁臂。

（5）脚手架作业层应连续满铺挂扣式脚手板，并应与门架的横梁扣紧，防止脚手板松动或脱落。同时为加强脚手架刚度，还应每隔 3~5 层设置一层脚手板。

（6）底部门架的立杆下端宜设置固定底座或可调底座。可调底座和可调托座的调节螺杆直径不应小于 35mm，可调底座的调节螺杆伸出长度不应大于 200mm。

（7）作业人员上下脚手架的斜梯应采用挂扣式钢梯，并宜采用"之"字形设置，一个梯段宜跨越两步或三步门架再行转折；钢梯应设栏杆扶手和挡脚板。

4.2.5 连墙件

（1）连墙件设置的位置、数量应按专项施工方案确定。数量的设置除应满足计算要求外，尚应符合表 4-9 的规定。

连墙件最大间距或最大覆盖面积 表 4-9

序号	脚手架搭设方式	脚手架高度（m）	连墙件间距（m）		每根连墙件覆盖面积（m²）
			竖向	水平	
1	落地、密目式安全网封闭	≤ 40	3h	3l	≤ 40
2			2h	3l	≤ 27
3		> 40			
4	悬挑、密目式安全网封闭	≤ 40	3h	3l	≤ 40
5		40 ~ 60	2h	3l	≤ 27
6		> 60	2h	2l	≤ 20

注：表中 h 为步距，l 为跨距。

（2）连墙件的布置应符合下列规定：

1）在门式脚手架的转角处或开口型脚手架端部，必须增设连墙件，连墙件的垂直间距不应大于建筑物的层高。且不应大于 4.0m。

2）在脚手架外侧因设置防护棚或安全网而承受偏心荷载的部位，应增设连墙件，其水平间距不应大于 4.0m。另外，在转角处应适当增加连墙件的布设密度。

3）连墙件必须采用可承受拉力与压力的构造，其具体形式可参考第 3 章扣件式钢管脚手架中有关连墙件的构造要求。

4）连墙件与门架、建筑物的连接应具有相应的连接强度。

5）连墙件应靠近门架的横杆设置，距门架横杆不宜大于200mm，并应固定在门架的立杆上。

6）连墙件宜水平设置，当不能水平设置时，与脚手架连接的一端，应低于与建筑结构连接的一端。

4.2.6 加固件

作业脚手架的加固件主要有剪刀撑和加固杆。

1. 剪刀撑

剪刀撑的设置如图 4-6 所示，并应符合下列规定：

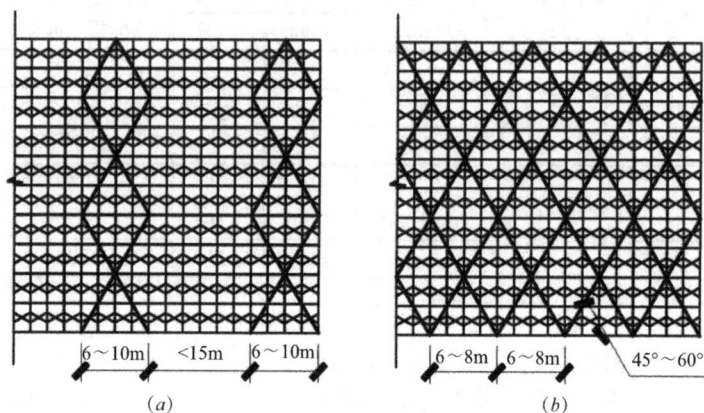

图 4-6 剪刀撑设置示意图

（a）脚手架搭设高度 24m 以下；（b）超过 24m 时剪刀撑设置

（1）当门式脚手架搭设高度在 24m 及以下时。在脚手架的转角处、两端及中间间隔不超过 15m 的外侧立面必须各设置一道剪刀撑，并应由底至顶连续设置。

（2）当脚手架搭设高度超过 24m 时，必须在脚手架全外侧立面上设置连续剪刀撑。

（3）对于悬挑脚手架，必须在脚手架全外侧立面上设置连续剪刀撑。

（4）剪刀撑斜杆与地面的倾角宜为 45°～60°。

（5）剪刀撑斜杆应采用搭接接长。

（6）每道剪刀撑的宽度不应大于 6 个跨距，且不应大于 10m；也不应小于 4 个跨距，且不应小于 6m。设置连续剪刀撑的斜杆水平间距宜为 6～8m。

2. 水平加固杆

由于门式脚手架中上下门架采用连接棒进行连接，水平杆件采用搭扣连接，斜杆采用锁销连接，这些连接方式的紧固性差，使得脚手架整体刚度较差，极易发生失稳，因此需在架体层间门架两侧的立杆上设置水平加固杆。水平加固杆设置应符合下列要求：

（1）在脚手架顶层、连墙件设置层必须设置。

（2）当脚手架搭设高度 $H \leqslant 40m$ 时，至少每两步门架应设置一道；当脚手架搭设高度 $H \geqslant 40m$ 时，每步门架应设置一道；悬挑脚手架每步门架均应设置一道。

（3）当脚手架每步铺设挂扣式脚手板时，至少每 4 步应设置一道，并宜在有连墙件的水平层设置。

（4）在脚手架的转角处、开口型脚手架端部的两个跨距内，每步门架应设置一道。

（5）纵向水平加固杆应连续设置，并形成水平闭合圈。

3. 扫地杆

（1）脚手架的底层门架下端应设置纵、横向通长的扫地杆。

（2）纵向扫地杆应固定在距门架立杆底端不大于 200mm 处的门架立杆上，横向扫地杆宜固定在紧靠纵向扫地杆下方的门架立杆上。

4.2.7 转角处门架连接

（1）在建筑物的转角处，门式脚手架内、外两侧立杆应按步设置水平连接杆、斜撑杆，将转角处的两榀门架连成一体，如图

4-7 所示。

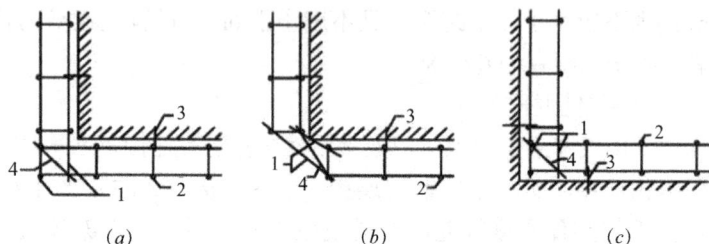

图 4-7 转角处脚手架连接

（a）阳角转角处脚手架连接（一）；（b）阳角转角处脚手架连接（二）；
（c）阴角转角处脚手架连接

1—连接杆；2—门架；3—连墙件；4—斜撑杆

（2）连接杆、斜撑杆应采用钢管，其规格应与水平加固杆相同。

（3）连接杆、斜撑杆应采用扣件与门架立杆水平加固扣紧。

4.2.8 门洞

（1）通道口门洞高度不宜大于 2 个门架高，宽度不宜大于 1 个门架跨距，通道口应采取加固措施。

（2）通道口的加固措施应符合下列要求：

1）当洞口宽度为 1 个跨距时，应在脚手架洞口上方的内、外侧设置水平加固件，水平加固杆应延伸至门洞口两侧各一个门架跨距，并在两个上角加设斜撑杆，如图 4-8（a）所示。

2）当洞口宽为 2 个及以上跨距时，在洞口上方应设置经专门设计和制作的托架梁，并应加强两侧门架立杆，如图 4-8（b）所示。

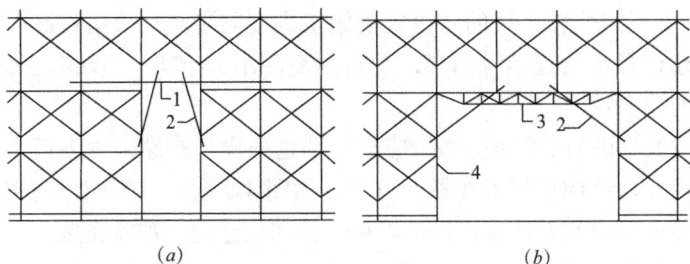

图 4-8 通道口加固示意图

(a) 通道口宽度为一个门架跨距；(b) 通道口宽度为两个及以上门架跨距

1—水平加固杆；2—斜撑杆；3—托架梁；4—加强杆

4.3 作业脚手架搭设

4.3.1 准备工作

（1）门式脚手架与模板支架搭设与拆除前，应向搭拆和使用人员进行安全技术交底。

（2）门架与配件、加固杆等在使用前应进行检查和验收。

（3）对搭设场地应进行清理、平整，并应做好排水。

（4）其他可参考第 3 章扣件式钢管脚手架有关搭设准备工作内容。

4.3.2 搭设程序

（1）一般落地式门式钢管脚手架的搭设顺序为：基础处理→拉线、铺设垫木（板）→安放底座→自一端起立门架并随即装交叉支撑（底部架还需安装扫地杆、封口杆）→安装水平架（或脚手板）→安装钢梯→（需要时安装水平加固杆）→装设连墙件→按照上述步骤逐层向上安装→按规定位置搭设剪刀撑→安装栏杆→挂设安全网。

（2）门式脚手架的搭设程序应符合下列规定：

1）门式脚手架的搭设应与施工进度同步，一次搭设高度不应超过最上层连墙件两步，且自由高度不大于4m，以保证脚手架的稳定性。

2）作业脚手架的搭设应自一端延伸向另一端，由下而上按步搭设，并应逐层改变搭设方向，如图4-9所示。不应自两端向中间或自中间向两端搭设，以免结合部位错位，难以连接。

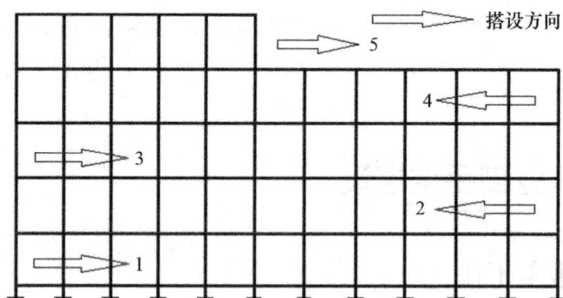

图4-9　门式脚手架搭设方向

（3）每搭设完两步门架后，应校验门架的水平度及立杆的垂直度。

4.3.3　搭设方法

下面以落地式脚手架为例，介绍门式作业脚手架的搭设方法。

1. 处理基础

按照本章4.2.2的要求，对基础进行处理，并在基础上弹出门架立杆位置线。

2. 铺设垫板、安放底座

在基础定位线上铺设厚度不小于50mm，宽度不小于200mm，长度不小于1500mm的垫板，安放立杆底座。垫板和底座安放位置应准确，标高应一致，如图4-10所示。

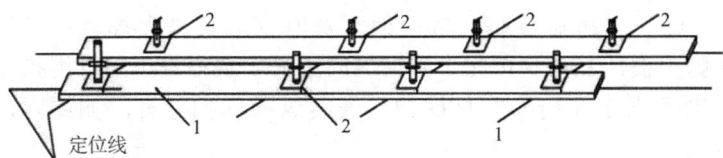

图 4-10　铺设垫板、安放底座

1—垫板；2—底座

3. 立门架、安装交叉支撑以及水平架或脚手板

（1）在脚手架的一端将第一榀和第二榀门架立在底座上后，纵向立即用交叉支撑连接两榀门架的立杆，门架的内外两侧安装交叉支撑，如图 4-11 所示。

（2）随后，在顶部水平面上安装水平架或挂扣式脚手板，如图 4-12 所示，搭成门式钢管脚手架的一个基本结构。

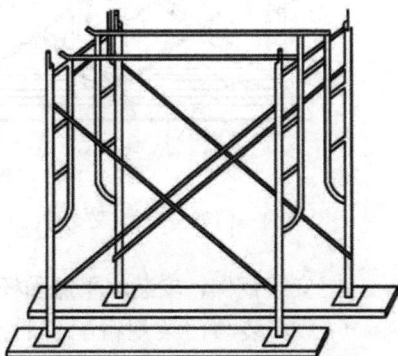

图 4-11　立门架、安装交叉支撑

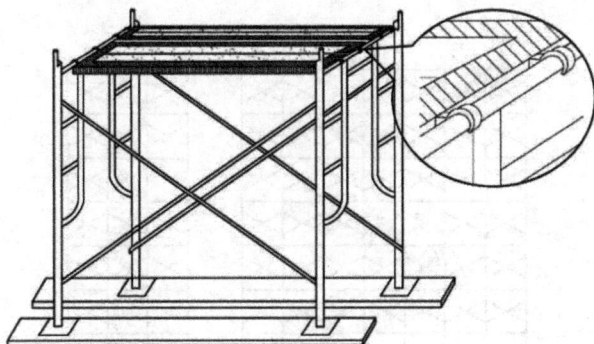

图 4-12　水平架或挂扣式脚手板

（3）以后每安装一榀门架都及时安装交叉支撑、水平架或脚手板，并依次按此步骤沿纵向逐跨安装搭设，同时用扣件将钢管固定在门架立杆底部，安装纵横向扫地杆，如图4-13所示。

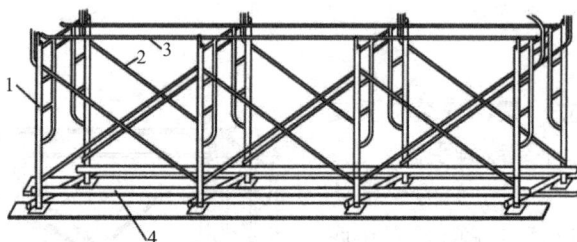

图4-13 安装扫地杆

1—门架；2—交叉支撑；3—水平架；4—扫地杆

4. 安装钢梯、安装水平加固杆

（1）安装与门架规格配套的挂扣式钢梯，如图4-14所示。底层钢梯底部应加设钢管并应采用扣件扣紧在门架立杆上。

（2）在门架两侧的立杆上设置水平加固杆，并采用扣件与门架立杆扣紧。水平加固杆应设于门架立杆的内侧。对于设置了水平架的架体，可每隔4步在门架两侧设水平加固杆对架体进行加固。

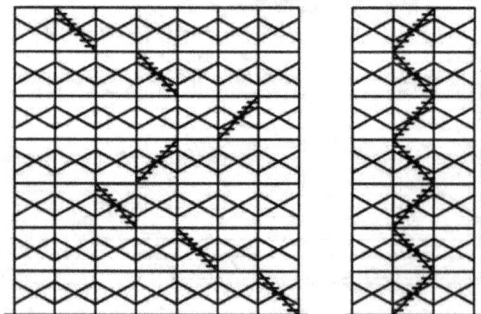

图4-14 安装钢爬梯

5. 装设连墙件

按照脚手架施工方案要
求，当架体搭设到连墙件设计
位置时应及时安装连墙件，并
牢靠固定在门架的立杆上，如
图 4-15 所示。当底层无法及
时设置连墙件时，可以设置抛
撑对架体进行临时固定。

6. 安装剪刀撑

剪刀撑由钢管构成，安装
在门架立杆的外侧，并采用旋转扣件与门架立杆扣紧。

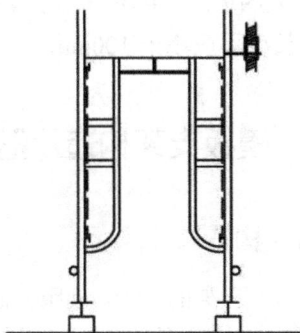

图 4-15 安装连墙件

7. 安装栏杆、挂设安全网

（1）在施工作业层外侧周边设置两道栏杆和 180mm 高的挡
脚板。上道栏杆高度为 1.2m，下道栏杆居中设置。挡脚板和栏
杆均应设置在门架立杆的内侧。

（2）在脚手架的外侧全立面挂设密目式安全网。

（3）防护栏杆及安全网的安装方法可参照第 3 章扣件式钢管
脚手架有关内容。

4.3.4 搭设注意事项

（1）不同型号的门架与配件严禁混合使用。

（2）交叉支撑、脚手板以及水平加固杆、剪刀撑、扫地杆等
加固杆件必须与门架同步搭设。

（3）连墙件必须随脚手架搭设同步进行，严禁滞后安装或漏
设。当脚手架操作层高出相邻连墙件以上两步时，在连墙件安装
完毕前必须采用确保脚手架稳定的临时拉结措施。

（4）连接门架的锁臂、挂钩必须处于锁住状态。

（5）水平架或脚手板应在同一步内连续设置，脚手板应满铺。

（6）扣件规格应与所连接的门架、加固杆钢管外径相匹
配，不允许以不匹配的扣件替代。扣件螺栓拧紧扭力矩宜为

40 ～ 65N·m，并不得小于 40N·m。各杆件端头伸出扣件盖板边缘长度不应小于 100mm。

4.4 模板支架构造及搭设

4.4.1 构造尺寸

（1）门架的跨距与间距应根据支架的高度、荷载由计算和构造要求确定，门架的跨距不宜超过 1.5m，门架的净间距不宜超过 1.2m。

（2）模板支架的高宽比不应大于 4，搭设高度不宜超过 24m。

（3）用于支承梁模板的门架，可采用平行或垂直于梁轴线的布置方式，如图 4-16 所示。

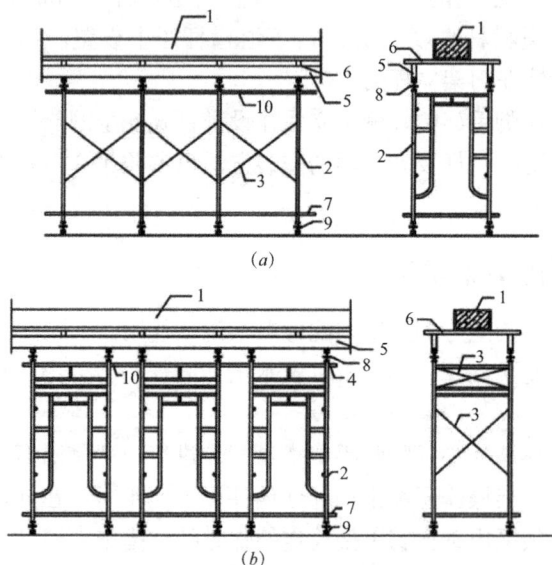

图 4-16 梁模板支架的布置方式

（a）门架垂直于梁轴线；（b）门架平行于梁轴线布置

1—混凝土梁；2—门架；3—交叉支撑；4—调节架；5—托梁；6—小楞；
7—扫地杆；8—可调托座底座；9—可调底座；10—水平加固杆

（4）当梁的模板支架高度较高或荷载较大时，门架可采用复式（重叠）的布置方式，如图 4-17 所示。

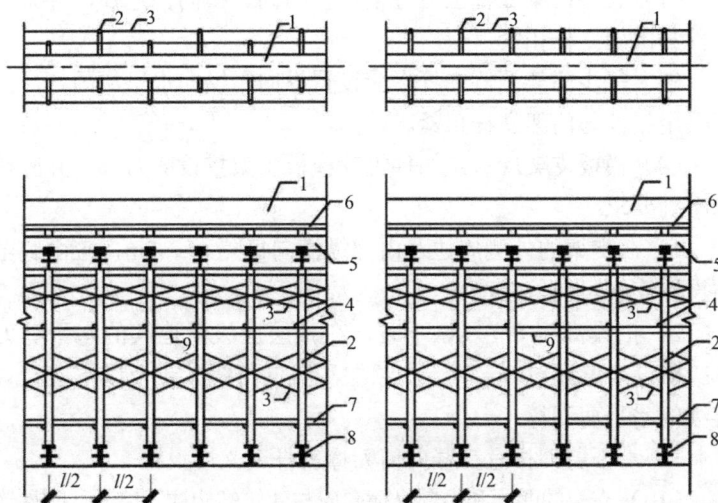

图 4-17　高度较高或荷载较大梁模板支架的布置方式

1—混凝土梁；2—门架；3—交叉支撑；4—调节架；5—托梁；6—小楞；
7—扫地杆；4—可调底座；9—水平加固杆

4.4.2　搭设要求

（1）模板支架的地基承载力应经计算确定，并应符合本章 4.2.2 和专项施工方案的有关要求。

（2）模板支架应采用逐列、逐排和逐层的方法搭设。

（3）支架立杆底部应放置在垫木上，垫木上应设置固定或可调底座。门架、调节架及可调底座，其高度应按其支撑的高度确定。

（4）支架立杆上端应设置可调托座和托梁，可调托座调节螺杆的高度不宜超过 300mm。

（5）底座和托座与门架立杆轴线的偏差不应大于 2.0mm。

（6）板支架跨距（或间距）宜是梁支架跨距（或间距）的倍数，梁下横向水平加固杆应伸入板支架内不少于2根门架立杆，并应与板下门架立杆扣紧。

（7）底层门架立杆上应分别设置纵向、横向扫地杆，并采用扣件与门架立杆扣紧。

（8）每步门架两侧立杆上应设置纵向、横向水平加固杆，并应采用扣件与门架立杆扣紧。

（9）模板支架应参照扣件钢管模板支架搭设剪刀撑，并应符合下列要求：

1）在支架的外侧周边及内部纵横向每隔6～8m，应由底至顶设置连续竖向剪刀撑。

2）搭设高度8m及以下时，在顶层应设置连续的水平剪刀撑；搭设高度超过8m时，在顶层和竖向每隔4步及以下应设置连续的水平剪刀撑。

3）水平剪刀撑宜在竖向剪刀撑斜杆交叉层设置。

（10）支架的四周和内部纵横向应与建筑结构柱、墙进行刚性连接，连接点应设在水平剪刀撑或水平加固杆设置层，并应与水平杆连接。当支架的高宽比大于2时，应按规定设置缆风绳或连墙件。

（11）顶部操作层应采用挂扣式脚手板铺满。

4.5 检查验收

4.5.1 搭设前检查验收

（1）对门架与配件的基本尺寸、质量和性能进行检查，确认合格后方可使用。

（2）对地基与基础进行检查，经验收合格后方可搭设。

4.5.2 搭设中检查验收

（1）门式脚手架搭设完毕或每搭设2个楼层高度，满堂脚手架、模板支架搭设完毕或每搭设 4 步高度，应对搭设质量及安全进行一次检查，经检验合格后方可交付使用或继续搭设。对下列项目应进行重点检验：

1）基础处理以及底座、支垫设置。

2）门架跨距、间距及搭设方法。

3）连墙件设置及与结构连接固定。

4）加固杆的设置及连接。

5）通道口、转角等部位搭设。

6）架体垂直度及水平度。

7）悬挑脚手架的悬挑支承结构及与建筑结构的连接固定。

8）安全网的张挂及防护栏杆的设置。

（2）门式脚手架与模板支架的技术要求、允许偏差及检验方法，应符合表 4-10 的规定。

门式脚手架与模板支架搭设技术要求、允许偏差及检验方法　　表 4-10

项次	项目		技术要求	允许偏差（mm）	检验方法
1	隐蔽工程	地基承载力	符合《建筑施工门式钢管脚手架安全技术规范》JGJ 128 规定	—	观测、施工记录检查
		预埋件	符合设计要求	—	
2	地基与基础	表面	坚实平整		观察
		排水	不积水		
		垫板	稳固		
		底座	不晃动		
			无沉降		钢直尺检查
			调节螺杆高度符合规范的规定	≤ 200	
		纵向轴线位置	—	±20	尺量检查
		横向轴线位置	—	±10	

139

项次	项目		技术要求	允许偏差（mm）	检验方法
3	架体构造		符合《建筑施工门式钢管脚手架安全技术规范》JGJ 128 及专项施工方案的要求	—	观察尺量检查
4	门架安装	门架立杆与底座轴线偏差	—	≤2.0	尺量检查
		上下榀门架立杆轴线偏差	—		
5	垂直度	每步架	—	h/500、±3.0	经纬仪或线坠、钢直尺检查
		整体	—	h/500、±50.0	
6	水平度	一跨距内两榀门架高差	—	±5.0	水准仪水平尺钢直尺检查
		整体	—	±100	
7	连墙件	与架体、建筑结构连接	牢固	—	观察、扭矩测力扳手检查
		纵、横向间距	—	±300	尺量检查
		与门架横杆距离	—	≤200	
8	剪刀撑	间距	按设计要求设置	±300	尺量检查
		与地面倾角	45°～60°	—	角尺、尺量检查
9	水平加固杆		按设计要求设置	—	观察、尺量检查
10	脚手板		铺设严密、牢固	孔洞≤25	观察、尺量检查
11	悬挑支撑结构	型钢规格	符合设计要求	—	观察、尺量检查
		安装位置		±3.0	
12	施工层防护栏杆、挡脚板		按设计要求设置	—	观察、手板检查
13	安全网		按规定设置	—	观察
14	扣件拧紧力矩		40～65N·m	—	扭矩测力扳手检查

注：h—步距。

4.5.3 使用中的检查

（1）门式脚手架与模板支架在使用过程中应进行日常检查，发现问题应及时处理。检查时，下列项目应进行检查：

1）加固杆、连墙件应无松动，架体应无明显变形。

2）地基应无积水，垫板及底座应无松动，门架立杆应无悬空。

3）锁臂、挂扣件、扣件螺栓应无松动。

4）安全防护设施应符合本规范要求。

5）应无超载使用。

（2）门式脚手架与模板支架在使用过程中遇有大风或大雨、停用超过1个月、架体遭受外力撞击或部分拆除以及其他特殊情况时，应进行检查，确认安全后方可继续使用。

（3）满堂脚手架与模板支架在施加荷载或浇筑混凝土时，应设专人看护检查，发现异常情况应及时处理。

4.6 脚手架拆除

4.6.1 准备工作

（1）作业脚手架在拆除前，应检查架体构造、连墙件设置、节点连接，当发现有连墙件、剪刀撑等加固杆件缺少、架体倾斜失稳或门架立杆悬空情况时，对架体应先行加固后再拆除。

（2）模板支架在拆除前，应检查架体各部位的连接构造、加固件的设置，应明确拆除顺序和拆除方法。

（3）在拆除作业前，对拆除作业场地及周围环境应进行检查，拆除作业区内应无障碍物，作业场地临近的输电线路等设施应采取防护措施。

（4）根据拆除前的检查结果补充完善拆除方案，对拆除作业人员进行书面安全技术交底。

（5）在拆除作业区域设置警戒区和警戒标志，并由专职人员负责警戒工作。

4.6.2 拆除程序和要求

（1）脚手架的拆除，应按照后装先拆、先装后拆的顺序自上而下逐层拆除。同一步（层）的构配件和加固件应按先上后下，先外后内的顺序拆除。

（2）每一层从一端的边跨开始拆向另一端的边跨，先拆顶部扶手和栏杆，然后拆除脚手板或水平架、扶梯，再拆水平加固杆和剪刀撑；接着自顶部跨边开始拆除交叉剪刀撑，同步拆除顶层连墙件与顶层门架；然后继续向下同步拆除下面各步门架及配件，对于连墙件、长水平杆、剪刀撑，必须在脚手架拆到相关跨门架后，方可拆除；一直拆到底层，拆除扫地杆、底层门架及封口杆；最后拆除基座，运走垫板和垫块。

（3）拆除作业时应注意以下事项：

1）在拆除过程中，脚手架的自由高度大于 2 步时，必须加设临时拉结。

2）连墙件必须随脚手架逐层拆除，严禁先将连墙件整层或数层拆除后再拆架体。

3）拆除连接部件时，应先将止退装置旋转至开启位置，然后拆除，不得硬拉，严禁敲击。在拆除作业中，严禁使用手锤等硬物击打、撬别。

4）当门式脚手架需分段拆除时，架体不拆除部分的两端应采取加固措施后再拆除。

5）拆下的门架及配件应成捆采用机械或人工运至地面，严禁抛投。

6）拆除过程中，作业人员必须有可靠的作业平台，并按规定使用防护用品。

（门架模板支架的搭设拆除视频可扫描二维码 8 进行查看。）

二维码 8

5 碗扣式钢管脚手架

碗扣式钢管脚手架，又称多功能碗扣型脚手架，简称碗扣架。其杆件节点处采用碗扣连接，碗扣固定在立杆钢管上，构成全部轴向连接的一种承插锁固式脚手架，具有结构简单、组装简便、承载力高、加工容易、安全可靠等特点。在操作上免去了人工拧紧螺栓的过程，其节点构造完全是杆件和扣件的旋转、承轴、长扣啮合的，只要安装到位就达到目的。这种脚手架结构的本身安全，克服了人为的感觉因素，更能直观地体现脚手架作为一种临时结构的安全性。

碗扣式钢管脚手架根据其用途主要可分为双排脚手架和支撑脚手架（模板支架）两类，其中模板支架的使用较为广泛。碗扣式脚手架的组成如图 5-1 所示。

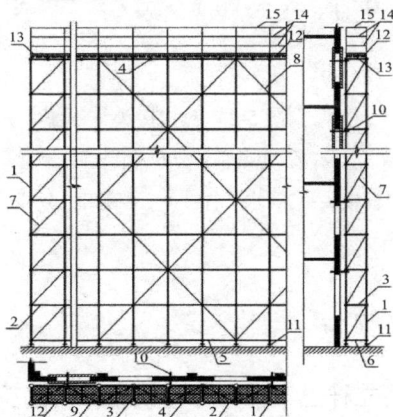

图 5-1　碗扣式钢管脚手架的组成

1—立杆；2—纵向水平杆；3—横向水平杆；4—间水平杆；5—纵向扫地杆；
6—横向扫地杆；7—竖向斜撑杆；8—剪刀撑；9—水平斜撑杆；10—连墙件；
11—底座；12—脚手板；13—挡脚板；14—栏杆；15—扶手

5.1 脚手架材料

碗扣式钢管脚手架采用带齿碗扣接头连接各种杆件。主要构配件有钢管立杆（包括上碗口、下碗扣和竖向连接套管）、水平杆（包括接头）、间水平杆、斜杆（包括专用外斜杆和内斜杆）、挑梁、立杆连接销、限位销、底座（垫板）、可调托撑和脚手板等。

立杆的碗扣节点是碗扣式钢管脚手架系统的核心部件，它由上碗扣、下碗扣、水平杆接头和限位销等构成，如图 5-2 所示。

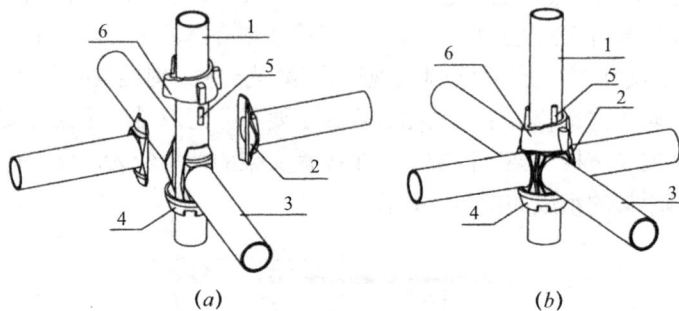

图 5-2　碗扣接头

（a）组装前；（b）组装后

1—立杆；2—水平杆接头；3—水平杆；4—下碗口；5—限位销；6—上碗口

5.1.1 碗扣

1. 上碗扣

上碗扣是沿立杆上下滑动，起锁紧作用的碗形紧固件，如图 5-3 所示。上碗扣应采用碳素铸钢或可锻铸铁铸造或锻造，不得采用钢板冲压成型。采用锻造成型的上碗扣，在使用中很少出现开裂，即是开裂后还可以采用焊接修补，使用效果较好。

图 5-3 上碗扣

图 5-4 下碗扣

2. 下碗扣

下碗扣是焊接固定在立杆上的碗形紧固件，如图 5-4 所示。下碗扣一般采用碳素铸钢铸造或钢板冲压成型，钢板的材质不应低于 Q235 级钢，板材厚度不应小于 4mm。下碗扣严禁利用废旧锈蚀钢板改制。

5.1.2 立杆

碗扣式钢管脚手架立杆上带有活动上碗扣，并且焊有固定的下碗扣和竖向连接套管，如图 5-5 所示。

图 5-5　立杆

（1）立杆碗扣节点间距有 0.6m 和 0.5m 两种模数设置。当采取 0.6m 模数设置时，立杆钢管材质应为 Q235 级钢；当采取 0.5m 模数设置时，钢管材质应为 Q345 级钢。

（2）立杆一般采用公称尺寸为 ϕ48.3mm×3.5mm 的钢管。按 0.6m 模数设置碗扣节点间距时，常用步距为：1.2m、1.8m；而 0.5m 模数的常用步距为：1.0m、1.5m 和 2.0m。

（3）立杆的质量应符合以下要求：

1）钢管外径允许偏差应为 ±0.5mm，壁厚偏差不应为负偏差。

2）钢管弯曲度允许偏差应为 2mm/m。

3）立杆碗扣节点间距允许偏差应为 ±1.0mm。

4）下碗扣碗口平面与立杆轴线的垂直度允许偏差应为 1.0mm。

（4）立杆常用型号、规格、材质及重量，见表 5-1。

立杆型号、规格、材质及重量 表 5-1

名称	常用型号	主要规格（mm）	材质	理论重量（kg）
立杆	LG-A-120	ϕ 48.3mm×3.5mm×1200	Q235	7.05
	LG-A-180	ϕ 48.3mm×3.5mm×1800	Q235	10.19
	LG-A-240	ϕ 48.3mm×3.5mm×2400	Q235	13.34
	LG-A-300	ϕ 48.3mm×3.5mm×3000	Q235	16.48
	LG-B-80	ϕ 48.3mm×3.5mm×800	Q345	4.30
	LG-B-100	ϕ 48.3mm×3.5mm×1000	Q345	5.50
	LG-B-130	ϕ 48.3mm×3.5mm×1300	Q345	6.69
	LG-B-150	ϕ 48.3mm×3.5mm×1500	Q345	8.10
	LG-B-180	ϕ 48.3mm×3.5mm×1800	Q345	9.30
	LG-B-200	ϕ 48.3mm×3.5mm×2000	Q345	10.50
	LG-B-230	ϕ 48.3mm×3.5mm×2300	Q345	11.80
	LG-B-250	ϕ 48.3mm×3.5mm×2500	Q345	13.40
	LG-B-280	ϕ 48.3mm×3.5mm×2800	Q345	15.40
	LG-B-300	ϕ 48.3mm×3.5mm×3000	Q345	17.60

注：表中所列立杆型号标识为"-A"代表节点间距按照 0.6m 模数设置；
标识为"-B"代表节点间距按照 0.5m 模数设置。

5.1.3 水平杆及其他杆件

1. 水平杆

水平杆包括纵向水平杆和横向水平杆，它的两端焊接有连接板接头，与立杆通过上下碗扣连接，如图 5-6 所示。

（1）水平杆钢管材质应为 Q235 级钢，其接头应采用碳素铸钢铸造或锻造，不得采用钢板冲压成型。

（2）水平杆曲板接头弧面轴心线与水平杆轴心线的垂直度允许偏差应为 1.0mm。

（3）水平杆接头沿水平杆方向剪切承载力不应小于 50kN；

水平杆接头焊接剪切承载力不应小于 25kN。

图 5-6　水平杆

（4）水平杆常用型号、规格、材质及重量，见表 5-2。

水平杆型号、规格、材质及重量　　　表 5-2

名称	常用型号	主要规格（mm）	材质	理论重量（kg）
水平杆	SPG-30	ϕ48.3mm×3.5mm×300	Q235	1.32
	SPG-60	ϕ48.3mm×3.5mm×600	Q235	2.47
	SPG-90	ϕ48.3mm×3.5mm×900	Q235	3.69
	SPG-120	ϕ48.3mm×3.5mm×1200	Q235	4.84
	SPG-150	ϕ48.3mm×3.5mm×1500	Q235	5.93
	SPG-180	ϕ48.3mm×3.5mm×1800	Q235	7.14

2. 间水平杆

间水平杆是用于双排脚手架的横向水平钢管构件，它的两端焊有插卡装置，与纵向水平杆通过插卡装置连接固定。间水平杆钢管及接头的材质、制造方式以及承载力等要求与水平杆相同，其常用型号、规格、材质及重量，见表 5-3。

间水平杆型号、规格、材质及重量　　　　表 5-3

名称	常用型号	主要规格（mm）	材质	理论重量（kg）
间水平杆	JSPG-90	ϕ 48.3mm×3.5mm×900	Q235	4.37
	JSPG-120	ϕ 48.3mm×3.5mm×1200	Q235	5.52

3. 斜杆

斜杆的两端带有接头，用作脚手架的斜撑杆，如图 5-7 所示。

图 5-7　斜杆

（1）斜杆按接头形式可分为专用外斜杆和内斜杆。外斜杆用于脚手架端部或外立面，两端焊有旋转式连接板接头；内斜杆用于脚手架内部，两端带有扣接头。斜撑按设置方向可分为水平斜杆和竖向斜杆。

（2）斜杆钢管材质应为 Q235 级钢，接头为碳素铸钢铸造。

（3）专用外斜杆常用型号、规格、材质及重量，见表 5-4。

专用外斜杆型号、规格、材质及重量　　　　表5-4

名称	常用型号	主要规格（mm）	材质	理论重量（kg）
专用外斜杆	XG-0912	φ48.3mm×3.5mm×1500	Q235	6.33
	XG-1212	φ48.3mm×3.5mm×1700	Q235	7.03
	XG-1218	φ48.3mm×3.5mm×2160	Q235	8.66
	XG-1518	φ48.3mm×3.5mm×2340	Q235	9.30
	XG-1818	φ48.3mm×3.5mm×2550	Q235	10.04

5.1.4　立杆连接套管与连接销

立杆连接套管焊接在立杆一端，用于立杆竖向接长，如图5-8所示。

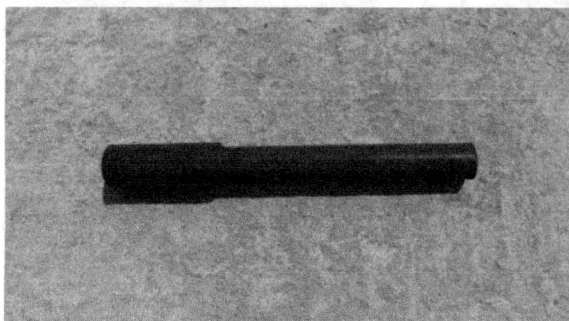

图5-8　立杆连接套管

立杆连接套管材质应与立杆钢管一致。当立杆接长采用外插套时，外插套管壁厚不应小于3.5mm；当采用内插套时，内插套管壁厚不应小于3.0mm。插套长度不应小于160mm，焊接端插入长度不应小于60mm，外伸长度不应小于110mm，插套与立杆钢管间的间隙不应大于2mm。

立杆连接销是立杆竖向承插接长的专用销子，其材质应为Q235级钢，直径为φ10，理论重量为0.18kg。

5.1.5 挑梁

挑梁是脚手架作业平台的挑出定型构件，包括外挑宽度为300mm的窄挑梁和外挑宽度为600mm的宽挑梁，如图5-9所示。

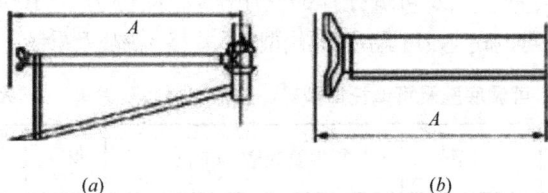

图 5-9 挑梁示意图

（a）宽挑梁；（b）窄挑梁

挑梁常用型号、规格、材质及重量，见表5-5。

挑梁型号、规格、材质及重量   表 5-5

名称	常用型号	主要规格（mm）	材质	理论重量（kg）
窄挑梁	TL-30	ϕ48.3mm×3.5mm×300	Q235	1.53
宽挑梁	TL-60	ϕ48.3mm×3.5mm×600	Q235	8.60

5.1.6 底座、托撑、扣件与脚手板

（1）碗扣式钢管脚手架所用的底座、垫板、扣件以及木脚手板、竹串片脚手板、竹笆脚手板的材质、规格和质量标准，应符合第3章扣件式钢管脚手架中的相关要求。工具式钢脚手板必须有挂钩，并应带有自锁装置。

（2）对于可调托撑及可调底座，当采用实心螺杆时，其材质应为Q235级钢；当采用空心螺杆时，其材质应为20号无缝钢管。可调托撑U形托板和可调底座垫板的材质应为Q235级钢。

（3）可调托撑及可调底座的质量应符合以下规定：

1）调节螺母厚度不得小于30mm。

2）螺杆外径不得小于38mm，空心螺杆壁厚不得小于5mm。

3）螺杆与调节螺母啮合长度不得少于 5 扣。

4）可调托撑 U 形托板厚度不得小于 5mm，弯曲变形不应大于 1mm，可调底座垫板厚度不得小于 6mm；螺杆与托板或垫板应焊接牢固，焊脚尺寸不应小于钢板厚度。

5）可调底座及可调托撑的受压承载力不应小于 100kN。

（4）可调底座及可调托撑常用型号、规格、材质及重量，见表5-6。

可调底座及可调托撑型号、规格、材质及重量　　表 5-6

名称	常用型号	主要规格（mm）	材质	理论重量（kg）
可调底座	KTZ-45	T38×5.0，可调范围≤ 300		5.82
	KTZ-60	T38×5.0，可调范围≤ 450		7.12
	KTZ-75	T38×5.0，可调范围≤ 600		8.50
可调托撑	KTC-45	T38×5.0，可调范围≤ 300		7.01
	KTC-60	T38×5.0，可调范围≤ 450		8.31
	KTC-75	T38×5.0，可调范围≤ 600		9.69

5.1.7　构配件的外观质量

（1）钢管应平直光滑，不得有裂纹、锈蚀、分层、结疤或毛刺等缺陷，立杆不得采用横断面接长的钢管。

（2）铸造件表面应平整，不得有砂眼、缩孔、裂纹或浇冒口残余等缺陷，表面粘砂应清除干净。

（3）冲压件不得有毛刺、裂纹、氧化皮等缺陷。

（4）焊缝应饱满，焊药应清除干净，不得有未焊透、夹砂、咬肉、裂纹等缺陷。

（5）构配件表面应涂刷防锈漆或进行镀锌处理，涂层应均匀、牢靠，表面应光滑，在连接处不得有毛刺、滴瘤和多余结块。

（6）可调配件的螺纹部分应完好、无滑丝、无严重锈蚀，焊缝无脱开等。

（7）脚手板、梯子等构件的挂钩及面板应无裂纹，无明显变形，焊接应牢固。

（8）主要构配件应有生产厂标识。

5.1.8 组装质量

构配件应具有良好的互换性，应能满足各种施工工况下的组架要求。

（1）立杆的上碗扣应能上下窜动、转动灵活，不得有卡滞现象。

（2）立杆与立杆的连接孔处应能插入 $\phi 10mm$ 连接销。

（3）碗扣节点上在安装 1～4 个水平杆时，上碗扣应均能锁紧。

（4）当搭设不少于二步三跨 1.8m×1.8m×1.2m（步距 × 纵距 × 横距）的整体脚手架时，每一框架内立杆的垂直度偏差应小于 5mm。

5.1.9 构配件检查与验收

进入施工现场的主要构配件应有产品质量合格证、产品性能检验报告，并应按表 5-7 的要求对其表面观感质量、规格尺寸等进行抽样检验，不合格产品不得使用。

构配件外观质量检查表 表 5-7

序号	检查项目	质量要求	抽检数量	检查方法
1	钢管	表面平直光滑，无裂缝、结疤、分层、错位、硬弯、毛刺、压痕和深的划痕及严重锈蚀等缺陷；构配件表面涂刷防锈漆或进行镀锌处理	全数	目测
		最小壁厚不小于 3.0mm	3%	游标卡尺
2	上下碗扣、水平杆和斜杆接头	碗扣的铸造件表面光滑平整，无砂眼、缩孔、裂纹、浇冒口残余等缺陷，表面粘砂清除干净	全数	目测
		锻造件和冲压件无毛刺、裂纹、氧化皮等缺陷	全数	目测
		各焊缝饱满，无未焊透、夹砂、咬肉、裂纹等缺陷	全数	目测
		上碗扣应能上下窜动、转动灵活，无卡滞现象	全数	目测

序号	检查项目	质量要求	抽检数量	检查方法
3	立杆连接套管	立杆接长当采用外插套时，外插套管壁厚不应小于 3.5mm；当采用内插套时，内插套管壁厚不应小于 3.0mm。插套长度不应小于 160mm，焊接端插入长度不应小于 60mm，外伸长度不应小于 110mm，插套与立杆钢管间的间隙不应大于 2mm	3%	游标卡尺、钢板尺
		套管焊缝应饱满，立杆与立杆的连接孔应能插入 ϕ 10mm 连接销	全数	目测
4	可调底座及可调托撑	螺杆外径不小于 38mm；空心螺杆壁厚不小于 5mm，螺杆与调节螺母啮合长度不少于 5 扣，螺母厚度不小于 30mm；可调托撑 U 形顶托板厚度不小于 5mm，弯曲变形不大于 1mm，可调底座垫座板厚度不小于 6mm，螺杆与托板或垫板焊接牢固，焊脚尺寸不小于钢板厚度	3%	游标卡尺、钢板尺

5.2 脚手架构造

5.2.1 双排脚手架构造

1. 构造尺寸

（1）双排碗扣式脚手架的搭设高度一般不超过 50m；当搭设高度超过 50m 时，应采用分段搭设等措施。

（2）双排脚手架水平杆步距一般选用 1.8m，廊道宽度（立杆横距）选用 1.2m，立杆纵距（跨距）一般不超过 1.5m。

（3）当双排脚手架按曲线布置进行组架时，应按曲率要求使用不同长度的内外水平杆组架，曲率半径应大于 2.4m。

（4）当设置二层装修作业层、二层作业脚手板、外挂密目安全网封闭时，常用双排脚手架的允许搭设高度一般应符合表 5-8 的规定。

碗扣式双排落地脚手架允许搭设高度　　表5-8

连墙件设置	步距 (m)	横距 (m)	纵距 (m)	脚手架允许搭设高度 [H]（m）		
				基本风压值 w_0（kN/m²）		
				0.4	0.5	0.6
二步三跨	1.8	0.9	1.5	48	40	34
		1.2	1.2	50	44	40
	2.0	0.9	1.5	50	45	42
		1.2	1.2	50	45	42
三步三跨	1.8	0.9	1.2	30	23	18
		1.2	1.2	26	21	17

2. 立杆与水平杆

（1）立杆底部应设置底座或垫板。

（2）双排脚手架起步立杆应采用不同型号长度的杆件交错布置，架体相邻立杆接头应错开设置，不应设置在同步内。在立杆的底部碗扣处应设置一道纵向水平杆和横向水平杆作为扫地杆，扫地杆距离地面高度不应超过 400mm，水平杆和扫地杆应与相邻立杆连接牢固。如图 5-10 所示。

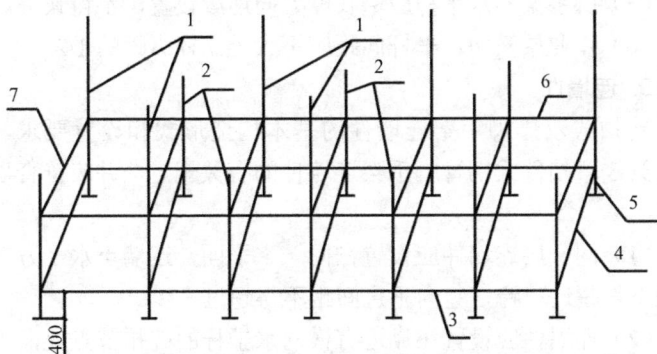

图 5-10　双排脚手架立杆与水平杆布置示意图
1—第一种型号立杆；2—第二种型号立杆；3—纵向扫地杆；4—横向扫地杆；
5—立杆底座；6—纵向水平杆；7—横向水平杆

（3）双排脚手架内立杆与建筑物距离不宜大于 150mm，当双排脚手架内立杆与建筑物距离大于 150mm 时，应采用脚手板或安全平网封闭。

（4）当双排脚手架拐角为直角时，一般采用水平杆直接搭设，如图 5-11（a）所示；当双排脚手架拐角为非直角时，可采用钢管扣件进行过渡连接，如图 5-11（b）所示。

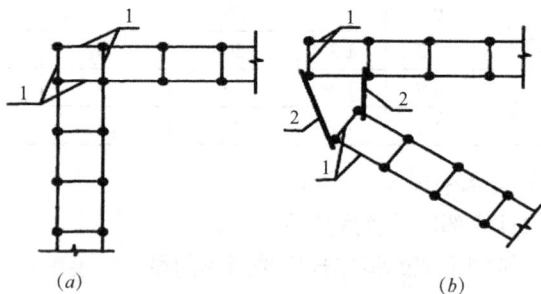

图 5-11　双排脚手架组架示意图

（a）水平杆组架；（b）钢管扣件拐角组架

1－水平杆；2－钢管扣件

（5）脚手架的水平杆应沿长度方向连续设置，不得缺失。

（6）作业层横向水平杆间距应不大于立杆纵距的 1/2。

3. 连墙件

碗扣式双排脚手架连墙件的基本构造形式和设置要求，应符合第 3 章扣件式钢管脚手架连墙件的有关规定，并应符合以下要求：

（1）同一层连墙件应设置在同一水平面，连墙点水平方向的间距不得超过三跨，竖向垂直间距不得超过三步。

（2）连墙件应设置在靠近有横向水平杆的碗扣节点处，当采用钢管扣件做连墙件时，连墙件应与立杆连接，连接点距架体碗扣主节点距离不应大于 300mm。

（3）当双排脚手架下部暂不能设置连墙件时，应采取可靠的防倾覆措施，但无连墙件的最大自由高度不得超过 6m。

4. 斜撑与剪刀撑

双排脚手架应设置竖向斜撑杆，以增强脚手架结构的整体刚度，提高其稳定性和承载力，如图 5-12 所示。

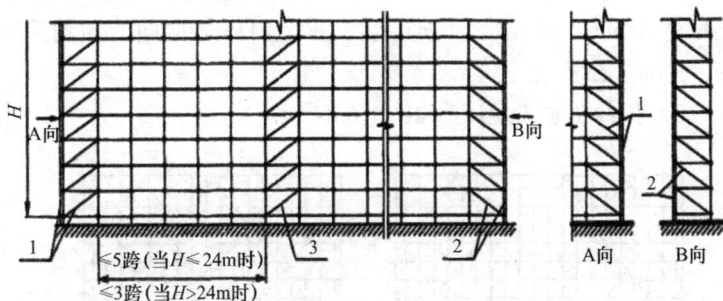

图 5-12　双排脚手架斜撑杆设置示意图

1—拐角竖向斜撑杆；2—端部竖向斜撑杆；3—中间竖向斜撑杆

（1）竖向斜撑杆的设置应符合以下要求:

1）竖向斜撑杆应采用专用外斜杆，并应设置在有纵向及横向水平杆的碗扣节点上。

2）在双排脚手架的转角处、开口型双排脚手架的端部应各设置一道竖向斜撑杆。

3）当架体搭设高度在 24m 以下时，应每隔不大于 5 跨设置一道竖向斜撑杆；当架体搭设高度在 24m 及以上时，应每隔不大于 3 跨设置一道竖向斜撑杆；相邻斜撑杆宜对称八字形设置。

4）每道竖向斜撑杆应在双排脚手架外侧相邻立杆间由底至顶按步连续设置。

5）当斜撑杆临时拆除时，拆除前应在相邻立杆间设置相同数量的斜撑杆。

（2）如果采用钢管扣件剪刀撑代替竖向斜撑杆时，应符合以下规定:

1）当架体搭设高度在 24m 以下时，应在架体两端、转角及中间间隔不超过 15m，各设置一道竖向剪刀撑，如图 5-13（a）所示；当架体搭设高度在 24m 及以上时，应在架体外侧全立面连续设置竖向剪刀撑，如图 5-13（b）所示。

2）每道剪刀撑的宽度应为 4～6 跨，且不应小于 6m，也不应大于 9m，并由底至顶连续设置。斜杆与地面的倾角应在 45°～60°之间。

3）扣件扭紧力矩应为 40～65N•m。

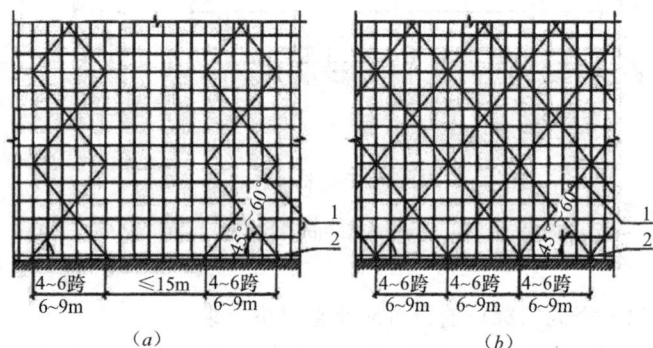

图 5-13　双排脚手架剪刀撑设置

（a）不连续剪刀撑设置；(b) 连续剪刀撑设置

1—竖向剪刀撑；2—扫地杆

（3）当双排脚手架高度超过 24m 时，在顶部 24m 以下所有的连墙件设置层应连续设置"之"字形水平斜撑杆，水平斜撑杆应设置在纵向水平杆之下，如图 5-14 所示。

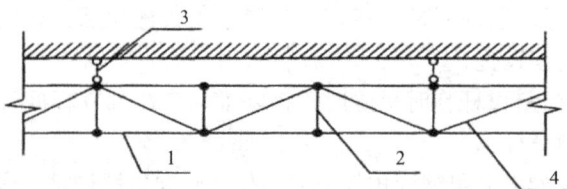

图 5-14　水平斜撑杆设置示意图

1—纵向水平杆；2—横向水平杆；3—连墙件；4—水平斜撑杆

5. 脚手板、防护栏杆与安全网

双排脚手架应设置作业层。当选用窄挑梁或宽挑梁设置作业平台时，挑梁应单层挑出，严禁增加层数。

（1）脚手板

作业层脚手板的设置应符合以下要求：

1）脚手板应铺满、铺稳、铺实。

2）工具式钢脚手板应与作业层横向水平杆锁紧，严禁未加固定放置在水平杆上；木脚手板、竹串片脚手板、竹笆脚手板两端应与水平杆绑牢。

3）作业层相邻两根横向水平杆间应加设间水平杆，脚手板探头长度不应大于150mm。

（2）防护栏杆

防护栏杆设置应符合以下要求：

1）立杆碗扣节点间距按0.6m模数设置时，作业层外侧应在立杆0.6m及1.2m高的碗扣节点处搭设两道防护栏杆；立杆碗扣节点间距按0.5m模数设置时，应在立杆0.5m及1.0m高的碗扣节点处搭设两道防护栏杆。

2）外立杆的内侧应设置高度不低于180mm的挡脚板。

3）立杆顶端防护栏杆一般要高出作业层1.5m。

（3）安全网

安全网的设置应符合以下要求：

1）双排脚手架架体外侧全立面应采用密目安全网进行封闭，网间连接应严密，密目安全网宜设置在脚手架外立杆的内侧，并应与架体绑扎牢固。密目安全网应为阻燃产品。

2）作业层脚手板下应采用安全平网兜底，以下每隔10m应采用安全平网封闭。

6. 门洞

当双排脚手架设置门洞时，应在门洞上部架设桁架托梁，门洞两侧立杆应对称加设竖向斜撑杆或剪刀撑，如图5-15所示。

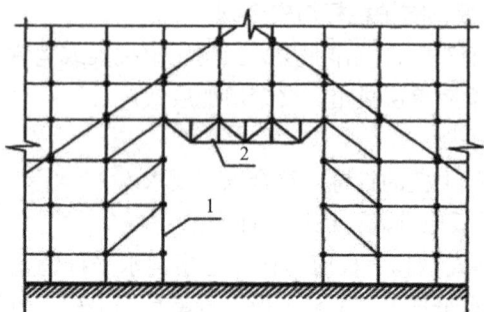

图 5-15　双排外脚手架门洞设置

1—双排脚手架；2—桁架托梁

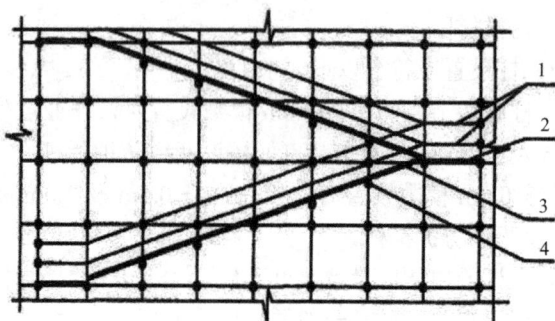

图 5-16　通道设置

1—护栏；2—平台脚手板；
3—人行梯道或坡道脚手板；4—增设水平杆

7. 人员上下通道

脚手架应设置人员上下专用梯道或坡道，如图 5-16 所示，并应符合下列规定：

（1）人行梯道的坡度不宜大于 1:1，人行坡道坡度不宜大于 1:3，坡面应设置防滑装置。

（2）通道应与架体连接固定，宽度不应小于 900mm，并应在通道脚手板下增设水平杆，通道可折线上升。

（3）通道两侧及转弯平台应按规定设置脚手板、防护栏杆和安全网。

5.2.2　模板支架构造

1. 构造尺寸

（1）模板支撑架搭设高度一般不超过 30m。

（2）独立的模板支撑架高宽比不宜大于 3。当大于 3 时，应采取将架体下部尺寸扩大、与既有建筑结构进行连接或对称设置缆风绳等防倾覆措施。

（3）桥梁模板支撑架顶面四周应设置作业平台，作业层宽度不应小于 900mm。

2. 立杆与可调托撑

（1）立杆底部应设置底座或垫板，相邻立杆接头宜交错布置。

（2）当立杆采用 Q235 级材质钢管时，立杆间距不应大于 1.5m；当采用 Q345 级材质钢管时，立杆间距不应大于 1.8m。

（3）每根立杆的顶部应设置可调托撑。当被支撑的建筑结构底面存在坡度时，应随坡度调整架体高度，利用立杆碗扣节点位差增设水平杆，并配合可调托撑进行调整。

（4）立杆顶端可调托撑的设置应符合以下要求：

1）可调托撑伸出顶层水平杆的悬臂长度不应超过 650mm，可调托撑和可调底座螺杆插入立杆的长度不得小于 150mm，伸出立杆的长度不宜大于 300mm，且螺杆外径与立杆钢管内径的间隙不应大于 3mm，如图 5-17 所示。

2）可调托撑上主楞支撑梁应居中设置，接头宜设置在 U 形托板上，同一断面上主楞支撑梁接头数量不应超过 50%。

3. 水平杆

（1）水平杆步距应均匀设置。当立杆采用 Q235 级材质钢管时，步距不应大于 1.8m；当立杆采用 Q345 级材质钢管时，步距不应大于 2.0m。

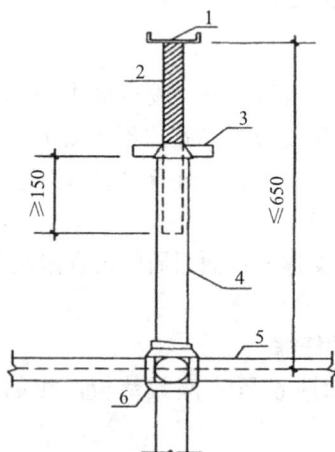

图 5-17 立杆顶端可调托撑伸出顶层水平杆的悬臂长度 6

1—托座；2—螺杆；3—调节螺母；4—立杆；

5—顶层水平杆；6—碗扣节点

（2）对于高大模板支架，架体顶层两步距应比标准步距缩小至少一个节点间距。

4. 斜撑杆

（1）模板支架应设置竖向及水平向的斜撑杆，并应符合下列规定：

1）高大模板支架应在架体周边、内部纵向和横向每隔 4～6m 各设置一道竖向斜撑杆；其他模板支架应在架体周边、内部纵向和横向每隔 6～9m 各设置一道竖向斜撑杆，如图 5-18（a）、图 5-19（a）所示。

2）每道竖向斜撑杆可沿架体纵向和横向每隔不大于两跨在相邻立杆间由底至顶连续设置，如图 5-18（b）所示；也可沿架体竖向每隔不大于两步距采用八字形对称设置，如图 5-19（b）

所示。

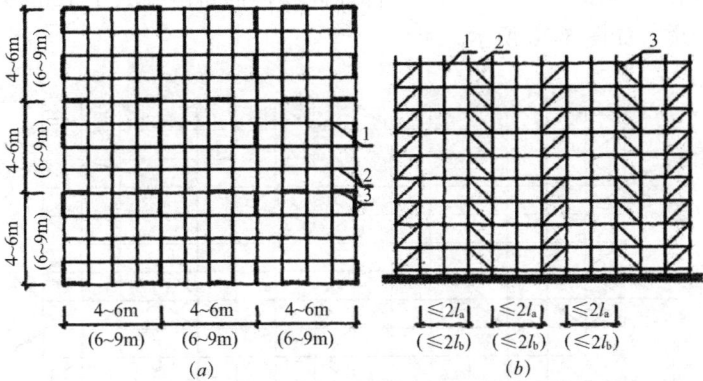

图 5-18　竖向斜撑杆布置示意图（一）

（*a*）平面图；（*b*）立面图

1—立杆；2—水平杆；3—竖向斜撑杆

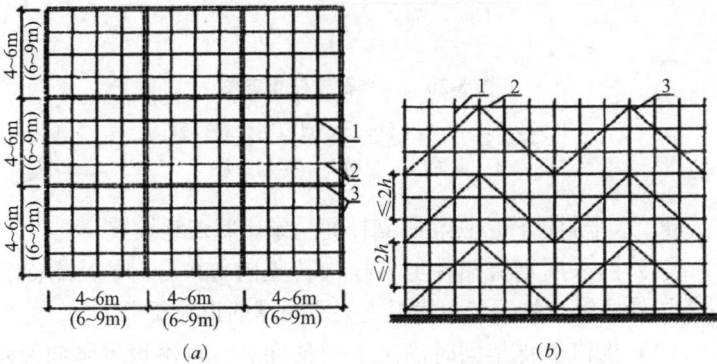

图 5-19　竖向斜撑杆布置示意图（二）

（*a*）平面图；（*b*）立面图

1—立杆；2—水平杆；3—竖向斜撑杆

3）高大模板支架应在架体顶层水平杆设置层、竖向每隔不大于 8m 设置一层水平斜撑杆。每层水平斜撑杆应在架体水平面的周边、内部纵向和横向每隔不大于 8m 设置一道；其他模板支架宜在架体顶层水平杆设置层设置一层水平剪刀撑。水平斜撑杆应在架体水平面的周边、内部纵向和横向每隔不大于12m设置一道，如图5-20所示。

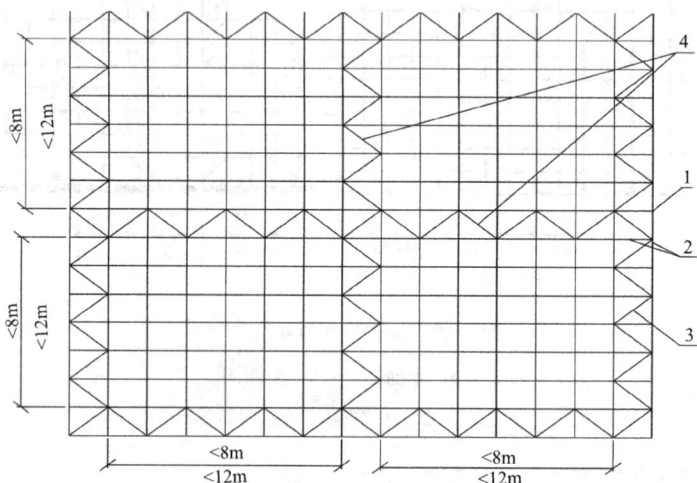

图 5-20 水平斜撑杆布置图

1—立杆；2—水平杆；3—周边水平斜撑杆；

4—内部纵向和横向水平斜撑杆

4）水平斜撑杆应在相邻立杆间呈条带状连续设置。

（2）当采用钢管扣件剪刀撑代替竖向斜撑杆时，应符合第三章扣件式钢管脚手架中模板支架剪刀撑的设置要求。

（3）当模板支架同时满足下列条件时，可不设置竖向及水平向的斜撑杆和剪刀撑：

1）搭设高度小于5m，架体高宽比小于1.5。

2）被支撑结构自重面荷载标准值不大于5kN／m²，线荷载标准值不大于8kN／m。

3）架体与既有建筑结构进行了可靠连接。

4）场地地基坚实、均匀，满足承载力要求。

5. 拉结固定

当有既有建筑结构时，模板支架应与既有建筑结构可靠连接，并应符合下列规定：

（1）连接点竖向间距不宜超过两步，并应与水平杆同层设置。

（2）连接点水平向间距不宜大于 8m。

（3）连接点至架体碗扣主节点的距离不宜大于 300mm。

（4）当遇柱时，宜采用抱箍式连接措施。

（5）当架体两端均有墙体或边梁时，可设置水平杆与墙或梁顶紧。

6. 门洞

当模板支架设置门洞时，如图 5-21 所示，应符合下列规定：

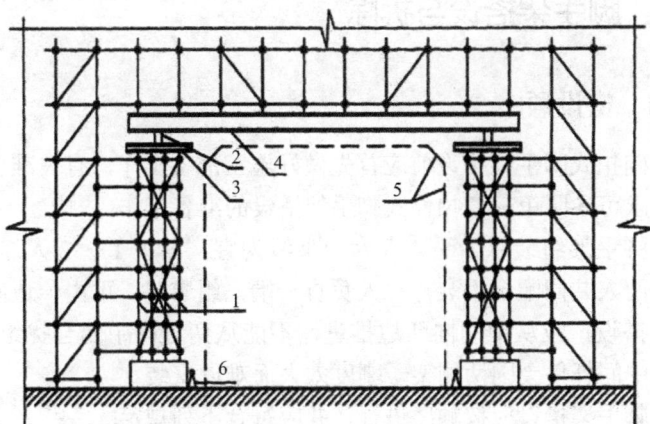

图 5-21　门洞设置

1—加密立杆；2—纵向分配梁；3—横向分配梁；4—转换横梁；

5—门洞净空（仅车行通道有此要求）；

6—警示及防撞设施（仅用于车行通道）

（1）门洞净高不宜大于 5.5m，净宽不宜大于 4.0m；当需设置的机动车道净宽大于 4.0m 或与上部支撑的混凝土梁体中心线斜交时，应采用梁柱式门洞结构。

（2）通道上部应架设转换横梁，转换横梁和立杆之间应设置纵向分配梁和横向分配梁。

（3）横梁下立杆不应少于 4 排，每排横距不应大于 300mm；立杆应与相邻架体连接牢固，斜撑杆或剪刀撑应加密设置；立杆应采用扩大基础，并能满足防撞要求。

（4）门洞顶部应采用木板或其他硬质材料全封闭，两侧应设置防护栏杆和安全网。

（5）对通行机动车的洞口，门洞净空应满足既有道路通行的安全界限要求，且应按规定设置导向、限高、限宽、减速、防撞等设施及标识、标示。

5.3 脚手架搭设与拆除

5.3.1 搭设顺序

碗扣式脚手架搭设前应首先做好施工准备工作，有关准备工作要求可参照第三章扣件式脚手架搭设的准备工作。

脚手架组装以 3 ～ 4 人为一小组为宜，其中 1 ～ 2 人递料，另外两人共同配合组装，每人负责一端。组装时，可由一边向另一边搭设，或从中间向两边推进，不能从两边向中间合拢组装，否则中间杆件会因两侧架子刚度太大而难以安装。

脚手架搭设应按顺序进行，并应符合下列规定：

（1）双排脚手架搭设应按立杆、水平杆、斜杆、连墙件的顺序配合施工进度逐层搭设。一次搭设高度不应超过最上层连墙件两步，且自由长度不应大于 4m。

（2）模板支撑架应按先立杆、后水平杆、再斜杆的顺序搭设形成基本架体单元，并应以基本架体单元逐排、逐层扩展搭设成整体支撑架体系，每层搭设高度不宜大于 3m。

（3）斜撑杆、剪刀撑等加固件应随架体同步搭设，不得滞后安装。

（4）双排脚手架连墙件必须随架体升高及时在规定位置处设置；当作业层高出相邻连墙件以上两步时，在上层连墙件安装完毕前，必须采取临时拉结措施。

5.3.2 搭设方法

模板支架在碗扣式脚手架中最为常见，下面以模板支架为例，简述碗扣式脚手架搭设方法。

1. 搭设程序

模板支架的基本搭设程序为：基础处理→放线定位→安放垫板及底座→竖立杆、安放扫地杆→安装第一步水平杆→设置连墙装置→接立杆→依次安装上部水平杆→随进度安装斜杆或剪刀撑→安放可调托撑。

2. 基础处理

（1）土层地基上应设置混凝土垫层，垫层混凝土强度不应低于 C15，厚度不应小于 100mm，如图 5-22 所示。当采用垫板代替混凝土垫层时，垫板宜采用厚度不小于 50mm、宽度不小于 200mm、长度不少于两跨的木垫板。

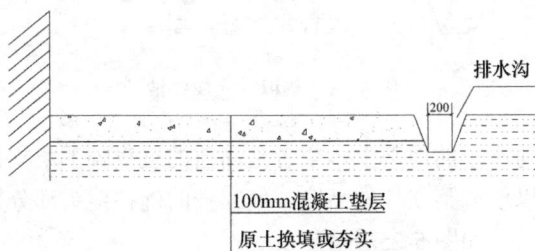

排水沟

200

100mm混凝土垫层

原土换填或夯实

图 5-22　基础处理

（2）混凝土结构层上的立杆底部应设置底座或垫板。

（3）对承载力不足的地基土或混凝土结构层，应进行加固处理。

（4）地基应平整，平整度偏差不得大于 20mm；场地应有排水或防水措施，不应有积水。

3. 放线定位

处理好基础后，按照专项施工方案规定的立杆间距进行测量定位，并画出定位线，如图 5-23 所示。

图 5-23　测量放线

4. 安放垫板及底座

垫板应准确的放置在定位线上，底座放在垫板上，不能偏离定位点中心，如图 5-24 所示。底座的轴线应当与地面垂直。

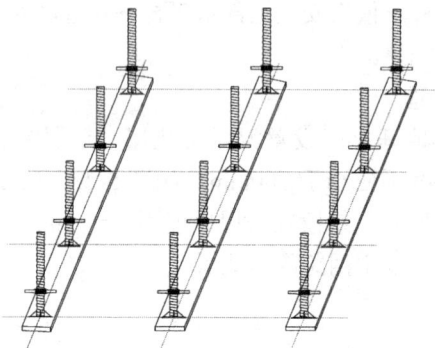

图 5-24　垫板与底座安放

在地势不平的地基上，或者是高层的重载脚手架立杆采用可调底座，以便调整立杆的高度，使立杆的碗扣接头都分别处于同一水平面上，如图 5-25 所示。

5. 竖立杆

将立杆插入已经摆放好的底座上，确保完全插入并落在可调底座螺母上，如图 5-26 所示。设置底层立杆时，相邻两杆应使用不同的长度，避免立杆接头位置在同一高度。

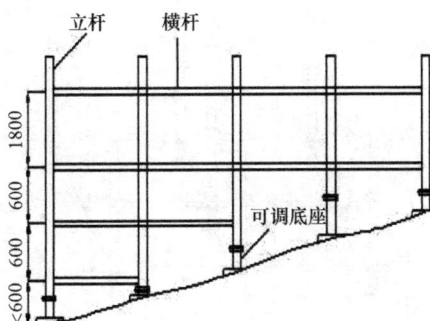

图 5-25　可调底座安装示意图

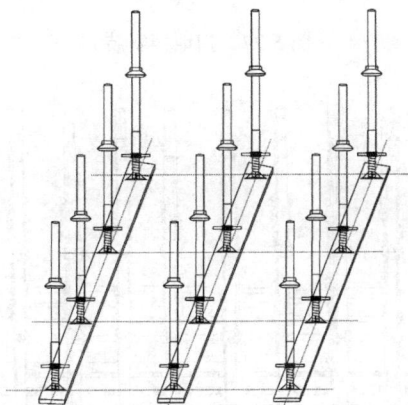

图 5-26　竖立杆

在竖立杆时，应及时设置纵、横向扫地杆，将所竖立杆连成一整体，以保证支架的整体稳定，如图 5-27 所示。

6. 安装第一步水平杆

安装水平杆时，先将立杆上碗扣滑至限位销以上并旋转，使其搁在限位销上，将水平杆接头插入立杆下碗扣，待纵横向水平杆接头全部装好后，落下上碗扣并予以顺时针旋转锁紧，将横杆与立杆牢固的连接在一起，形成框架结构，如图 5-28 所示。

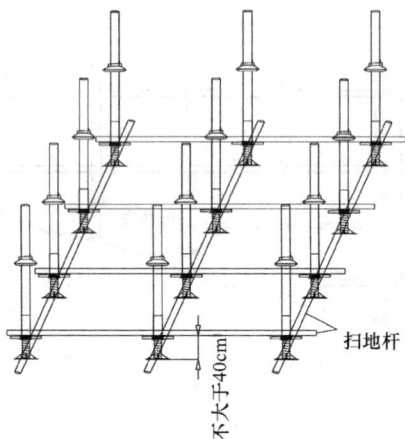

不大于40cm

扫地杆

图 5-27　扫地杆安装

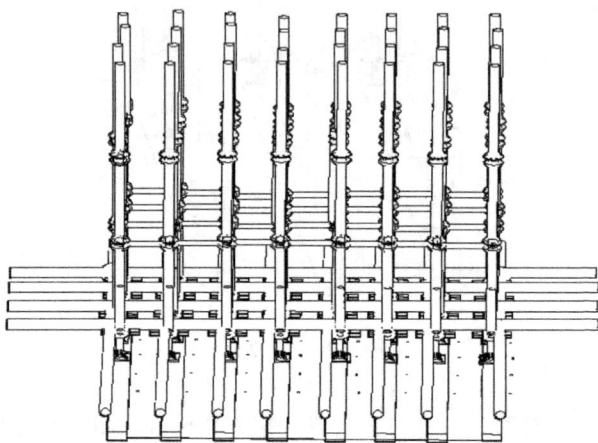

图 5-28　水平杆安装

7. 接立杆

　　立杆的接长是靠焊于立杆端部的外连接管承插而成。当底部立杆和水平杆安装完成后，可以往上接立杆，把上层立杆下端部的外连接套管插入下层立杆的顶部。接长时应注意立杆的垂直度。

8. 安装上部水平杆

按照第一步水平杆的安装方法，依次安装上部和顶层水平杆，如图 5-29 所示。纵、横向水平杆应连续设置，不得间断。

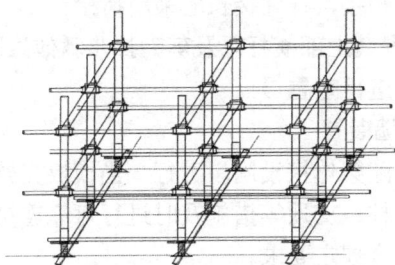

图 5-29　上部水平杆安装

9. 安装斜杆与剪刀撑

斜杆或剪刀撑应随立杆和水平杆的搭设及时进行安装。

（1）当用碗扣式系列斜杆时，斜杆应尽可能设置在框架节点上，装成节点斜杆；若斜杆不能设置在节点上时，应呈错节布置，装成非节点斜杆，如图 5-30 所示。

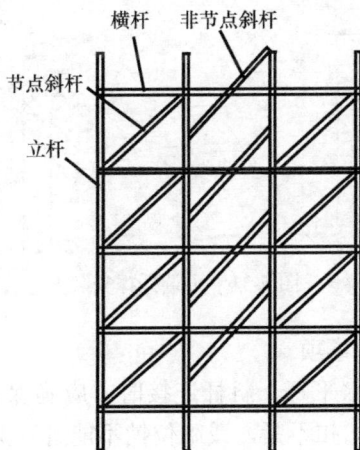

图 5-30　斜杆安装

（2）剪刀撑可以用扣件和钢管组合而成，并沿竖向和水平向连续设置。竖向剪刀撑两个方向的交叉斜向钢管宜分别采用旋转扣件设置在立杆的两侧。剪刀撑杆件应每步与交叉处立杆或水平杆扣接，杆件接长应采用搭接。

（接立杆、安装上部横杆以及剪刀撑步骤效果图可扫描二维码9进行查看。）

二维码9

10. 安装连墙装置

连墙装置应随架体搭设同步进行。当模板支架周围有主体结构时，应采取抱柱、支顶等措施及时进行可靠连接。连接点竖向和水平间距应符合规定要求。

11. 安装可调托撑

顶部水平杆设置完成后，将可调托座插入立杆顶部，其插入立杆长度不应小于150mm，螺杆伸出立杆长度不宜大于300mm，伸出顶层水平杆的悬臂长度不应超过650mm，并保证螺杆与立杆钢管上下同心，如图5-31所示。

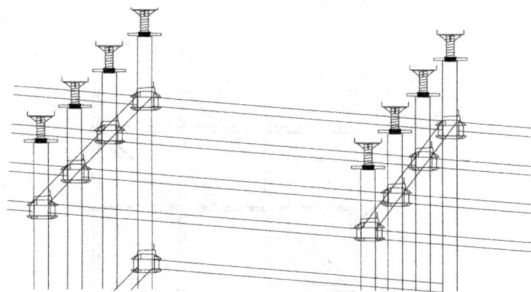

图 5-31　可调托撑安装

12. 搭设注意事项

（1）立杆与水平杆、斜杆连接时，应确保碗扣接头上下锁紧。如发现上碗扣扣不紧，或限位销不能进入上碗扣螺旋面时，应当从以下方面查找原因：

1）立杆与水平杆是否垂直。

2）相邻的两个下碗扣是否在同一水平面上（即水平杆的水平度是否符合要求）。

3）下碗扣与立杆的同轴度是否符合要求。

4）下碗扣的水平面同立杆轴线的垂直度是否符合要求。

5）水平杆及接头是否变形。

6）水平杆接头的弧面中心线同水平杆轴线是否垂直。

7）下碗扣内有无砂浆等杂物填充等。

如是装配原因，则应调整后锁紧；如是杆件本身问题，则应及时更换。

（2）在多层楼板上连续搭设模板支撑架时，应分析多层楼板间荷载传递对架体和建筑结构的影响，上下层架体立杆宜对位设置。

（3）每搭完一步架体后，应及时校正水平杆步距、立杆间距、立杆垂直度和水平杆水平度，保证架体搭设质量符合设计要求和标准规定。

（碗扣式钢管模板支架视频可扫描二维码10进行查看。）

二维码10

5.3.3　检查验收

碗扣式脚手架在搭设过程中以及搭设完工后，应按规定进行检查验收。

（1）根据施工进度，脚手架应在下列环节进行检查与验收：

1）施工准备阶段，构配件进场时。

2）地基与基础施工完后，架体搭设前。

3）首层水平杆搭设安装后。

4）双排脚手架每搭设一个楼层高度，投入使用前。

5）模板支撑架每搭设完4步或搭设至6m高度时。

6）双排脚手架搭设至设计高度后。

7）模板支撑架搭设至设计高度后。

（2）地基基础检查验收项目、质量要求、抽检数量、检验方法见表 5-9。

地基基础检查验收　　　　　表 5-9

序号	检查项目	质量要求	抽检数量	检查方法
1	地基处理、承载力	符合方案设计要求	每 100m² 不少于 3 个点	触探
2	地基顶面平整度	20mm	每 100m² 不少于 3 个点	2m 直尺
3	垫板铺设	土层地基上的立杆应设置垫板，垫板长度不少于 2 跨，并符合方案设计要求	全数	目测
4	垫板尺寸	垫板厚度不小于 50mm，宽度不小于 200mm，并符合方案设计要求	不少于 3 个处	游标卡尺、钢板尺
5	底座设置情况	符合方案设计要求	全数	目测
6	立杆与基础的接触紧密度	立杆与基础间应无松动、悬空现象	全数	目测
7	排水设施	完善，并符合方案设计要求	全数	目测
8	施工记录、试验资料	完整	全数	查阅记录

（3）架体检查验收项目、质量要求、抽检数量、检验方法见表 5-10。

脚手架架体检查验收   表 5-10

序号	检查项目		质量要求	抽检数量	检查方法
1	可调底座	垂直度	±5mm	全部	经纬仪或吊线和卷尺
		插入立杆长度	≥150mm		钢板尺
2	模板支撑架可调托撑	螺杆垂直度	±5mm	全部	经纬仪或吊线和卷尺
		插入立杆长度	≥150mm		钢板尺
3	碗扣节点	锁紧度	水平杆接头插入上、下碗扣,上碗扣通过限位销旋转锁紧水平杆	全部	目测
4	立杆	间距	符合方案设计要求	全部	目测、钢板尺
		双排脚手架接头	相邻立杆接头不在同一步距内	全部	目测
		垂直度	1.8m 高度内偏差小于 5mm	全部	经纬仪或吊线和卷尺
		模板支撑架立杆伸出顶层水平杆长度	符合方案设计要求,且≤650mm	全部	钢板尺
5	水平杆	完整性	纵、横向贯通,不缺失	全部	目测
		步距	符合方案设计要求	全部	目测
		水平度	相邻水平杆高差小于 5mm	全部	水平仪或水平尺
		扫地杆距离地面高度	符合方案设计要求,且≤400mm	全部	钢板尺

序号	检查项目			质量要求	抽检数量	检查方法
6	斜撑杆、剪刀撑		斜撑杆位置和间距	符合方案设计要求	全部	目测
		剪刀撑	间距、跨距	符合方案设计要求	全部	目测、钢卷尺
			与地面夹角	45º ～ 60º	全部	目测、钢板尺
			搭接长度及扣件数量	搭接长度≥1m，搭接扣件不少于2个	全部	目测、钢板尺
			与立杆（水平杆）扣接情况	每步扣接，与节点间距≤150mm	全部	目测、钢板尺
			扣件拧紧力矩	40 ～ 65N·m	全部	力矩扳手复拧
7	双排脚手架连墙件的竖向和水平间距			符合方案设计要求	全部	目测、钢卷尺
8	模板支撑架与既有建筑结构连接点的竖向和水平间距			符合方案设计要求	全部	目测、钢卷尺
9	架体全高垂直度			≤架体搭设高度的1/600，且<35mm	每段内外立面均不少于4根立杆	经纬仪或吊线和卷尺
10	门洞		双排脚手架门洞结构（宽度、高度、专用托梁设置等）	符合方案设计要求	全部	目测、钢卷尺
			模板支撑架门洞结构（立杆间距、横梁及分配梁型号、间距、扩大基础尺寸等）	符合方案设计要求	全部	目测、钢卷尺

（4）安全防护设施检查验收项目、质量要求、抽检数量、检验方法见表 5-11。

安全防护设施检查验收　　　　表 5-11

序号	检查项目		质量要求	抽检数量	检查方法
1	作业层、作业平台	宽度	符合方案设计要求，且≥900mm	全部	钢板尺
		脚手板材质、规格和安装	符合方案设计要求，铺满、铺稳、铺实	全部	目测、钢板尺
		挡脚板位置和安装	立杆内侧、牢固，高度≥180mm	全部	目测、钢板尺
		安全网	外侧安全网牢固、连续	全部	目测
		防护栏高度	立杆内侧、离地高度分别为0.6m、1.2m	全部	目测、钢卷尺
		层间防护	脚手板下采用安全平网兜底，水平网竖向间距≤10m，内立杆与建筑物间距离≥150mm时，间隙应封闭	全部	目测、钢卷尺
2	梯道、坡道	宽度	符合方案设计要求，且≥900mm	全部	钢板尺
		坡度	梯道坡度≤1∶1，坡道坡度≤1∶3	全部	钢板尺
		坡道防滑装置	符合方案设计要求，并完善、有效	全部	目测
		转角平台脚手板材质、规格和安装	符合方案设计要求，铺满、铺稳、铺实	全部	目测
		安全网	牢固、连续	全部	目测
		通道、转角平台防护栏杆高度	立杆内侧、离地高度分别为0.6m、1.2m	全部	目测、钢卷尺

序号	检查项目		质量要求	抽检数量	检查方法
3	模板支撑架门洞安全防护	车行通道导向、限高、限宽、减速、防撞等设施及标识、标志	符合方案设计要求，并完善、有效	全部	目测
		顶部封闭、两侧防护栏杆及安全网	符合方案设计要求，并完善、有效	全部	目测

5.3.4 脚手架拆除

碗扣式脚手架拆除的准备工作、警戒区设置、作业指挥、拆除程序等可参照第三章扣件式脚手架有关拆除作业要求，作业时应严格遵守安全操作规程，并按照专项施工方案中规定的顺序进行拆除。

（1）双排脚手架的拆除作业，应符合下列规定：

1）架体拆除应自上而下逐层进行，严禁上下层同时拆除。

2）连墙件应随脚手架逐层拆除，严禁先将连墙件整层或数层拆除后再拆除架体。

3）拆除作业过程中，当架体的自由端高度大于两步时，必须增设临时拉结件。

4）双排脚手架的斜撑杆、剪刀撑等加固件应在架体拆除至该部位时，才能拆除。

（2）模板支架的拆除作业，应符合下列规定：

1）架体拆除应符合现行国家标准《混凝土结构工程施工质量验收规范》GB 50204、《混凝土结构工程施工规范》GB 50666中混凝土强度的规定，拆除前应填写拆模申请单。

2）预应力混凝土构件的架体拆除应在预应力施工完成后

进行。

3）架体的拆除顺序、工艺应符合专项施工方案的要求。当专项施工方案无明确规定时，应符合下列规定：

①应先拆除后搭设的部分，后拆除先搭设的部分。

②架体拆除必须自上而下逐层进行，严禁上下层同时拆除作业，分段拆除的高度不应大于两层。

③梁下架体的拆除，宜从跨中开始，对称地向两端拆除；悬臂构件下架体的拆除，宜从悬臂端向固定端拆除。

5.4 安全管理

5.4.1 安全检查

（1）脚手架验收合格投入使用后，在使用过程中应定期检查，检查项目应符合以下规定：

1）基础应无积水，基础周边应有序排水，底座和可调托撑应无松动，立杆应无悬空。

2）基础应无明显沉降，架体应无明显变形。

3）立杆、水平杆、斜撑杆、剪刀撑和连墙件应无缺失、松动。

4）架体应无超载使用情况。

5）模板支撑架监测点应完好。

6）安全防护设施应齐全有效，无损坏缺失。

（2）当脚手架遇有下列情况之一时，应进行全面检查，确认安全后方可继续使用：

1）遇有六级及以上强风或大雨后。

2）冻结的地基土解冻后。

3）停用超过一个月后。

4）架体遭受外力撞击作用后。

5）架体部分拆除后。

6）其他可能影响架体结构稳定性的特殊情况发生后。

5.4.2 使用管理

（1）双排脚手架的使用应符合以下规定：

1）脚手架作业层上的施工荷载不得超过设计允许荷载。防护脚手架应有限载标识。

2）当在双排脚手架上同时有两个及以上操作层作业时，在同一跨距内各操作层的施工均布荷载标准值总和不得超过 $5kN/m^2$。

3）脚手架使用期间，严禁擅自拆除架体主节点处的纵向水平杆、横向水平杆，纵向扫地杆、横向扫地杆和连墙件。

4）严禁将模板支架、缆风绳、混凝土输送泵管、卸料平台及大型设备的附着件等固定在双排脚手架上。

（2）模板支架的使用应符合下列规定：

1）浇筑混凝土应在签署混凝土浇筑令后进行。

2）混凝土浇筑顺序应符合下列规定：

① 框架结构中连续浇筑立柱和梁板时，应按先浇筑立柱、后浇筑梁板的顺序进行。

② 浇筑梁板或悬臂构件时，应按从沉降变形大的部位向沉降变形小的部位顺序进行。

3）模板支架在使用过程中，模板下严禁人员停留。

（3）当有下列情况之一时，宜按现行行业标准《钢管满堂支架预压技术规程》JGJ/T 194 的规定对模板支撑架及地基进行预压：

1）承受重载或设计有特殊要求时。

2）地基为不良地质条件时。

3）拟浇筑构件跨度大、对成型线形有要求时。

（4）当脚手架在使用过程中出现安全隐患时，应及时排除；当出现可能危及人身安全的重大隐患时，应停止架上作业，撤离作业人员，并应及时组织检查处置。

5.4.3 使用监测

（1）模板支架应编制监测方案，使用中应按监测方案对架体实施监测。

（2）双排脚手架在使用过程中，应对整个架体相对主体结构的变形、基础沉降、架体垂直度进行观测。

6 承插型盘扣式钢管支架

承插型盘扣式钢管支架又称为承插式脚手架、盘扣式脚手架，与轮扣式脚手架的连接方式不同。承插式脚手架技术起源于德国，是欧洲和美洲的主流产品，主要由立杆及横杆、斜杆构成，立杆上的连接盘有八个孔，四个小孔为横杆专用，四个大孔为斜杆专用。横杆、斜杆的连接方式均为插销式，可以确保杆件与立杆牢固连接，如图6-1所示。

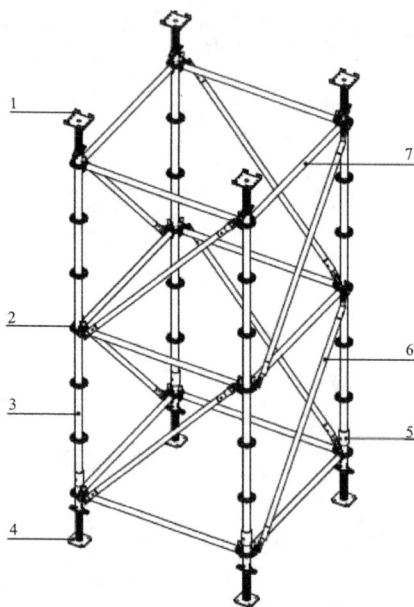

图6-1 承插型盘扣式钢管支架

1—可调托撑；2—盘扣节点；3—立杆；4—可调底座；
5—基座；6—竖向斜杆；7—水平杆

承插式脚手架的主要特点为：（1）技术先进；（2）原材料升级；（3）热镀锌工艺；（4）可靠的品质；（5）承载力大。主要的核心优势为：（1）安全稳固；（2）搭拆效率高，节省工期；（3）形象美观、提升工程形象；（4）无零配件丢失，杆件不易损坏；（5）可搭设多功能脚手架。

6.1 脚手架材料

承插式脚手架分为标准型和重型两种。主要构配件有钢管立杆（包括连接盘和竖向连接管）、水平杆（包括扣接头、插销）、斜杆（包括扣接头、插销）、立杆连接杆和连接销、可调底座（垫板）、可调托撑和脚手板等。

盘扣节点是承插式脚手架系统的核心部件，它由焊接于立杆上的连接盘、水平杆杆端扣接头和斜杆杆端扣接头等组成，如图6-2所示。

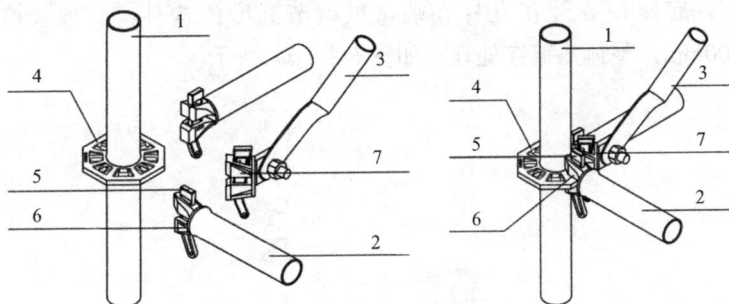

图6-2　盘扣节点示意图

1—立杆；2—水平杆；3—斜杆；4—连接盘；5—扣接头插销；
6—水平杆杆端扣接头；7—斜杆杆端扣接头

6.1.1 构配件材质

承插式脚手架主要构配件材质为结构钢或铸钢，除有特殊要求外，其材质不应低于表6-1的规定。

承插式脚手架主要构配件材质　　　　　表 6-1

立杆	水平杆、水平斜杆	竖向斜杆	可调托撑和可调托撑				扣接头
			钢板	螺母	空心丝杆	实心丝杆	
Q345	Q235	Q195	Q235	QT450-10	20 号钢	Q235	ZG230-450

立杆连接盘		插销			外套管			内插管
铸钢	热锻或冲压	铸钢	热锻	冲压	铸钢	挤压	无缝钢管	无缝钢管或焊管
ZG230-450	Q235	ZG230-450	45 号钢	Q235	ZG230-450	Q235	Q345	Q235

6.1.2 底座与托座

（1）底座：

底座是安装在立杆底端可以调节高度的构件，有效长度 300mm，整体热镀锌处理，如图 6-3（a）所示。

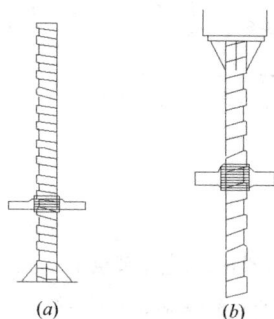

图 6-3　可调底座和顶托

（a）可调底座；　（b）可调顶托

（2）托座：

托座是安装在立杆顶端可调节高度的顶托，有效长度 450mm，整体热镀锌处理，如图 6-3（b）所示。

（3）可调底座和可调托座的丝杆宜采用梯形牙，A 型立杆宜配置ϕ48 丝杆和调节手柄，丝杆外径不应小于 46mm；B 型立杆宜配置ϕ38 丝杆和调节手柄，丝杆外径不应小于 36mm。

（4）可调底座的底板和可调托座托板厚度不应小于 5mm，允许尺寸偏差应为 ±0.2mm，承力面钢板长度和宽度均不应小于 150mm；承力面钢板与丝杆应采用环焊，并应设置加劲片或加劲拱度；可调托座托板应设置开口挡板，挡板高度不应小于40mm。

（5）可调底座及可调托座丝杆与螺母旋合长度不得小于 5扣，螺母厚度不得小于 30mm，可调托座和可调底座插入立杆内的长度不小于 150mm。

（6）标准型架的可调底座和可调托撑丝杆的外径为 38mm；重型架的可调底座和可调托撑丝杆的外径为 48mm。

6.1.3 杆件

1. 立杆

立杆是杆上焊接有连接盘和连接套管的竖向支撑杆件，其盘扣节点间距一般按 0.5m 模数设置。标准型架的立杆钢管的外径应为 48.3mm，重型架的立杆钢管的外径应为 60.3mm。立杆从长度 500 ～ 4000mm，共有 7 种规格，如图 6-4 所示。

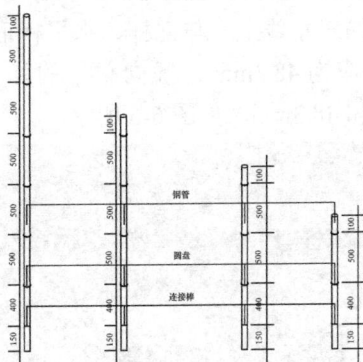

图 6-4 立杆

连接盘与立杆焊接固定时，连接盘盘心与立杆轴心的不同轴度不应大于 0.3mm ；以单侧边连接盘外边缘处为测点，盘面与立杆纵轴线正交的垂直度偏差不应大于 0.3mm。

2. 水平杆

水平杆的两端焊接有扣接头，可与立杆扣接。水平杆长度通常按 0.3m 模数设置，无论是标准型架或是重型架，水平杆的外径均为 48.3mm。水平杆规格从长度 300 ～ 3000mm，共有 10 种规格，如图 6-5 所示。

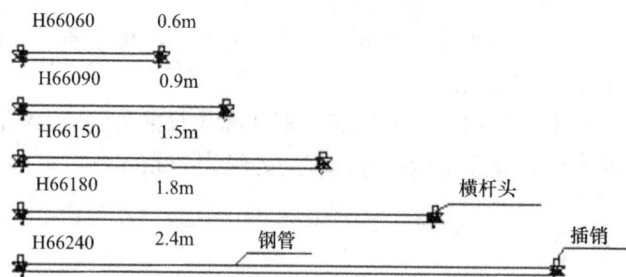

图 6-5 水平杆

3. 斜杆

斜杆的两端装配有扣接头，可与立杆上的连接盘扣接。其中水平方向的斜杆为水平斜杆，竖直方向的斜杆为竖向斜杆，连接于架体竖向格构的对角线上，与立杆、水平杆形成三角形结构。水平斜杆的外径应为 48.3mm ；竖向斜杆的外径可为 33.7mm、38mm、42.4mm 和 48.3mm，如图 6-6 所示。

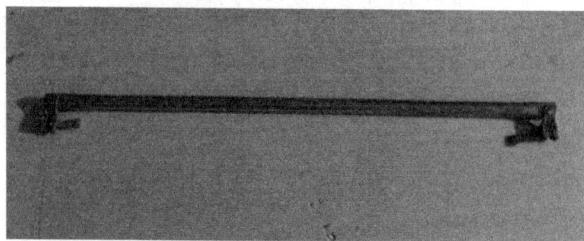

图 6-6 斜杆

6.1.4 连接盘

（1）连接盘是焊接在立杆上可扣接 8 个方向扣接头的八边形或圆环形 8 孔板，如图 6-7 所示。

（2）铸钢或钢板热锻制作的连接盘的厚度不应小于 8mm，允许尺寸偏差应为 ±0.5mm；钢板冲压制作的连接盘厚度不应小于 10mm，允许尺寸偏差应为 ±0.5mm。

图 6-7　连接盘

6.1.5 扣接头

（1）位于水平杆和斜杆杆件端头，用于与立杆上的连接盘扣接的部件，如图 6-8 所示。

（2）铸钢制作的杆端扣接头应与立杆钢管外表面形成良好的弧面接触，并应有不小于 $500mm^2$ 的接触面积。

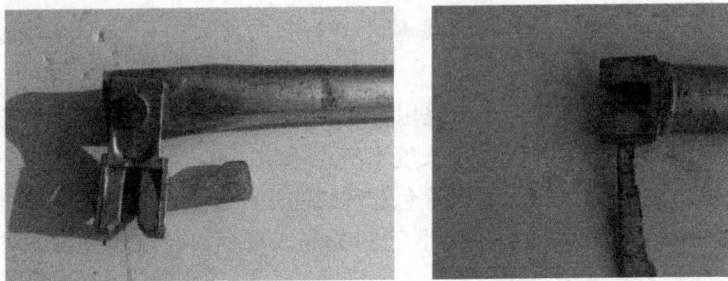

图 6-8　扣接头

6.1.6　插销

（1）装配在扣接头内，用于固定扣接头与连接盘的专用楔形部件，如图 6-9 所示。

图 6-9　插销

（2）楔形插销的斜度应确保楔形插销楔入连接盘后能自锁。铸钢、钢板热锻或钢板冲压制作的插销厚度不应小于 8mm，允许尺寸偏差应为 ±0.1mm。

（3）插销外表面应与水平杆和斜杆杆端扣接头内表面吻合，插销连接应保证锤击自锁后不拔脱，抗拔力不得小于 3kN。

（4）插销应具有可靠防拔脱构造措施，且应设置便于目视检查楔入深度的刻痕或颜色。

6.1.7　立杆连接套管

（1）固定于立杆一端，用于立杆竖向接长的外套管或内插管，如图 6-10 所示。

（2）立杆连接套管可采用铸钢套管或无缝钢管套管。采用铸钢套管形式的立杆连接套长度不应小于 90mm，可插入长度不应小于 75mm；采用无缝钢管套管形式的立杆连接套长度不应小于160mm，可插入长度不应小于 110mm。套管内径与立杆钢管外径间隙不应大于 2mm。

（3）立杆与立杆连接套管应设置固定立杆连接件的防拔出销

孔，销孔孔径不应大于 14mm，允许尺寸偏差应为 ±0.1mm；立杆连接件直径宜为 12mm，允许尺寸偏差应为 ±0.1mm。

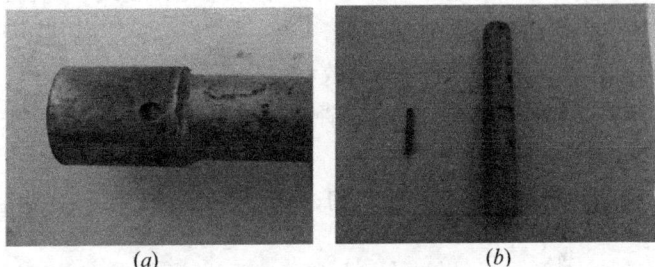

图 6-10　立杆连接套管

（*a*）外套管；（*b*）内插管

6.1.8　脚手板

脚手板一般采用钢、木、竹等材料制作，单块脚手板的质量不宜大于 30kg，如图 6-11 所示。

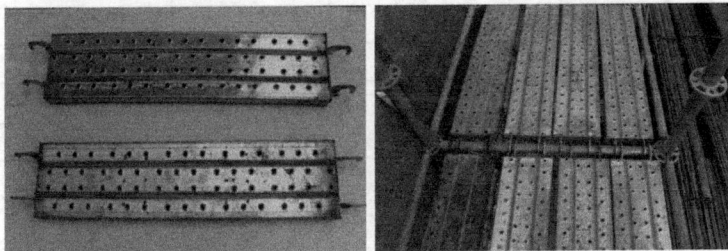

图 6-11　脚手板

6.1.9　构配件进场验收

（1）构配件应有产品标识和产品质量合格证书以及产品主要技术参数及产品使用说明书。

（2）构配件外观质量应符合下列要求：

1）钢管应无裂纹、锈蚀、分层、结巴、斜口和毛刺，不得采用对接焊接钢管。

2）钢管应平直，直线度允许偏差应为管长的 1/500。

3）铸件表面应光滑，不得有沙眼、缩孔、裂纹、浇冒口残余等缺陷，表面粘沙应清除干净。

4）冲压件不得有毛刺、裂纹、氧化皮等缺陷。

5）各焊缝应饱满，焊药应清除干净，不得有未焊透、夹砂、咬肉、裂纹等缺陷。

6）构配件镀锌涂层应均匀、牢固，连接处不得有滴瘤和结块。

（3）钢管外径及壁厚允许偏差应符合表 6-2 的规定。

钢管外径及壁厚允许偏差   表 6-2

序号	名称	外径 D（mm）	壁厚 t（mm）	外径允许偏差（mm）	壁厚允许偏差（mm）
1	立杆	60.3	3.2	±0.3	±0.15
		48.3	3.2	±0.3	±0.15
2	水平杆、水平斜杆	48.3	2.5	±0.5	±0.2
3	竖向斜杆	48.3	2.5	±0.5	±0.2
		42.4	2.5	±0.5	±0.15
		38	2.5	±0.5	±0.15
		33.7	2.3	±0.5	±0.15

（4）主要构配件的制作质量及形位公差应符合表 6-3 的要求。

主要构配件的制作质量及形位公差要求   表 6-3

构配件名称	检查项目	公称尺寸（mm）	允许偏差（mm）	检测量具
立杆	长度	—	±0.7	钢卷尺
	连接盘间距	500	±0.5	钢卷尺
	杆件直线度	—	L/1000	专用量具
	杆端面对轴线垂直度	—	0.3	角尺
	连接盘与立杆同轴度	—	0.3	专用量具

构配件名称	检查项目	公称尺寸（mm）	允许偏差（mm）	检测量具
水平杆	长度	—	±0.5	钢卷尺
	扣接头平行度	—	≤1.0	专用量具
水平斜杆	长度	—	±0.5	钢卷尺
	扣接头平行度	—	≤1.0	专用量具
竖向斜杆	两端螺栓孔间距	—	≤1.5	钢卷尺
可调托撑	托板厚度	5	±0.2	游标卡尺
	加劲片厚度	4	±0.2	游标卡尺
	丝杆外径	ϕ48, ϕ38	±0.5	游标卡尺
可调托撑	底板厚度	5	±0.2	游标卡尺
	丝杆外径	ϕ48, ϕ38	±0.5	游标卡尺
挂扣式钢脚手板	挂钩圆心间距	—	±2	钢卷尺
	宽度	—	±3	钢卷尺
	高度	—	±2	钢卷尺
挂扣式钢梯	挂钩圆心间距	—	±2	钢卷尺
	梯段宽度	—	±3	钢卷尺
	踏步高度	—	±2	钢卷尺
挡脚板	长度	—	±2	钢卷尺
	宽度	—	±2	钢卷尺

（5）当对支架及构配件质量有疑问时，应进行质量抽检和实验。

6.2 作业脚手架构造

6.2.1 构造尺寸

（1）搭设承插式作业脚手架时，搭设高度不宜大于24m。

（2）架体几何尺寸根据使用要求选择，相邻水平杆步距宜选用1.5m或2m，且不宜超过2m；立杆纵距宜选用1.5m或1.8m，且不宜大于 2.1m，立杆横距宜选用 0.9m 或 1.2m。

6.2.2 杆件

1. 立杆

（1）脚手架首层立杆宜采用不同长度的立杆交错布置，错开立杆竖向距离不应小于 500mm，脚手架立杆底部通常应配置可调底座或垫板。

（2）当地基高差较大时，可利用立杆 0.5m 节点位差配合可调底座进行调整。

2. 水平杆与水平斜杆

（1）水平杆应根据施工方案计算得出的立杆纵向、横向间距选用定长的水平杆。

（2）最底层水平杆作为扫地杆，离地高度不应大于 550mm。

（3）作业脚手架的每步水平杆层，当无挂扣钢脚手架板加强水平层刚度时，应每 5 跨设置水平斜杆，如图 6-12 所示。

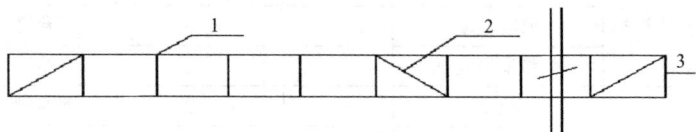

图 6-12　双排脚手架水平斜杆设置

1—立杆；2—水平斜杆；3—水平杆

3. 竖向斜杆

双排脚手架的外侧立面上应设置竖向斜杆，并应符合下列要求：

（1）在脚手架的转角处、开口型脚手架端部应由架体底部至顶部连续设置斜杆。

（2）每隔不大于 5 跨应设置一道竖向或斜向连续斜杆，如图 6-13 所示；架体搭设高度在 24m 以上时，应每隔不大于 3 跨设置一道竖向斜撑杆。

（3）竖向斜杆应在双排脚手架外侧相邻立杆间由底至顶按步连续设置。

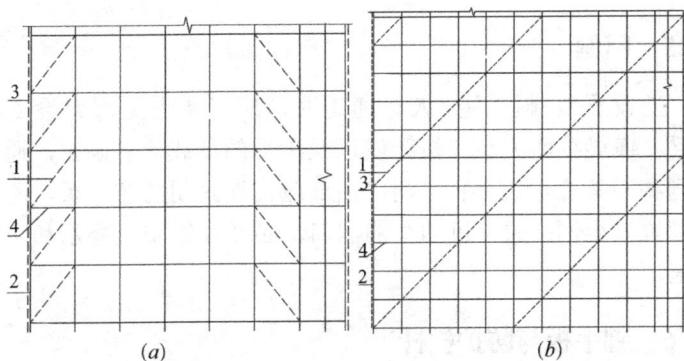

图 6-13　斜杆搭设示意图

（*a*）每 5 跨设置一道竖向斜杆；（*b*）每 5 跨设置一道斜向连续斜杆
1—斜杆；2—立杆；3—两端竖向斜杆；4—水平杆

6.2.3　连墙件

（1）连墙件必须采用可承受拉压荷载的刚性杆件，连墙件与脚手架立面及墙体应保持垂直，同一层连墙件宜在同一平面，水平间距不应大于 3 跨，与主体结构外侧面距离不宜大于 300mm。

（2）连墙件应设置在有水平杆的盘扣节点旁，连接点至盘扣节点距离不应大于 300mm；采用钢管扣件作连墙杆时，连墙杆应采用直角扣件与立杆连接。

（3）当脚手架下部暂不能搭设连墙件时，宜外扩搭设多排脚手架并设置斜杆形成外侧斜面状附加梯形架，待上部连墙件搭设后方可拆除附加梯形架。

6.2.4　转角

在转角部位若无法通过脚手架自身杆件连接时，需在脚手架内外侧按步设置水平连接杆，将转角处支架连成整体，水平连接杆应采用扣件与脚手架立杆及水平杆扣紧，其规格应与水平杆相同。

6.2.5 门洞

当设置双排脚手架人行通道时，应在通道上部架设支撑横梁，横梁截面大小应按跨度以及承受的荷载计算确定，通道两侧脚手架应加设斜杆；洞口顶部应铺设封闭的防护板，两侧应设置安全网；通行机动车的洞口，必须设置安全警示和防撞设施。

6.2.6 脚手板与防护栏杆

（1）作业层脚手板应铺满、铺稳、铺实。

（2）钢脚手板的挂钩必须完全扣在水平杆上，挂钩必须处于锁住状态。

（3）作业层的脚手板架体外侧应设挡脚板、防护栏杆，并应在脚手架外侧立面满挂密目安全网；防护上栏杆宜设置在离作业层高度为1000mm处，防护中栏杆宜设置在离作业层高度为500mm处。

（4）当脚手架作业层与主体结构外侧面间隙较大时，应设置挂扣在连接盘上的悬挑三脚架，并应铺放能形成脚手架内侧封闭的脚手板。

6.3 作业脚手架搭设与拆除

6.3.1 搭设准备及程序

（1）搭设前应做好下列准备工作：

1）脚手架施工前应根据施工对象情况、地基承载力、搭设高度，按本规程的基本要求编制专项施工方案，并应经审核批准后实施。

2）搭设操作人员必须经过专业技术培训和专业考试合格后，持证上岗。脚手架搭设前，施工管理人员应按专项施工方案的要求对操作人员进行技术和安全作业交底。

3）进入施工现场的钢管支架及构配件质量应在使用前进行复检。

4）经验收合格的构配件应按品种、规格分类码放，并应标挂数量规格铭牌备用。构配件堆放场地应排水畅通、无积水。

5）当采用预埋方式设置脚手架连墙件时，应提前与相关部门协商，并应按设计要求预埋。

6）脚手架搭设场地必须平整、坚实、有排水措施。

（2）脚手架搭设应按顺序进行，并应符合下列规定：

1）脚手架立杆应定位准确，并应配合施工进度搭设，一次搭设高度不应超过相邻连墙件以上两步。

2）连墙件应随脚手架高度上升在规定位置处设置，不得任意拆除。

3）加固件、斜杆应与脚手架同步搭设。采用扣件钢管做加固件、斜撑时应符合现行行业标准《建筑施工扣件式钢管脚手架安全技术规范》JGJ 130 的有关规定。

4）当脚手架搭设至顶层时，外侧防护栏杆高出顶层作业层的高度不应小于 1500mm。

5）当搭设悬挑外脚手架时，立杆的套管连接接长部位应采用螺栓作为立杆连接件固定。

6）脚手架可分段搭设、分段使用，应由施工管理人员组织验收，并应确认符合方案要求后使用。

（3）脚手架组装以 3～4 人为一小组为宜，其中 1～2 人递料，另外两人共同配合组装，每人负责一端。组装时，可由一边向另一边搭设，或从中间向两边推进，不能从两边向中间合拢组装，否则中间杆件会因两侧架子刚度太大而难以安装。

6.3.2 搭设方法

双排脚手架搭设顺序：基础处理→测量定位及安放垫板和可调底座→搭设立杆、第一层水平杆、调水平→搭设第二层水平杆、第一层斜杆→安装上层立杆、水平杆、斜杆→同步搭设连墙件、剪刀撑→设置防护栏杆与脚手板→挂设安全网。

1. 基础处理

（1）土层地基上应设置混凝土垫层，垫层混凝土强度等级不应低于 C15，厚度不应小于 100mm，具体做法可参考第 5 章碗扣式钢管脚手架有关基础要求。当采用垫板代替混凝土垫层时，垫板宜采用厚度不小于 50mm、宽度不小于 200mm、长度不少于两跨的木垫板。

（2）混凝土结构层上的立杆底部应设置底座或垫板。

（3）对承载力不足的地基土或混凝土结构层，应进行加固处理。

（4）地基应平整，平整度偏差不得大于 20mm；场地应有排水或防水措施，不应有积水。

2. 测量定位及安放垫板和可调底座

（1）处理好基础后，按照专项施工方案规定的立杆跨距和横距进行测量定位，并画出定位线。

（2）垫板应准确的放置在定位线上，底座放在垫板上，不能偏离定位点中心，底座的轴线应当与地面垂直，垫板的长度不宜少于 2 跨，如图 6-14 所示。

（3）当地基高差较大时，可利用立杆节点位差配合可调底座进行调整，如图 6-15 所示。

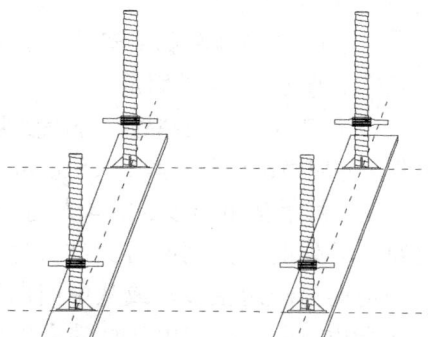

图 6-14　安放可调底座图

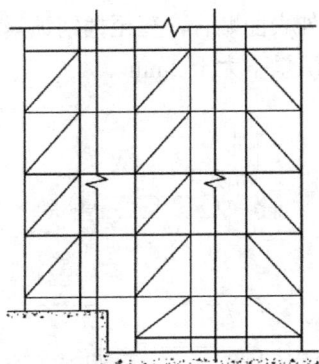

图 6-15 可调底座调整立杆连接盘示意（斜杆未示意）

3. 安装立杆套筒

将立杆套筒套入可调底座上方，基座下缘需完全置入扳手受力平面的凹槽内，如图 6-16 所示。

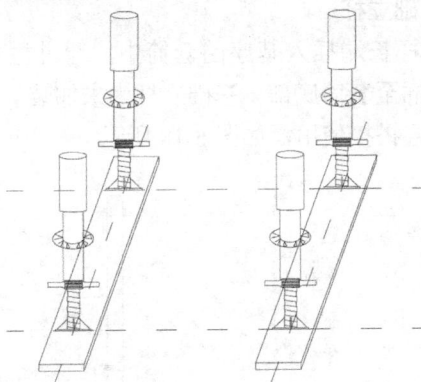

图 6-16 安放立杆套筒

4. 安装第一层（底层）水平杆

在离地高度不大于 550mm 处安装第一层（底层）水平杆将水平杆头套入圆盘小孔位置使水平杆头前端抵住立杆圆管，再以斜楔贯穿小孔敲紧固定，保证锤击自锁后不拔脱，如图 6-17 所示。插销连接时一般用不小于 0.5kg 锤子连续敲击 2 次，使扣接头端部弧面与立杆外表面贴合，直至插销锁紧。锁紧后应保证再次击打时，插销下沉量不大于 2mm。

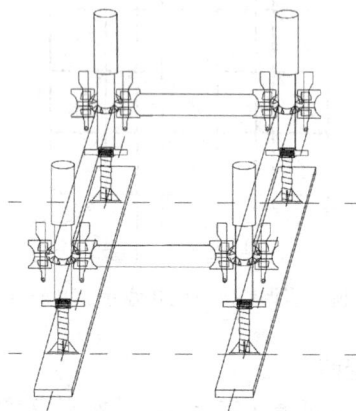

图 6-17　第一层水平杆安装

5. 安装基础立杆

将基础立杆长端插入基座的套筒中，通过检查孔位置查看基础立杆是否插至套筒底部。基础立杆为未加装（连接棒）的立杆，仅在第一层搭接使用，如图 6-18 所示。

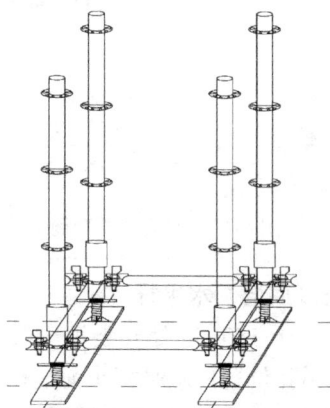

图 6-18　基础立杆安装

6. 第二层水平杆

根据设计步距，依照上述步骤 4. 安装第二层水平杆，如图 6-19 所示。

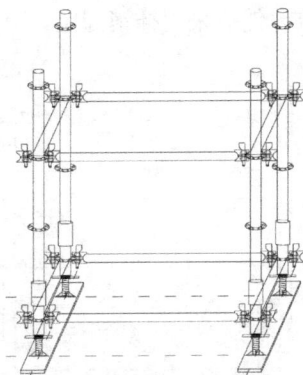

图 6-19　第二层水平杆安装

7. 第一层竖向斜杆

在架体转角处、开口架端部及其他设计位置，将竖向斜杆全部依顺时针或全部依逆时针方向，套入立杆连接盘大孔位置，使竖向斜杆头前端抵住立杆圆管，再以斜楔贯穿大孔敲紧固定，如图 6-20 所示。安装时注意竖向斜杆具有方向性，方向相反即无法搭接。

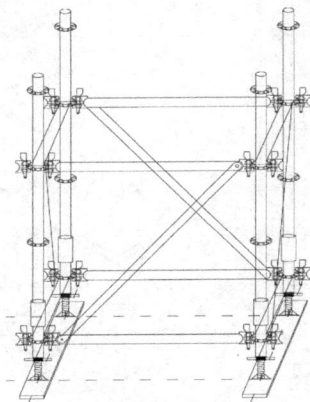

图 6-20　斜杆安装

8. 立杆连接

立杆以内插管（连接棒）进行连接，将连接棒插入下层管中即可，如图 6-21 所示。立杆连接时，内插管和外套管的检查孔务必对齐且方向一致，然后采用插销固定。

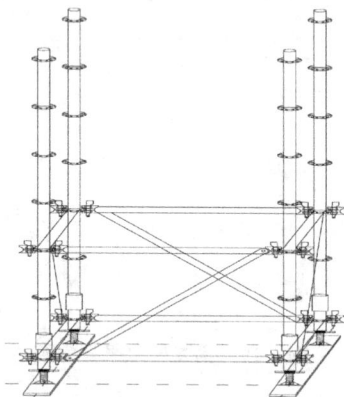

图 6-21　立杆连接

9. 安装上部水平杆

依照上述步骤 4. 继续安装上部水平杆，如图 6-22 所示。

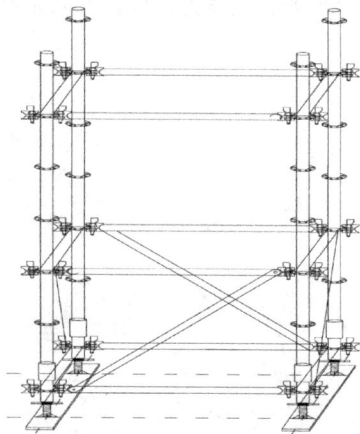

图 6-22　第三层水平杆安装

10. 安装上部竖向斜杆

依照上述步骤 7. 组装方式，按第一层竖向斜杆相同方向搭接以上各层竖向或斜向连续斜杆，如图 6-23 所示。

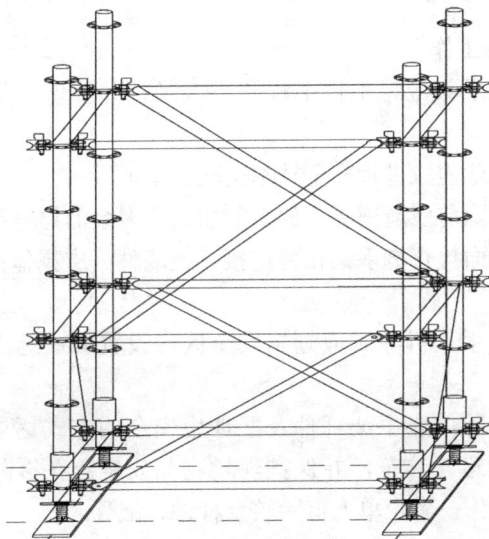

图 6-23　上部竖向斜杆安装

11. 搭设连墙件

（1）连墙件应从底层第一道水平杆处开始设置。当架体搭设到连墙件设计位置点处，及时在有水平杆的盘扣节点旁设置连墙件，并用直角扣件与立杆连接。当底层无法及时安装连墙件时，应通过外扩搭设多排脚手架、加设抛撑来稳固架体。

（2）连墙件的具体做法和连接方式可参考第 3 章扣件式钢管脚手架有关要求。

12. 设置作业层、挂设安全网

（1）作业层满铺脚手板，外侧设挡脚板和防护栏杆，满挂密目安全网。作业层与主体结构间的空隙应设置内侧防护网。

（2）当脚手架搭设至顶层时，外侧防护栏杆高出顶层作业层的高度不应小于 1500mm。

13. 重复上述步骤，一直搭设到架体设计高度

6.3.3 架体拆除

1. 准备工作

（1）脚手架应经单位工程负责人确认并签署拆除许可令后拆除。

（2）拆除前应进行安全技术交底。

（3）拆除前应清理脚手架上的器具、多余的材料和杂物。

（4）全面检查脚手架扣件连接、连墙件、支撑体系是否符合构造要求。

（5）脚手架拆除时应划出安全区，设置警戒标志，派专人看管。

（6）拆除的脚手架杆件及配件用安全的方式逐层拆除、分类、打包、运输装车，并保护现场物品安全。在拆除时做好协调、配合工作，禁止单人拆除较重杆件、配件。

（7）脚手架拆除时，为使架体保持稳定，拆除的最小留置区段的高宽比不准大于 3∶1，拆除的每根杆件都用安全绳和安全钩放置地面，决不能抛掷。在每个步距内要先拆除斜杆，其次是横杆，最后将立杆拆除以此类推。

2. 拆除要求

（1）脚手架拆除应按后装先拆、先装后拆的原则进行，即安全网→栏杆→脚手板→斜杆→水平杆→立杆，并从上而下逐层进行，严禁上下同时作业。

（2）作业脚手架连墙件必须随脚手架逐层拆除，严禁先将连墙件整层或数层拆除后再拆架体。拆除作业过程中，分段拆除的高度差不应大于两步。如因作业条件限制，出现高度差大于两步时，应增设连墙件加固。

6.4 模板支架构造

6.4.1 构造尺寸

（1）承插式模板支架搭设高度不宜超过 24m ；当超过 24m 时，应另行专门设计。

（2）模板支架搭设高度与窄边宽度之比宜控制在 3 以内，高宽比大于 3 的支架需增加构造补强措施。

6.4.2 立杆

（1）立杆底部应设置底座或垫板，相邻立杆接头宜交错布置。

（2）可调底座调丝杆插入立杆长度不得小于 150mm，丝杆外露长度不宜大于 300mm。

（3）每根立杆的顶部应设置可调托撑。当被支撑的建筑结构底面存在坡度时，应随坡度调整架体高度，利用立杆节点位差增设水平杆，并配合可调托撑进行调整。

（4）可调托撑的设置应符合以下要求：

1）可调托撑伸出顶层水平杆或双槽钢托梁的悬臂长度严禁超过 650mm，且丝杆外露长度严禁超过 400mm，可调托撑插入立杆或双槽钢托梁长度不得小于 150mm，如图 6-24 所示。

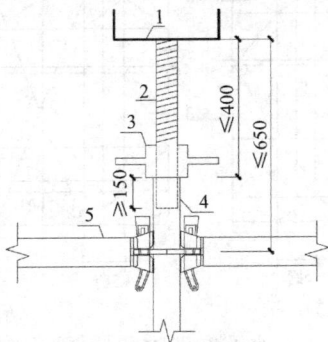

图 6-24　带可调托撑伸出顶层水平杆的悬臂长度

1—可调托撑；2—螺杆；3—调节螺母；4—立杆；5—水平杆

2）可调托撑上主楞支撑梁应居中设置，接头宜设置在 U 形托板上，同一断面上主楞支撑梁接头数量不应超过 50%。

6.4.3　水平杆

（1）模板支架的水平杆步距不应超过 1.5m。水平杆应按照立杆排架尺寸选用定长的杆件，并按步距均匀连续设置。

（2）高大模板支架最顶层的水平杆步距应比标准步距缩小一个盘扣间距。

（3）作为扫地杆的最底层水平杆离可调底座的底板高度不应大于 550mm。

6.4.4　斜杆与剪刀撑

（1）当搭设高度不超过 8m 的满堂模板支架时，支架架体四周外立面向内的第一跨每层均应设置竖向斜杆，架体整体底层以及顶层均应设置竖向斜杆，并应在架体内部区域每隔 5 跨由底至顶纵、横向均设置竖向斜杆或采用扣件钢管搭设的剪刀撑。当满堂模板支架的架体高度不超过 4 个步距时，可不设置顶层水平斜杆；当架体高度超过 4 个步距时，应设置顶层水平斜杆或扣件钢管水平剪刀撑，如图 6-25 所示。

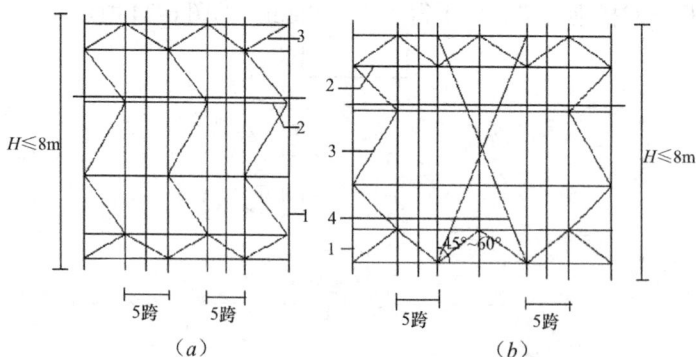

图 6-25　高度小于 8m 架体斜杆及剪刀撑设置图
（a）斜杆设置立面图；（b）剪刀撑设置立面图
1—立杆；2—水平杆；3—斜杆；4—扣件钢管剪刀撑

（2）当搭设高度超过 8m 的模板支架时，竖向斜杆应满布设置，沿高度每隔 4～6 个标准步距应设置水平层斜杆或扣件钢管剪刀撑，如图 6-26 所示。

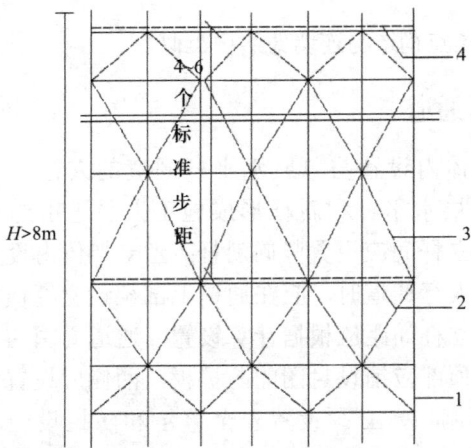

图 6-26　高度大于 8m 水平斜杆设置立面图
1—立杆；2—水平杆；3—斜杆；4—扣件钢管剪刀撑

（3）当模板支架搭设成无侧向拉结的独立塔状支架时，架体每个侧面每步距均应设竖向斜杆。当有防扭转要求时，在顶层及每隔 3～4 个步距应增设水平层斜杆或钢管水平剪刀撑，如图 6-27 所示。

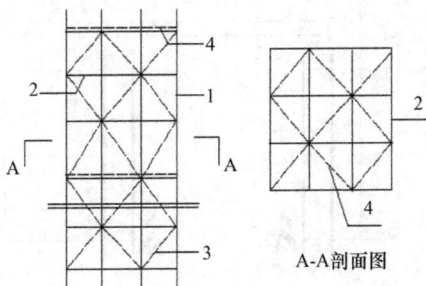

图 6-27　无侧向拉结架体斜杆与剪刀撑设置
1—立杆；2—水平杆；3—斜杆；4—水平层斜杆

6.4.5 拉结固定

（1）模板支架周边有结构物时，应与周边结构形成可靠拉结。

（2）拉结点构造与连墙件结构类似。

6.4.6 人行通道

当支架体内设置与单肢水平杆同宽的人行通道时，可间隔抽除第一层水平杆和斜杆形成施工人员进出通道，与通道正交的两侧立杆间应设置竖向斜杆；当支架体内设置与单肢水平杆不同宽人行通道时，应在通道上部架设支撑横梁。通道两侧支撑梁的立杆间距应根据计算设置，通道周围的支架应连成整体。洞口顶部应铺设封闭的防护板，两侧应设置安全网。通行机动车的洞口，必须设置安全警示和防撞设施，如图6-28所示。

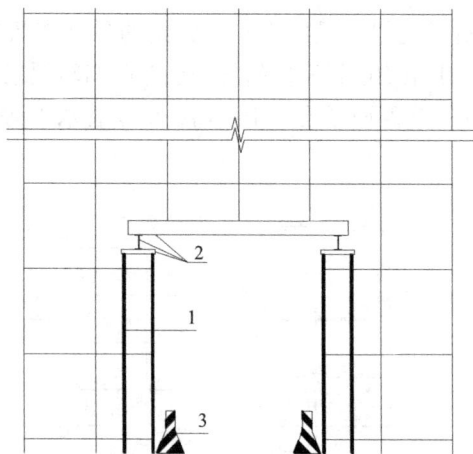

图 6-28　支撑架人行通道设置图
1—立杆加密；2—支撑横梁；3—防撞设施

6.5 模板支架搭设与拆除

6.5.1 搭设程序及要求

（1）模板支架搭设程序：基础处理→测量放线→摆放垫板和底座→安装立杆套筒→安装扫地杆→安装立杆（接立杆）→安装水平杆→同步安装斜杆与剪刀撑→安装顶部可调托撑。

（2）模板支架搭设应符合以下要求：

1）模板支架立杆搭设位置应按专项施工方案放线确定。

2）模板支架搭设应按先立杆后水平杆再按斜杆的顺序搭设，形成基本的架体单元，应以此扩展搭设成整体支架体系。

3）立杆应通过立杆连接套管连接，在同一水平高度内相邻立杆连接套管接头的位置宜错开，且错开高度不宜小于 75mm。模板支架高度大于 8m 时，错开高度不宜小于 500mm。

4）水平杆扣接头与连接盘的插销应用铁锤击紧至规定插入深度的刻度线。

5）每搭完一步支模架后，应及时校正水平杆步距，立杆的纵、横距，立杆的垂直偏差和水平杆的水平偏差。立杆的垂直偏差不应大于模板支架总高度的 1/500，且不得大于50mm。

6）在多层楼板上连续设置模板支架时，应保证上下层支撑立杆在同一轴线上。

6.5.2 搭设方法

1. **基础处理**

模板支架基础应按照专项施工方案要求进行处理，并应符合6.3.2 中 1. 基础处理的有关要求。

2. **测量放线**

依照现场混凝土柱的位置，从中向两侧放线，原则是距离混凝土梁为 300mm 确定搭设的基准点。

3. 安放垫板和可调底座

将垫板和可调底座准确放置在定位线上，并将可调底座螺母调至同一水平高度。垫板应平整、无翘曲、无开裂。

4. 安装起始立杆

将立杆套筒放入已经摆放好的可调底座上，确保完全插入并落在可调底座螺母上，如图 6-29 所示。

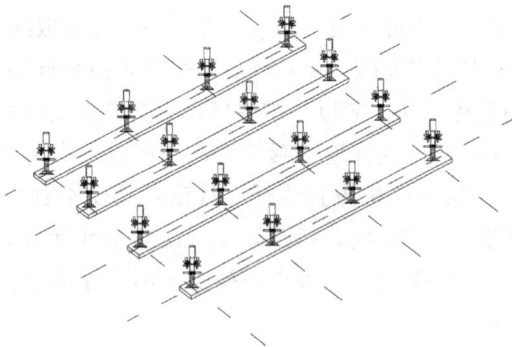

图 6-29　起始杆安装图

5. 安装扫地杆和水平斜杆

通过扫地杆上的横杆头和楔形销与起始立杆上的圆盘上小孔锁紧，扫地杆距地面高度不大于 550mm。扫地杆安装完成后，需要通过水平尺来测量所有的扫地杆是否达到水平，如未达到水平，需通过可调底座来调节扫地杆位置，直到位置大体达到同一水平高度。对于高大模板支架，沿底层设置一道水平斜杆或扣件钢管剪刀撑，以后每隔 4～6 个标准步距均设置一道，如图 6-30所示。

6. 安装立杆

将标准立杆垂直插入安装好的立杆套筒内，如图 6-31 所示。立杆接长通过连接套管连接。

208

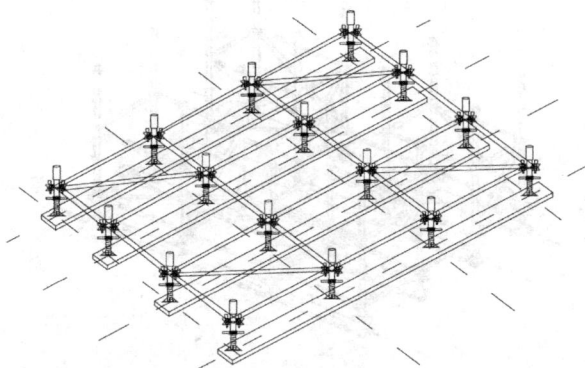

图 6-30 扫地杆和水平斜杆安装图

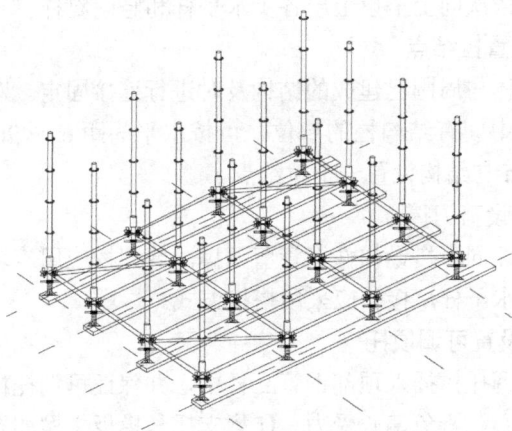

图 6-31 立杆安装图

7. 安装水平杆、竖向斜杆

（1）依步骤 4. 安装第二步水平杆。

（2）根据专项方案设计要求，在相应位置安装竖向斜杆，如图 6-32 所示。

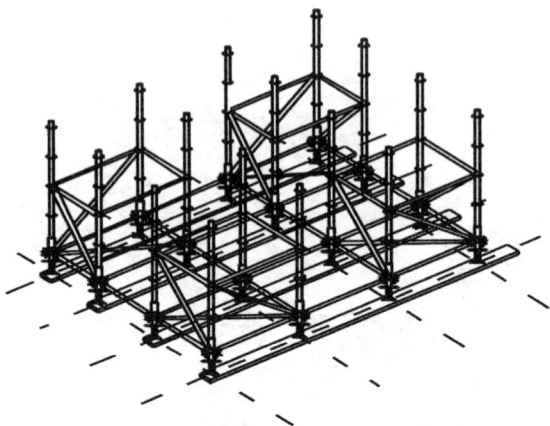

图 6-32　安装水平杆和竖向斜杆

（3）依次向上搭设上层各步水平杆和竖向斜杆。

8. 设置拉结点

将架体与周围已建成的结构及时进行连接固定。对于架体周围外侧和中间有结构柱的部位，可按水平间距 6～9m、竖向间距 2～3m 与结构设置一个拉结点。

9. 搭设剪刀撑

随架体同步搭设扣件钢管剪刀撑。剪刀撑应用旋转扣件固定在立柱或水平杆，接长应采用搭接方式。

10. 设置可调顶托

将可调托撑插入顶部钢管立杆中，并保证可调托撑与立杆保证上下同心，避免偏心受力。U 型支托与模板主楞如有间隙必须用木块楔紧，确保托撑与模板支撑牢靠。

（承插式模板支架视频可扫描二维码 11 进行查看。）

二维码 11

6.5.3　模板支架拆除

（1）模板支架拆除作业必须经批准后，方可进行施工。

（2）拆除作业应按后装先拆、先装后拆的原则进行，从顶层

210

开始，逐层向下进行，严禁上下同时作业，严禁抛掷。

（3）分段、分立面拆除时，应确定分界处的技术处理方案，并应保证分段后架体稳定。

6.6　检查验收

6.6.1　作业脚手架检查验收

（1）作业脚手架应根据下列情况按进度分阶段进行检查和验收：

1）基础完工后及脚手架搭设前。

2）作业层施加荷载前。

3）首段高度达到 6 ～ 8m 高度后。

4）架体随施工进度逐层升高时。

5）搭设高度达到设计高度后。

6）遇有六级强风及以上风或大雨后，冻结地区解冻后。

7）停用超过一个月。

（2）作业脚手架应重点检查和验收下列内容：

1）各种杆件的安装部位、数量、形式应符合设计要求，水平杆扣接头、斜杆扣接头与连接盘的插销销紧牢靠。

2）立杆基础不应有不均匀沉降，立杆可调底座与基础面的接触不应有松动和悬空现象。

3）上下两层立杆的连接必须紧密，通过观察上下主杆连接处或通过检查孔观察，间隙应小于 1mm，如图 6-33 所示。

4）连墙件设置应符合设

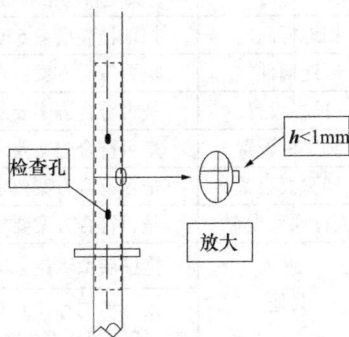

图 6-33　立杆检查孔

211

计要求，应与主体结构、架体可靠连接。

5）外侧安全立网、内侧层间水平网的张挂及防护栏杆的设置应齐全、牢固，脚手板应铺满。

6）周转使用的支架构配件使用前应作外观检查，并有记录。

（3）作业脚手架施工验收内容应按表6-4要求进行。

承插式作业脚手架施工验收内容及要求　　　表6-4

架体验收内容	技术要求	抽检要求	评判标准
可调底托	插入立杆深度≥150mm	全部核查	100%
	可调底托与地基接触良好，无虚接触现象	架体外围底托全检	100%
可调顶托	插入立杆深度≥200mm，可调顶托与钢梁接触良好，无悬空现象	每跨抽检数量不少于30个	100%
立杆	立杆综合间距是否与方案一致	全部核查	100%
	竖向接长位置处接触情况，要求无错位	检查数量不少于30个	100%
横杆	横杆纵向横间距是否与方案一致	全部核查	100%
	横杆插销是否敲紧，横杆铸钢头是否与立杆紧贴	每层节点抽检数量30个	合格率＞90%
竖向斜杆	竖向斜杆布置位置是否与方案一致	全部核查	100%
	竖向斜杆插销是否敲紧，斜杆铸钢头是否与立杆面紧贴	每层节点抽检数量30个	合格率＞90%
扫地杆高度	扫地杆高度≤550mm	全部核查	100%
连墙件	是否符合方案要求	全部核查	100%
护栏设置	是否符合方案要求	全部核查	100%
脚手板设置	是否符合方案要求	全部核查	100%
挡脚板设置	是否符合方案要求	全部核查	100%
人行梯架设置	是否符合方案要求	全部核查	100%
其他	抱柱层数满足方案要求	全部核查	100%
	水平剪刀撑层数与方案要求一致，水平斜杆夹角满足45°～55°	全部核查	100%

6.6.2 模板支架检查验收

（1）模板支架应根据下列情况按进度分阶段进行检查和验收：

1）基础完工后及支架搭设前。

2）超过 8m 的高支模每搭设完成 6m 高度后。

3）搭设高度达到设计高度后和混凝土浇筑前。

4）停用一个月以上，恢复使用前。

5）遇 6 级以上强风、大雨及冻结地区解冻后。

（2）对模板支架应重点检查和验收下列内容：

1）基础应平整坚实，立杆与基础间应无松动、悬空现象，底座、支垫应符合规定。

2）搭设的架体应符合设计要求，搭设方法和斜杆、钢管剪刀撑等设置应符合规定。

3）可调托撑和可调底座伸出水平杆的悬臂长度应符合设计限定要求。

4）水平杆扣接头、斜杆扣接头与连接盘的插销销紧牢靠。

（3）模板支架施工验收内容应按表 6-5 要求进行。

承插式模板支架施工验收内容及要求 表 6-5

架体验收内容	技术要求	抽检要求	评判标准
可调底托	插入立杆深度≥150mm	全部核查	100%
	可调底托与地基接触良好，无虚接触现象	架体外围底托全检	100%
可调顶托	插入立杆深度≥200mm，可调顶托与钢梁接触良好，无悬空现象	每跨抽检数量不少于 30 个	100%
立杆	立杆综合间距是否与方案一致	全部核查	100%
	竖向接长位置处接触情况，要求无错位	检查数量不少于 30 个	100%

架体验收内容	技术要求	抽检要求	评判标准
横杆	横杆纵向横间距是否与方案一致	全部核查	100%
	横杆插销是否敲紧，横杆铸钢头是否与立杆紧贴	每层节点抽检数量30个	合格率>90%
竖向斜杆	竖向斜杆布置位置是否与方案一致	全部核查	100%
	竖向斜杆插销是否敲紧，斜杆铸钢头是否与立杆面紧贴	每层节点抽检数量30个	合格率>90%
扫地杆高度	扫地杆高度≤550mm	全部核查	100%
其他	抱柱层数满足方案要求	全部核查	100%
	水平剪刀撑层数与方案要求一致，水平斜杆夹角满足45°～55°	全部核查	100%

6.7 安全管理

6.7.1 管理要求

（1）脚手架搭设人员必须经过培训持证上岗，并正确佩戴使用安全帽、安全带和防滑鞋。

（2）现场人员必须严格执行施工方案要求，遵守搭设及拆除工艺流程。

（3）作业区域内，应设置安全警戒线，不得上下交叉作业。

6.7.2 使用要求

（1）脚手架使用过程应明确专人管理，熟知脚手架安全使用注意事项。

（2）不得在架体上集中堆放施工用材料，严格控制作业层上的施工荷载不超过设计值。

（3）如需试压，应严格控制荷载的分布与设计荷载一致。

（4）模板支架加载过程中，应按照对称、分层、分级的原则进行，严禁集中加载卸载；并应派专人在安全区域内观测支架的工作状态。

（5）脚手架使用期间，不得擅自拆改架体结构杆件或在架体上增设其他设施。如需拆改时，必须报请工程项目技术负责人以及总监理工程师同意，确定防控措施后方可实施。

（6）严禁在脚手架基础影响范围内进行挖掘作业。

（7）架体门洞、过车通道应设置明显警示标示及防超限栏杆。

（8）遇有重大突发天气变化时，应提前检查架体做好防御措施。

7　悬挑脚手架

当外墙作业脚手架不能从地面直接搭起，或者根据施工需要时，可以从某一楼层开始，由设置在楼面并突出到建筑物外墙之外的悬挑梁作为主要承载构件，在悬挑梁上再搭设脚手架，这种脚手架称为悬挑脚手架，如图 7-1 所示。

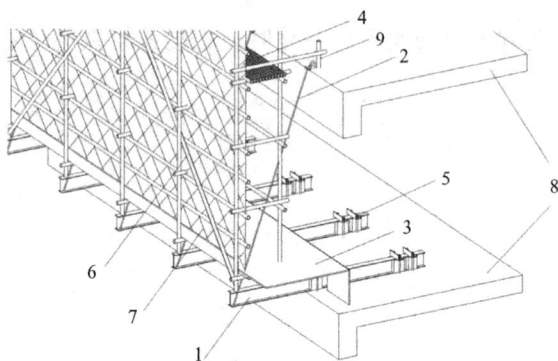

图 7-1　悬挑脚手架示意图

1—悬挑工字梁；2—张拉钢丝绳；3—底层封板；4—脚手板；

5—锚固螺栓；6—剪刀撑；7—密目安全立网；

8—既有建筑物；9—连墙件

7.1　受力特征

悬挑脚手架在竖向荷载作用下的平衡可借助跷跷板来说明，如图 7-2 所示。坐在左边的人相当于悬挑上部的重量，即为悬挑荷载。跷跷板右边的人需要平衡左边的人的重量，相当于悬挑脚手架的"锚环"。将悬挑梁固定在楼板上，用来平衡悬挑荷载，一旦锚环失效，则悬挑架就会垮塌。

图 7-2　跷跷板

悬挑脚手架除了悬挑架自重和施工荷载等竖向荷载外，由于悬挑脚手架处在较高的高度，所以在水平方向还受到风荷载作用，其受力情况如图 7-3 所示。

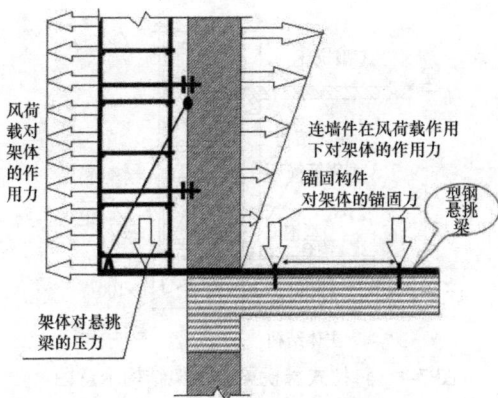

图 7-3　悬挑脚手架受力图

尽管悬挑架体自身牢固不散架，而且在悬挑梁上也有可靠支承，但仍然不能保持悬挑架的整体稳定，那就是在水平风荷载作用下，悬挑脚手架还有可能围绕外倾覆旋转点整体向外倾倒。因此，规范设置连墙件对于保证悬挑架的整体稳定性就显得非常重要。

7.2 构造及构配件

7.2.1 悬挑脚手架构造

悬挑脚手架主要由悬挑梁（或悬挑架）、架体（包括立杆、水平杆、剪刀撑等）、斜拉钢丝绳（斜撑杆）、连墙件等组成。一般是多层悬挑，将全高的脚手架分成若干段，每段搭设高度不宜超过 20m。

悬挑梁脚手架主要有以下 3 种结构形式：

1. 斜拉式悬挑梁脚手架

斜拉式悬挑梁脚手架结构是在型钢的外端设置一根与建筑物连接的可调斜拉钢丝绳或斜拉杆，如图 7-4 所示。此种脚手架由于施工方便、可靠性好而被广泛使用。

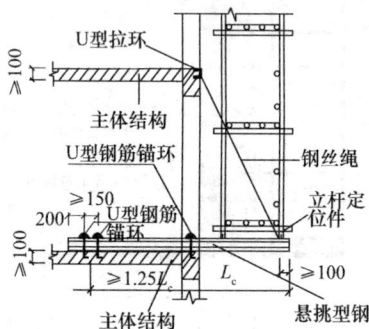

图 7-4　斜拉式悬挑梁脚手架结构示意图

2. 斜撑式悬挑梁脚手架

斜撑式悬挑梁脚手架结构是在型钢的下面设置一根斜撑杆，如图 7-5、图 7-6 所示。

3. 三角桁架悬挑脚手架

三角桁架悬挑脚手架的支撑结构为型钢焊接加工而成的三角形挑架，如图 7-7 所示。此类脚手架比较适用于安装在剪力墙上，可以与型钢挑梁混合使用。

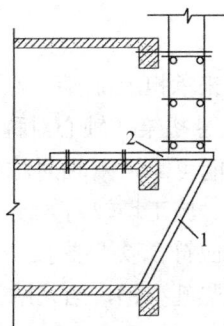

图 7-5　斜撑式悬挑梁脚手架结构示意图

1—斜撑杆；2—悬挑梁

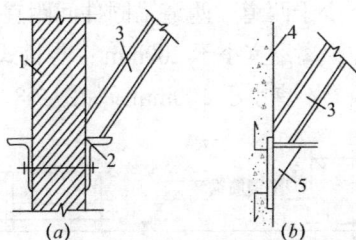

图 7-6　斜撑式悬挑梁脚手架斜杆支撑点示意图

（a）砌体墙支撑点；（b）混凝土结构支撑点

1—墙体；2—角钢支托；3—斜撑；
4—混凝土结构；5—托件

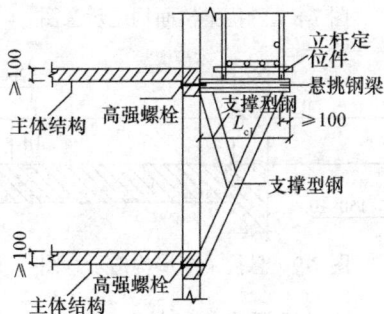

图 7-7　三角桁架悬挑脚手架结构示意图

7.2.2 型钢悬挑梁

型钢悬挑梁主要用来承担上部脚手架及施工荷载。建筑施工工程中一般采用工字钢悬挑梁（轴心对称），不宜采用槽钢（易侧翻）。工字钢结构性能可靠，双轴对称截面，受力稳定性好，比其他型钢选购、设计、施工均较为方便。

型钢悬挑梁的设置应符合以下要求：

（1）悬挑梁宜采用热轧型钢，当采用工字形截面型钢时，其截面高度不应小于 160mm。

（2）悬挑钢梁悬挑长度一般情况下不超过 2m，局部悬挑长度不宜超过 3m；固定段的长度不应小于悬挑段长度 L_c 的 1.25 倍；悬挑梁尾端锚固不少于两道，两道锚固件间距宜为 200mm，锚固件距离悬挑梁尾部距离不宜小于 200mm；悬挑式脚手架最外排立杆与悬挑梁端部距离不宜小于 100mm，如图 7-8、图 7-9 所示。

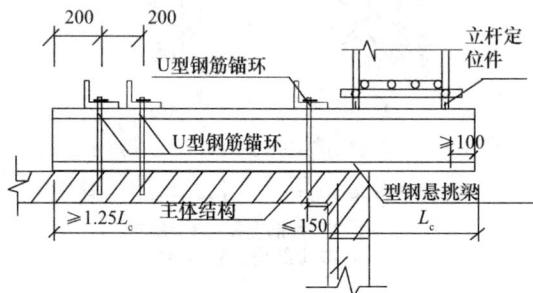

图 7-8 悬挑梁楼面构造示意图

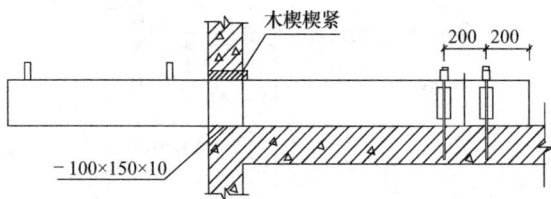

图 7-9 悬挑梁穿墙构造示意图

（3）建筑转角处悬挑梁构造可按照以下做法进行布置：

1）多根悬挑梁位置重叠时，宜采用预制混凝土垫块可靠支承后相互跨越。

2）建筑物角部斜向悬挑梁端部应双向设置限位型钢，限位型钢截面高度与悬挑梁腹板高度相等，且与悬挑梁腹板用坡口形式可靠焊接，如图 7-10 所示。

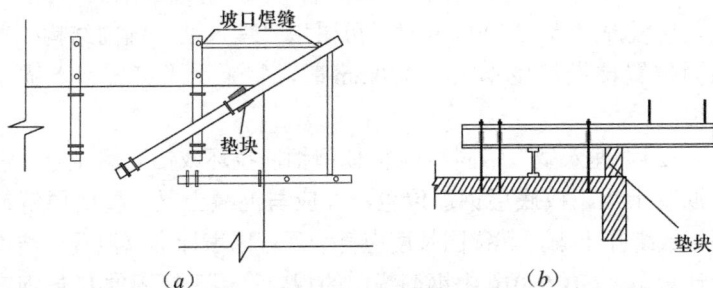

（a）　　　　　　　　　　　　（b）

图 7-10　悬挑梁重叠部位构造做法

（a）重叠部位平面图；（b）重叠部位侧面图

3）混凝土垫块厚度应与下层悬挑梁截面高度相同，长度不宜小于 400mm，宽度不宜小于 400mm，其混凝土强度等级不宜低于 C25 级；

4）不同梁的锚固螺栓，其螺孔最小间距不应小于 500mm。

（4）悬挑梁不得由主体结构悬挑板（阳台）、梁支承。当悬挑段设置于建筑物悬挑构件上方时，应在锚固段梁底设置钢垫板，数量不小于 2 块，将悬挑梁架空，其构造如图 7-11 所示。钢垫板尺寸宜大于 200mm×200mm×10mm。

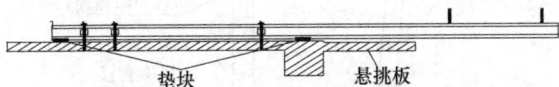

图 7-11　悬挑板处型钢梁做法

（5）型钢悬挑梁悬挑端应设置能使脚手架立杆与钢梁可靠固定的定位点，定位点离悬挑梁端部不应小于 100mm。

（6）悬挑梁间距应按悬挑架架体立杆纵距设置，每一纵距设置一根。

221

7.2.3　U型钢筋拉环与锚固螺栓

U型钢筋拉环与锚固螺栓主要是用来锚固悬挑钢梁,使其保持稳定。U型钢筋拉环与锚固螺栓的设置应符合以下要求:

(1)用于锚固悬挑梁的楼板厚度不宜小于120mm。当锚固位置楼板厚度大于120mm时,可采用"埋入型"锚固结构;当锚固位置楼板厚度不大于120mm时,宜采用"穿板型"锚固结构。

(2)"埋入型"锚固结构的U型钢筋拉环或锚固螺栓应预埋至混凝土梁、板底层钢筋位置,并应与混凝土梁、板底层钢筋焊接或绑扎牢固,其锚固长度应符合现行国家标准《混凝土结构设计规范》GB 50010中钢筋锚固的规定。用于锚固的U形钢筋拉环或螺栓应采用HPB300钢筋制作并冷弯成型,且直径不小于16mm。

(3)"穿板型"锚固结构需在楼板对应位置预留孔洞,下方垫板尺寸应根据悬挑梁的尺寸确定,厚度不宜小于5mm,锚固螺栓直径不宜小于18mm,如图7-12所示。

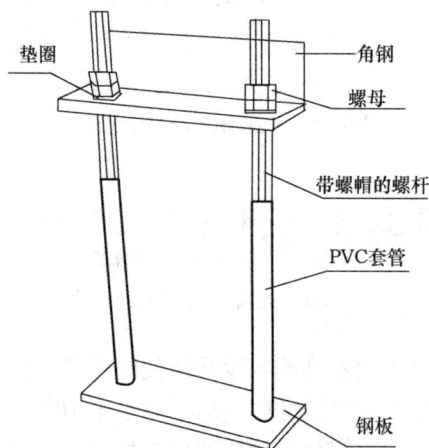

图7-12　穿板型螺栓锚固构造示意图

7.2.4 斜拉钢丝绳与拉结吊环

悬挑脚手架中常用钢丝绳来吊拉悬挑梁尾端。悬挑式脚手架中悬挑钢丝绳在计算模型中不参与受力计算，只是作为一种安全储备。斜拉钢丝绳与拉结吊环的设置应符合以下要求：

（1）在悬挑梁与钢丝绳的吊拉位置应焊接钢筋拉环，钢丝绳可通过钢筋拉环与悬挑梁前端连接。拉环应绕过钢梁上翼缘板焊接固定于腹板两侧，上部超过悬挑顶面长度宜为 30～50mm，焊接位置距悬挑梁端部不小于 100mm。不得在悬挑梁腹板上打孔作为斜拉钢丝绳作用点。

（2）钢丝绳可采用预埋吊环与建筑结构进行拉结。吊环预埋锚固长度应符合现行国家标准《混凝土结构设计规范》GB 50010 中钢筋锚固的规定，如图 7-13 所示。

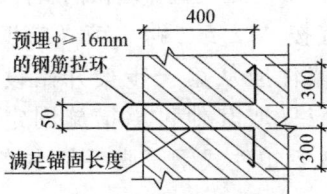

图 7-13　吊环的预埋详图

（3）钢筋拉环和预埋吊环应采用 HPB300 级钢筋制作，直径不宜小于 20mm。

（4）斜拉钢丝绳直径不应小于 14mm，钢丝绳卡不得少于 3 个，钢丝绳与悬挑梁端部夹角不应小于 45°。绳卡间距应符合规定要求，并应将绳卡的鞍座放在钢丝绳承力端一边，U 形环放在钢丝绳末端一边，严禁正反排列。绳卡的设置如图 7-14 所示。

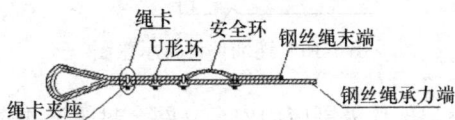

图 7-14　钢丝绳绳卡设置

（5）斜拉钢丝绳宜设有保证其与悬挑梁协同工作的花篮螺栓，其位置宜布在沿钢丝绳方向离悬挑端拉环 1m 处的位置。

7.2.5 架体构件

悬挑脚手架的架体通常采用钢管脚手架结构，并以扣件式钢管脚手架最为常见，其构件包括立杆、纵横向水平杆、剪刀撑与斜撑、连墙件、脚手板、安全网等。悬挑脚手架的架体构造应符合以下要求：

（1）立杆的纵距和横距、水平杆的步距以及所有杆件的设置和连接方式应符合相关钢管脚手架的规定。

（2）悬挑架的外立面应自下而上连续设置剪刀撑；架体的转角部位以及中间每隔 6 跨距设置一道横向斜撑。

（3）连墙件宜按"二步二跨"或"二步三跨"设置，如图 7-15 所示。连墙件应从第一步架开始设置。当第一步架设置有困难时，应采取其他可靠措施固定悬挑架。连墙件的做法可按照第 3 章扣件式钢管脚手架中连墙件的设置要求进行。

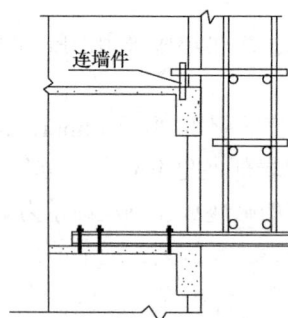

图 7-15　连墙件设置示意图

（4）悬挑架架体外围应用安全立网全封闭，并应按要求挂设安全平网，设置脚手板和防护栏杆。

224

7.3 搭设与拆除

7.3.1 准备工作

（1）悬挑脚手架必须编制专项施工方案，搭设高度大于 20m 的，还要按程序组织专家论证。

（2）预埋件等隐蔽工程的设置应按设计要求执行，隐蔽工程验收手续应齐全。

（3）悬挑式脚手架搭设时，连墙件、型钢支承架对应的主体结构混凝土必须达到设计计算要求的强度。

（4）其他准备工作参照按照第 3 章扣件式钢管脚手架中的准备工作要求。

7.3.2 搭设程序

斜拉式悬挑梁脚手架的搭设步骤：施工准备→放线定位→预埋 U 型螺栓和拉环→悬挑架的支承结构安装→竖立杆→安装扫地杆→安装纵向水平杆→安装横向水平杆→安装连墙件→安装剪刀撑、横向斜撑→安装斜拉钢丝绳→架体底部封底→铺设脚手板、安装防护栏杆和挡脚板→挂安全网。

7.3.3 搭设方法

下面以扣件式钢管悬挑脚手架为例，简述斜拉式悬挑架的搭设方法和要求。

1. 放线定位、设置预埋件

在悬挑层楼面放出悬挑梁位置线并做好标识，于板底钢筋完成后预埋两处锚固螺栓，用限位钢筋固定，如图 7-16 所示。在浇捣混凝土时应避免碰撞锚固螺栓，混凝土完成面注意找平，以便安装悬挑梁。同时，随工程进度在上一层

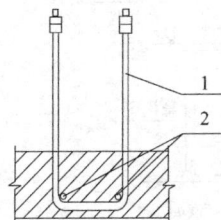

图 7-16 预埋锚固螺栓
1—锚固螺栓；2—板体配筋

建筑结构边沿上预埋斜拉钢丝绳吊环。

2. 制作、安装悬挑梁

（1）按设计长度尺寸制作悬挑梁，并根据架体宽度（一般不大于1.05m），在钢梁端部采用竖直焊接长0.2m，直径25～30mm的钢筋或短管作为立杆定位点。

（2）将悬挑梁穿过两道锚固螺栓至最里端伸出200mm，

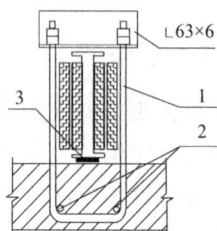

图 7-17　悬挑梁固定（采用角钢板）

1—木楔；2—板体配筋；3—垫板

然后用压板固定牢靠。当采用钢压板连接固定时，钢压板尺寸不应小于100mm×10mm（宽×厚）；当采用角钢板连接时，角钢的规格不应小于63mm×63mm×6mm。锚固螺栓与型钢悬挑梁间隙应用钢楔或硬木楔楔紧，如图7-17所示。

3. 竖立杆

将立杆套入悬挑梁上的定位杆中，如图7-18所示。立杆纵距不大于1.5m，采用对接接长。立杆的对接扣件应交错布置，两根相邻立杆的接头不应设置在同步内，同步内隔一根立杆的两个相隔接头在高度方向错开的距离不宜小于500mm，各接头中心至主节点的距离不宜大于步距的1/3。转角处均应设置内外立杆。

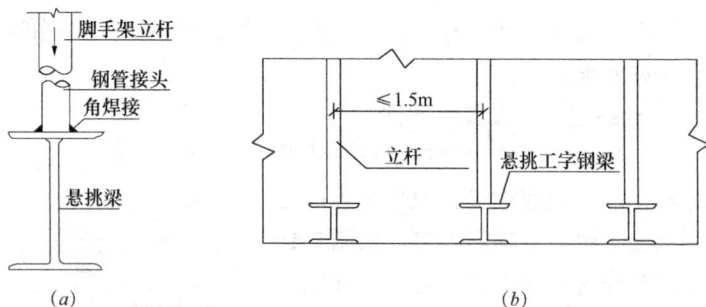

图 7-18　立杆安装示意图

（a）立杆与钢梁连接；（b）立杆安装纵向立面

4. 安装纵、横向扫地杆

将纵向扫地杆用直角扣件固定在距离钢管底部不大于 200mm 处的立杆上,横向扫地杆用直角扣件固定在紧靠纵向扫地杆下方的立杆上,如图 7-19 所示。

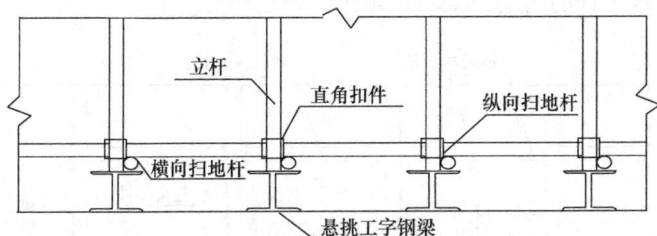

图 7-19 纵、横向扫地杆安装示意图

5. 安装纵向水平杆

悬挑式脚手架纵向水平杆应随立杆按步搭设,并应采用直角扣件将其固定在立杆内侧,单根杆长度不应小于 3 跨。接头位置应符合扣件式钢管脚手架有关规定,如图 7-20 所示。

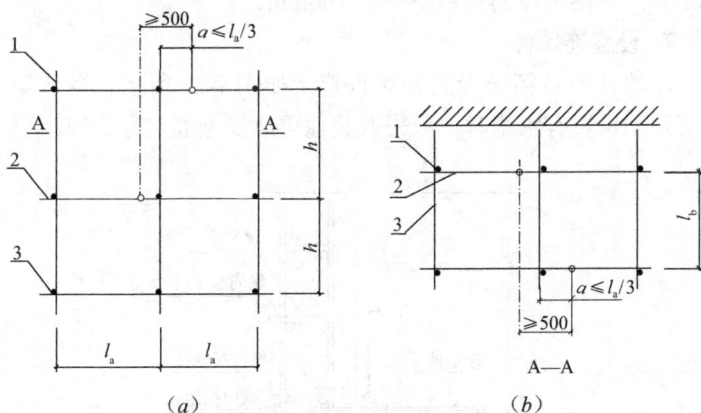

图 7-20 纵向水平杆接头设置示意图

(a) 接头不在同步内(立面); (b) 接头不在同跨内(平面)

1—立杆;2—纵向水平杆;3—横向水平杆

227

6. 安装横向水平杆

架体主节点处必须设置横向水平杆。当使用冲压钢脚手板、木脚手板、竹串片脚手板时，横向水平杆两端均应采用直角扣件固定在纵向水平杆上，如图7-21所示；当使用竹笆脚手板时，横向水平杆的两端应采用直角扣件固定在立杆上。

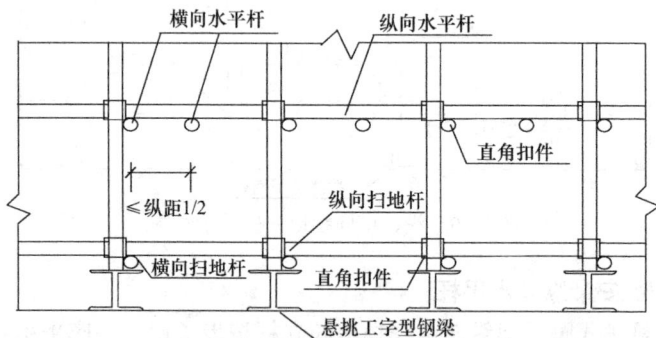

图 7-21　横向水平杆搭设示意图（在纵向水平杆上固定）

横向水平杆的靠墙一端至主体结构外边缘的距离不应小于100mm，伸出架体的距离不小于100mm。

7. 设置连墙件

连墙件应从第一步架开始设置，如图7-22所示。当从第一步架开始设置有困难时，应采取其他可靠措施固定悬挑架。

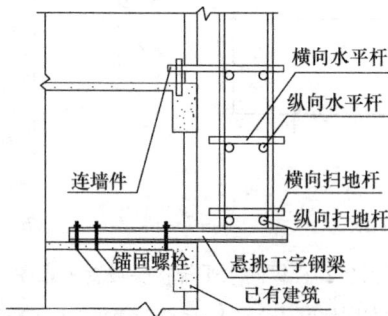

图 7-22　连墙件设置示意图

连墙件的安装应随脚手架搭设同步进行，不得滞后安装。当架体搭设至有连墙件的主节点时，在搭设完该处的立杆、纵向水平杆、横向水平杆后，应立即设置连墙件，每个连墙件的覆盖面积不应大于 27m²。连墙件的结构形式可参照第 3 章扣件式钢管脚手架的有关内容。

8. 安装剪刀撑与横向斜撑

剪刀撑与横向斜撑应随架体同步搭设。

（1）架体全外侧立面上由底至顶应连续设置剪刀撑。

（2）开口型脚手架的两端均必须设置横向斜撑，如图 7-23 所示。横向斜撑应在同一节间，由底至顶层呈之字型连续布置。当斜腹杆在 1 跨内跨越 2 个步距时，宜在相交的纵向水平杆处，增设一根横向水平杆，将斜腹杆固定在其伸出端上。

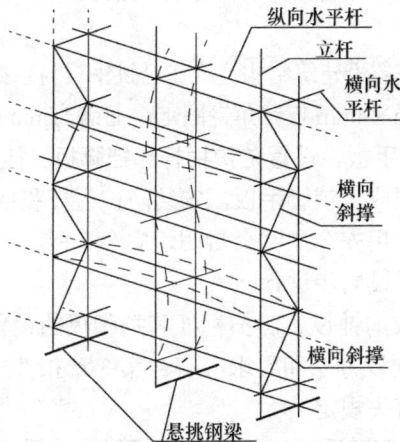

图 7-23　横向斜撑设置示意图

9. 安装斜拉钢丝绳

将斜拉钢丝绳一端与预埋拉结吊环连接，另一端与悬挑钢梁前端拉结，如图 7-24 所示。每根悬挑梁必须单独设置一根斜拉钢丝绳，不得少设或漏设，禁止使用已达到报废标准的钢丝绳。安装钢丝绳时，应保证钢丝绳顺直，并做到所有钢丝绳拉紧程度基本相同，避免钢丝绳受力不均匀。

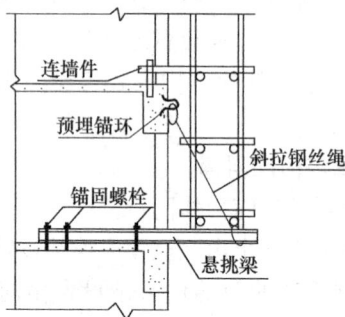

图 7-24　斜拉钢丝绳安装示意图

10. 架体底部封闭

（1）脚手架底部采用 3mm 厚花纹钢板或 50mm 厚木板进行全封闭。

（2）架体底层沿建筑结构边缘在悬挑钢梁与悬挑钢梁之间可采用 40mm×40mm×4mm 镀锌角钢固定，上铺 15mm 厚木模板封闭。

11. 铺设脚手板、设置防护栏杆和挡脚板、挂设安全网

（1）作业层应满铺脚手板，安装防护栏杆和挡脚板。

（2）架体采用安全立网全封闭。安全平网、安全立网的挂设应随脚手架的搭设同步进行。

（3）脚手板的铺设、防护栏杆和挡脚板的设置以及安全网的挂设方法和要求应符合第 3 章扣件式钢管脚手架的有关规定。

（悬挑脚手架搭设的过程图片可扫描二维码 12进行查看。）

二维码 12

7.3.4　检查验收

（1）搭设悬挑脚手架的材料、构配件应进行进场验收，检验合格后方可进行搭设施工。

（2）悬挑脚手架应在下列阶段进行检查验收：

230

1）预埋锚固件及钢丝绳吊环完工后。

2）悬挑梁安装固定后、脚手架搭设前。

3）每搭设一个楼层高度，阶段使用前。

4）达到设计高度后。

5）作业层上施加荷载前。

6）遇有六级强风及以上风或大雨后；冻结地区解冻后。

7）停用超过一个月。

（3）型钢悬挑结构安装技术要求、检验方法，应符合表 7-1 的规定。

型钢悬挑结构安装技术要求、检验方法　　　　表 7-1

序号	检验项目		技术要求	检验方法
1	进场验收		应符合规定，构件无变形、损坏，油漆不应脱落、损坏，构件无锈蚀	观察和检查型钢悬挑结构施工质量检验报告
2	预埋件、预埋螺栓规格、品种		应符合设计要求	检查预埋件、预埋螺栓质量验收记录和隐蔽工程验收记录用钢尺、水平尺检查
	支承面	标高（mm）	±10.0	
		水平度（mm）	L/500	
	预埋件	中心偏移（mm）	15.0	
	预留孔	中心偏移（mm）	10.0	
	预埋螺栓	中心偏移（mm）	5.0	
		露出长度（mm）	+30.0	
		螺纹长度（mm）	+30.0	
3	不同部位型钢悬挑结构的选用		应符合安全专项施工方案的要求	现场检查、核对悬挑架平面布置图

序号	检验项目			技术要求	检验方法
4	安装允许偏差（mm）	横向轴线		±20.0	用钢尺、水平尺检查
		纵向轴线		±20.0	
		悬挑架垂直度		h/250 且≤15.0	
		悬挑梁水平度		h/500 且≤20.0	
5	与建筑主体结构连接	焊接	焊工	需持证上岗，并在其考试合格项目及其认可范围内施焊	检查焊工合格证及认可范围、有效期
			焊缝	焊缝尺寸需符合设计要求；焊缝表面无裂缝、气孔、夹渣、漏焊等缺陷	观察和用焊缝量规、钢尺检查
		螺栓连接		螺栓、螺母、垫圈（板）的品种、规格、性能、数量应符合要求	观察，用钢尺检查
				螺栓应紧固，并有锁定措施，外露丝扣不少于2扣	观察，小锤轻击或用扭力矩扳手检查
6	锚环、拉环			数量、规格、做法、预埋位置应符合要求	观察，小锤轻击
				应有预紧装置并预紧	
7	钢丝绳			数量规格符合设计要求	观察
				端部应设鸡心环、绳卡，规格、数量、安装方法符合设计及相关规定	
				应设调紧装置，并调紧、锁定；调紧装置应有足够的调节空间	观察、扭力矩扳手

注：h 为单根杆件长度，L 为悬挑梁长度。

（4）架体搭设的技术要求和允许偏差应符合相关钢管脚手架的标准规定。

（5）悬挑脚手架使用中，应进行定期检查。

7.3.5 拆除

（1）悬挑脚手架拆除应按专项方案进行拆除施工，作业前应做好下列准备工作：

1）全面检查悬挑脚手架的扣件连接、连墙件、支撑体系等是否符合构造要求。

2）根据检查结果，补充完善专项施工方案中拆除顺序和措施。

3）拆除作业前应严格履行安全技术交底程序。

（2）悬挑脚手架拆除作业必须由上而下逐层拆除，严禁上下同时作业。连墙件必须随脚手架逐层拆除，分段拆除高差不应大于两步。当拆至最底层悬挑式脚手架时，应先拆除连墙件，后拆除吊拉钢丝绳。

（3）当悬挑式脚手架采取分段、分立面拆除时，对不拆除的悬挑式脚手架两端，必须采取连墙件和横向斜撑等可靠措施加固后方可实施拆除作业。

（4）其他拆除过程和要求应遵循一般钢管脚手架的拆除规定。

7.3.6 安全管理

（1）悬挑脚手架安装拆卸作业，应有防止高空坠落和防止落物伤人的安全防护措施。搭设中没有完成的悬挑架，在每日收工前，应采取可靠措施确保架体稳定。

（2）悬挑脚手架在使用中，架体上的施工载荷必须符合设计要求。结构施工时，不宜多层同时进行作业；装修施工时，同时作业层数不超过 2 层。

（3）脚手架使用期间，严禁进行下列违章行为：

1）随意扩大悬挑脚手架的使用范围。

2）将模板支架、缆风绳、混凝土和砂浆输送管道、卸料平台等固定在悬挑脚手架上。

3）利用架体吊运物料。

4）擅自拆除悬挑脚手架的连墙件、吊拉钢丝绳等结构件或连接件。

5）拆除或移动架体上安全防护设施。

6）其他影响悬挑脚手架使用安全的违章作业。

（4）对检查中发现问题和隐患，应及时进行处理，确保脚手架的安全使用。

8 木竹脚手架

8.1 木脚手架

　　木脚手架的基本构造与扣件式钢管脚手架近似，由立杆、纵横向水平杆、剪刀撑、斜撑、抛撑及连墙件等组成，如图 8-1 所示。其主要杆件为木质材料，通过钢丝绑扎连接固定。

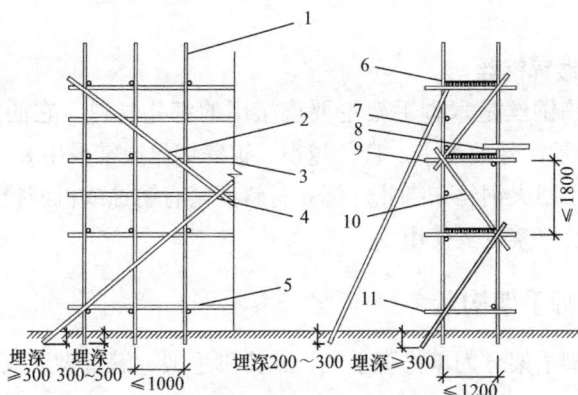

图 8-1　双排木脚手架主要构配件

1－立杆；2－剪刀撑；3－纵向水平杆；4－栏杆；5－纵向扫地杆；6－脚手板；
7－抛撑；8－连墙件；9－横向水平杆；10－斜撑；11－横向扫地杆

8.1.1　脚手架材料

1. 杆件与连墙件
立杆、斜撑、剪刀撑、抛撑、纵横向水平杆及连墙件应选用剥皮杉木或落叶松，其材质应符合现行国家标准《木结构设计规范》GB 50005 中规定。其中纵横向水平杆及连墙件应符合承重结构原木IIa等级的质量标准，其他杆件应符合IIIa材质等级的质量标准。

（1）用于立杆时，其梢径（小头直径）不应小于 70mm，大头直径不应大于 180mm，长度不宜小于 6m。

（2）用于纵向水平杆时，杉杆梢径不应小于 80mm，红松、落叶松梢径不应小于 70mm，长度不宜小于 6m。

（3）用于横向水平杆时，其梢径不应小于 80mm，长度宜为 2.1～2.3m。

2. 脚手板

脚手板应选用杉木、落叶松板材、竹木、钢木混合材料和冲压薄壁型钢等，其规格要求参照第 3 章扣件式脚手架有关脚手板的规定。

3. 镀锌钢丝

镀锌钢丝是木脚手架主要连接用的绑扎材料，它的规格用"号"表示，号数越小，直径越小。镀锌钢丝通常采用 8 号钢丝，也可使用回火钢丝来绑扎。绑扎材料严禁有锈蚀或机械损伤，用过的钢丝严禁重复使用。

8.1.2 脚手架构造

木脚手架分为单排脚手架、双排脚手架、满堂脚手架和模板支架。

1. 构造尺寸

（1）单排架搭设高度不得超过 20m。不得用于墙厚在 180mm 及以下的砌体土坯和轻质空心砖墙以及砌筑砂浆强度在 M1.0 以下的墙体。

（2）双排架搭设高度不得超过 25m，当需超过 25m 时，应进行设计计算确定，但增高后的总高度不得超过 30m。

（3）结构和装修脚手架构造参数应符合表 8-1 的规定。

木脚手架构造参数 表 8-1

用途	构造形式	内立杆轴线至墙面距离（m）	立杆间距（m）		作业层横向水平杆间距（m）	纵向水平杆竖向步距（m）
			横距	纵距		
结构架	单排	—	≤ 1.2	≤ 1.5	$L \leq 0.75$	≤ 1.5
	双排	≤ 0.5	≤ 1.2	≤ 1.5	$L \leq 0.75$	≤ 1.5
装饰架	单排	—	≤ 1.2	≤ 2.0	$L \leq 1.0$	≤ 1.8
	双排	≤ 0.5	≤ 1.2	≤ 2.0	$L \leq 1.0$	≤ 1.8

（4）满堂脚手架的构造参数应符合表 8-2 的规定。

满堂脚手架的构造参数 表 8-2

用途	控制荷载	立杆纵横间距（m）	纵向水平杆竖向步距（m）	横向水平杆设置	作业层横向水平杆间距（m）	脚手板铺设
装修架	2kN/m^2	≤ 1.2	1.8	每步一道	0.60	满铺、铺稳、铺牢，脚手板下设置大网眼安全网
结构架	3kN/m^2	≤ 1.5	1.4	每步一道	0.75	

（5）模板支架搭设高度不得超过 5m。超过 5m 时应采用钢结构模板支架。

2. 脚手架眼

脚手架眼设置应符合以下要求：

（1）空斗墙上留置脚手眼时，横向水平杆下必须实砌两皮砖。

（2）横向水平杆在砖墙上搁置的长度不应小于 240mm，如图 8-2 所示。

图 8-2 单排木脚手架横向水平杆设置

237

（3）砖砌体的下列部位不得留置脚手眼：

1）砖过梁上与梁成 60°角的三角方位内。

2）砖柱或宽度小于 740mm 的窗间墙。

3）梁和梁垫下及其左右各 370mm 的范围内。

4）门窗洞口两侧 240mm 和转角处 420mm 的范围内。

5）设计图纸上规定不允许留洞眼的部位。

8.1.3 搭设工作准备

（1）搭设前应编制脚手架安全专项施工方案，进行安全技术交底，清除施工现场障碍物，设置作业警戒区。

（2）根据杆材粗细、材质、外形等进行合理挑选分类，决定其用途及使用的部位。严禁使用有腐朽、虫蛀、折裂、扭裂和纵向严重裂缝的杆件。

（3）根据建筑物的平面几何形状和搭设高度，确定脚手架的搭设形式及各部分，如斜道、上料平台等的位置。

（4）准备好脚手架搭设工具。

8.1.4 作业脚手架搭设

作业脚手架一般的搭设施工顺序为：确定杆件位置线→挖立杆坑→竖立杆→绑纵向水平杆→绑横向水平杆→绑抛撑→绑剪刀撑或斜撑→设置连墙件→铺脚手板→搭设安全网等。

下面以双排脚手架为例，简述木作业脚手架搭设方法。

1. 放线定位

将脚手架搭设范围内的地基整平夯实，按照专项施工方案的设计要求确定立杆纵、横向间距以及抛撑和剪刀撑或斜撑的斜杆底端位置，现场拉线，钉竹签放样，里外立杆距离应当相等。

2. 挖立杆坑

脚手架的立杆、抛撑和剪刀撑或斜撑的斜杆底端均要埋入地下，埋设深度视土质情况而定。

（1）在土质地面挖掘立杆基坑时，坑深应为 0.3 ~ 0.5m；

抛撑底端埋深应为 0.2 ～ 0.3m；剪刀撑或斜撑的斜杆底端埋深应不小于 0.3m。

（2）挖坑时坑底要稍大于坑口，坑口直径应大于立杆直径 100mm，这样有利于调整和固定立杆的位置。埋杆时应先将坑底夯实，或按计算要求加设垫木，以防下沉。

（3）埋杆时，应采用石块卡紧，再分层夯实回填土，并做成土墩，防止积水。

（4）地面为岩石层或混凝土挖坑困难立杆无法埋地，或土质松软立杆埋深不够时，则应沿立杆底加设扫地杆，横向扫地杆距地表面应为 100mm，其上绑扎纵向扫地杆。

3. 竖立杆

先竖里排脚手架两头的立杆，再竖中间的立杆。外排立杆按里排立杆的竖立顺序竖立，校对立杆纵横方向位置后再固定底部。

竖立杆时，一般由 3 人配合操作，具体的竖杆方法是：一人将立杆大头对准坑口，另一人用铁锹挡住立杆根部，并用脚用力向坑口蹬住立杆根部，再一人将杉杆抬起扛在肩上，然后与站在坑口的人互相倒换，双手将立杆竖起落入坑内，一人双手扶住立杆，并校正垂直，两人回填夯实立杆，所有立杆均按此法顺序竖立。

4. 安装纵向水平杆

竖完立杆后，就可以绑扎纵向水平杆，此时，一般需要 4 人互相配合操作，具体分工是：3 人负责绑扎，1 人负责递料和校正、找平。

（1）绑扎第一步架的纵向水平杆前，应先检查立杆是否垂直、埋正、埋牢，如有偏差，要先修正好。然后 3 人同时抬起纵向水平杆绑扎，绑扎时必须听从找平人的指挥，并注意绑扎时不要用力地猛拉镀锌钢丝，以免将立杆拉歪。纵向水平杆应绑在立杆里侧。

（2）绑扎第二步纵向水平杆时，注意上架子动作要轻巧，避免将立杆拉歪，绑扎时必须相互配合好，而且精神要集中，在递杆时，应将小头递给脚手架的中间人，在上面接住杆件后，再顺势往上递送。递送时不可用力过猛，否则容易将脚手架上的人推下去，发生安全事故。因此，上下动作必须协调一致，等到下面人的手够不着时，脚手架上两端的人要注意中间人拔杆，等中间人将杆件调平时，就立即拉住杆件两头，勾住，等下面找平人发出信号后，马上绑扎。其他纵向水平杆依此法顺序绑扎。

5. 安装横向水平杆

（1）在立杆与纵向水平杆节点处必须设置横向水平杆，其他部分应当等距均匀设置。

（2）将横向水平杆大头朝外捆绑在纵向水平杆上，每端伸出纵向水平杆的长度不小于200mm，里端距墙面宜为100～150mm，如图8-3所示。

（3）沿竖向靠立杆的上下两相邻横向水平杆应分别搁置在立杆的不同侧面。

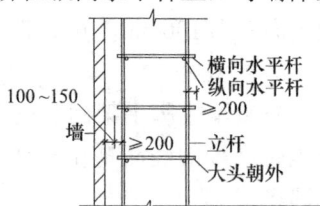

图 8-3　横向水平杆设置示意图

6. 设置抛撑

脚手架搭设至三步架以上时，应及时设置抛撑。在此前脚手架要用临时支撑加以固定，以免脚手架外倾或倒塌。抛撑应每隔7根立杆设一道并进行可靠固定，与地面夹角为45°～60°，其底脚埋入土内的深度为0.2～0.3m，如图8-4所示。

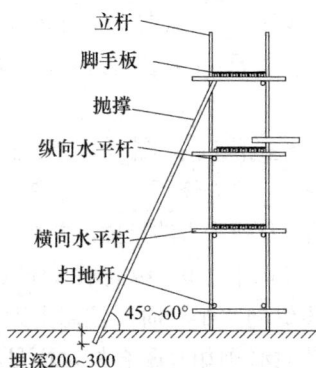

图 8-4　抛撑设置示意图

7. 设置剪刀撑或斜撑

脚手架绑扎到三步架时，应及时设置剪刀撑或斜撑，并应符合以下要求：

（1）脚手架外侧均应在架体的端部、转角处和中间每隔15m的净距内，设置剪刀撑，并应由底至顶连续设置。剪刀撑的斜杆应至少覆盖5根立杆，但不得超过7根立杆。斜杆与地面的倾角应在45°～60°。当架长在30m以内时，应在外侧立面整个长度和高度上连续设置多跨剪刀撑，如图8-5所示。

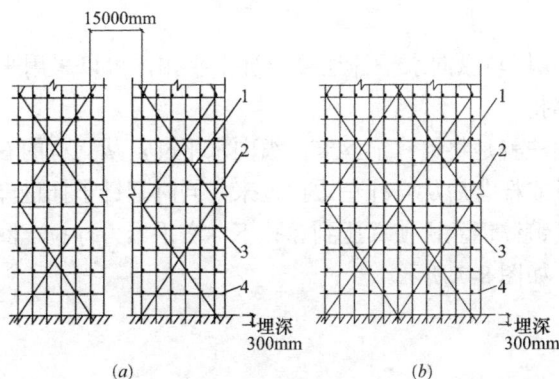

图 8-5　剪刀撑设置示意图

（a）间断式剪刀撑；（b）连续式剪刀撑

（2）剪刀撑的斜杆的端部应置于立杆与纵、横向水平杆相交节点处，与横向水平杆绑扎应牢固。中部与立杆及纵、横向水平杆各相交处应绑扎牢固。

（3）对不能交圈搭设的单片脚手架，应在两端端部从底到上连续设置横向斜撑，如图8-6所示。

（4）斜撑与剪刀撑的斜杆底端埋入土内深度不得小于0.3m。当不能埋地时，应用镀锌钢丝牢固绑扎在立杆交合处。

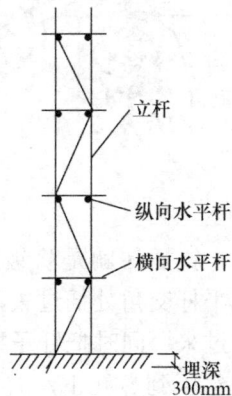

图 8-6　斜撑设置示意图

8. 杆件绑扎

（1）绑扎钢丝的弯制

钢丝的断料长度应根据绑扎杆件的粗细和部位确定，一般断料长度为 1.4～1.6m，并将断料从中间弯折，其中间鼻孔的直径一般为 1.5cm 左右。

（2）木杆的绑扎方法

木脚手架一般有三种绑扎方法：平插绑扎法、斜插绑扎法和顺扣绑扎法。针对木杆不同的连接方式采取相应的绑扎方法。

1）立杆与纵向水平杆连接应绑十字扣，可以采用平插法或斜插法绑扎。

平插法就是将镀锌钢丝卡住纵向水平杆，从立杆的右边插过去，绕过立杆背后从立杆左边拉过来，同时把钎子插进鼻孔，用左手拉紧镀锌钢丝，使其压到鼻孔下，右手用力拧拉一圈半，即可绑牢，如图 8-7 所示。

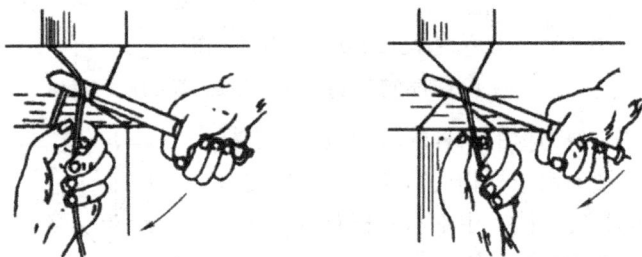

图 8-7　平插绑扎法

斜插法就是将镀锌钢丝卡住纵向水平杆，从立杆与纵向水平杆交角处插过去，绕过立杆背后，分别从立杆右边和左边拉过来，同时把钎子插进鼻孔用左手拉紧镀锌钢丝，并使镀锌钢丝压到鼻孔下，右手用力拧扭一圈半，即可绑牢，如图 8-8 所示。

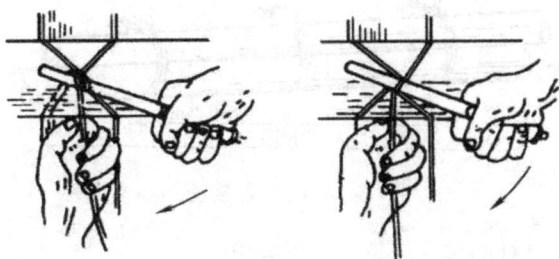

图 8-8　斜插绑扎法

2）立杆与剪刀撑或斜撑的连接和横向水平杆与纵向水平杆的连接，应采用顺扣绑扎法绑扎。

顺扣法就是用钢丝兜绕杆件相交处一圈后，随即将钎子插进钢丝鼻孔内，左手拉紧镀锌钢丝，并使其压在鼻孔下，右手用力拧扭 1.5 ～ 2 圈即可绑牢。如图 8-9 所示。

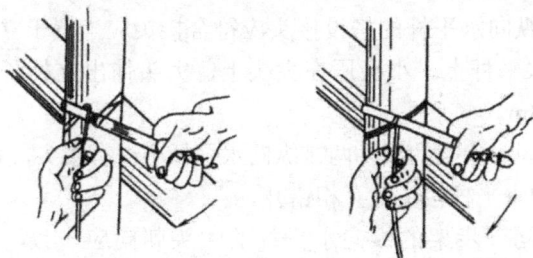

图 8-9　顺扣绑扎法

9. 杆件接长

立杆和纵向水平杆的接长应采用搭接，并采用顺扣绑扎法绑扎。接头长度不少于 1.5m，绑扣道数不少于 3 道，两端及中间各绑一道，其间距应为 600~700mm，如图 8-10 所示。接长处必须防止弯折及松动，以免影响架子的整体稳定。

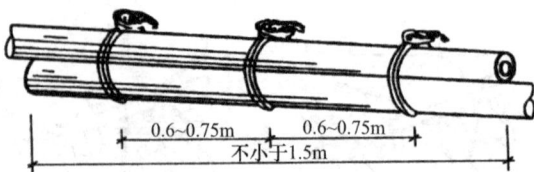

图 8-10　杆件接长

（1）立杆的接头应符合以下要求：

1）相邻两立杆的搭接接头应错开一步架，搭接长度应跨越相邻两根纵向水平杆。

2）立杆接长时应大头朝下、小头朝上。同一立杆上的相邻接头，大头应左右错开，并应保持垂直。

3）立杆搭接至建筑物顶部时，最顶部的立杆必须将大头朝上，多余部分应往下放，使里排立杆低于檐口 0.1 ～ 0.5m，外排立杆高于平屋顶 1.0 ～ 1.2m 或高出坡屋顶 1.5m，并保证立杆顶部高度一致。

（2）纵向水平杆的接头应符合以下要求：

1）纵向水平杆的搭设接头应符合接头应当置于立杆处并放在横向水平杆上。小头压在大头上，大头伸出立杆长度应当为 0.2 ～ 0.3m。

2）同一步架的里外两排纵向水平杆不得有接头，相邻及上、下层纵向水平杆接头应互相错开。

3）同一步架的纵向水平杆的大头朝向应一致，上下相邻两步架的纵向水平杆的大头朝向要相反，以增强脚手架的稳定性。

10. 安装连墙件

脚手架搭设高度超过 7m 时，应同时设置连墙件，使架子与建筑物牢固连接。连墙件应当既能抗拉又能抗压，一般的连接方法是在墙体内预埋钢筋环或在墙内侧放置短木棍，用 8 号镀锌钢丝穿过钢筋环或捆住短木棍拉住架子的立柱，同时将横向水平杆顶住墙面，如图 8-11 所示。

244

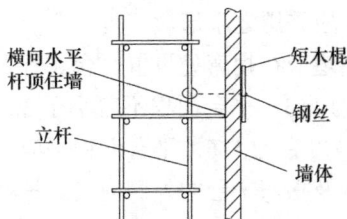

图 8-11　连墙件设置示意图

连墙件设置应符合以下要求：

（1）连墙件除应在第一步架高处设置外，每二步三跨应设置一个，并应沿整个墙面采用梅花形布置。

（2）开口形脚手架，应在两端端部沿竖向每步架设一个。

（3）连墙件应尽量靠近立杆的节点。

（4）连墙件应采用预埋件和工具化、定型化的连接构造。

11. 铺设脚手板

（1）作业层脚手板应满铺，并应牢固稳定，不得有空隙；严禁铺设探头板。

（2）对头铺设的脚手板，其接头下面应搭设两根横向水平杆，板端悬空部分应为 100～150mm，并应绑扎牢固。

（3）搭设铺设的脚手板，其接头必须在横向水平杆上，搭设长度应为 200～300mm，板端挑出横向水平杆的长度应为 100～150mm。

（4）脚手板两端必须与横向水平杆绑扎牢固。

（5）往上步架翻脚手板时，应从里往外翻。

12. 设置栏杆

脚手架搭设至两步及以上时，必须在作业层外立杆内侧设置 1.2m 高的防护栏杆和不低于 180mm 的挡脚板，外侧应采用密目式安全网全封闭。

13. 搭设斜道

斜道搭设应符合以下要求：

（1）脚手架高度在三步及以下时，斜道应采用一字形，当架高在三步以上时，应采用之字形。

（2）之字形斜道应在拐弯处设置平台。行人斜道宽度不应小于 1.5m，坡度宜为 1∶3，平台面积不应小于 3m²。运料斜道宽度不得小于 2.0m，坡度宜为 1∶6，平台面积不应小于 6m²。

（3）斜道两侧及拐弯平台的外侧应设防护栏杆，挂密目式安全网。

（4）横向水平杆置于斜杆上时，间距不得大于 1.0m，在拐弯平台处，不应大于 0.75m。

（5）在平台外围、斜道两侧和端部均应设剪刀撑和抛撑。对于附在脚手架外侧的斜道（利用脚手架外侧外立杆作为斜道的内立杆），应加强连墙件的设置。

14. 搭设门洞

当脚手架地城设置门洞时，一般采用上升斜杆、平行弦杆桁架结构形式，如图 8-12 所示。

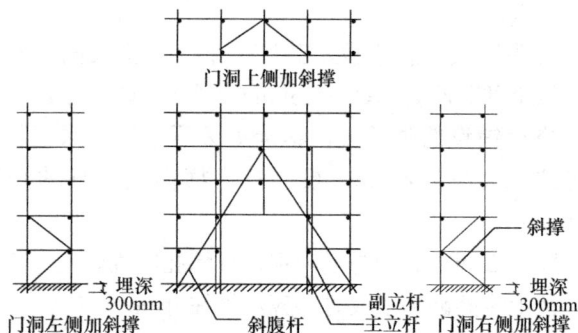

图 8-12　门洞口脚手架的搭设

门洞处的空间桁架除了下弦平面处，应在其余 5 个平面内的图示节间设置一根斜腹杆，斜杆的小头直径不得小于 90mm，上端与纵向水平杆连接，下端埋入地下不小于 0.3m。门洞桁架下的两侧立杆为双杆，副立杆高度应高于门洞口 1 ～ 2 步。

8.1.5 模板支架搭设要求

木模板支架只能用于层间高度小于或等于 5m 的建筑结构，其搭设应符合下列要求：

1. 垫木

（1）立柱底部的地基土应夯实，在立柱底应加设垫木，垫木的尺寸不得小于 200mm×100mm×800mm。

（2）木立柱底部与垫木之间应设置硬木对角楔调整标高，并用钢钉将其固定在垫木上。

2. 木立柱

（1）木立柱，可选用原木或方木，两端应锯成平面。

（2）原木小头直径应不小于 80mm，方木边长应不小于 80mm。

（3）木立柱宜选用整料，当长度不足时：

1）选用原木时，不得接长。

2）选用方木时，接头不宜超过一个，并应采用对接夹板接头方式。两根立柱接头处应锯平顶紧，并应采用双面夹板夹牢，夹板厚度应为木柱厚度的一半，夹板每端与木柱搭接长度不应小于 250mm，宽度与方木相等。每块夹板用 8 根（接头处上下各 4 根）圆钉钉牢，圆钉长度应为夹板厚度的 2 倍。

3）立柱底部可采用垫块垫高，但不得采用单码砖垫高，垫高高度不得超过 300mm。

（4）木立柱顶部应设支撑头；封顶立柱大头应朝上，并用双股钢丝绑扎。

（5）木立柱纵横间距不大于 1.5m。

（6）单立柱支撑应放置在柱底垫木和梁底模板的中心，并应与底部垫木和顶部梁底模板紧密接触，且不得承受偏心荷载，可用圆钉与底模支承梁钉牢。

（7）搭设时应从底到顶，不得分层。

（8）当仅为单排立柱时，应在单排立柱的两边每隔 3m

加设斜支撑，且每边不得少于 2 根，斜支撑与地面的夹角应为 60°。

3. 扫地杆、水平杆

（1）木立柱的扫地杆、水平拉杆应采用 40mm×50mm 木条或 25mm×80mm 的木板条与木立柱连接牢固。

1）采用方木立柱时，应采用不少于两根圆钉与立柱钉牢，圆钉长度应不小于杆件厚度的两倍。

2）采用原木立柱时，应使用 8 号镀锌钢丝与立柱绑牢。

（2）在立柱底部距地面 200mm 高处，沿纵横水平方向应按纵下横上设扫地杆。

（3）纵横水平杆的步距应当不大于 1.4m。

（4）严禁使用板皮替代的水平拉杆。

（5）水平杆的接头应当置于立柱处。

4. 连墙件

所有水平拉杆的端部均应与四周建筑物顶紧顶牢。无处可顶时，应在水平拉杆端部和中部沿竖向设置连续式剪刀撑。

5. 剪刀撑

（1）架体四周外排立柱必须设剪刀撑，中间每隔三排立柱沿横方向设置通长竖向剪刀撑。

（2）剪刀撑均必须从底到顶连续设置。

（3）当架体高于 5m 时，在四角及中间每隔 15m 处，剪刀撑斜杆的每 1 端部位置，加设与竖向剪刀撑同宽的水平剪刀撑。

（4）剪刀撑应采用 40mm×50mm 木条或 25mm×80mm 的木板条与木立柱连接牢固。

1）采用方木立柱时，应采用不少于两根圆钉与立柱钉牢，圆钉长度应不小于杆件厚度的两倍。

2）采用原木立柱时，应使用 8 号镀锌钢丝与立柱绑牢。

8.1.6 检查验收

脚手架投入使用前，应先进行验收，合格后方可使用。停工后又重新使用的脚手架，应按新脚手架搭设标准进行检查验收；搭设过程中每隔四步至搭设完毕均应分别进行验收；在使用过程中，应经常检查维修，发现问题应及时处理解决。

（1）搭设过程及使用前的检验应符合以下要求：

1）整体脚手架必须保持垂直、稳定，立杆杆身沿纵向垂直允许偏差应为架高的 3/000，且不得大于 100mm；架体向内倾斜度不应超过 1%，并不得大于 150mm。架体严禁向外倾斜。

2）脚手架与墙体的拉结点及剪刀撑必须牢固，间距符合设计规定。

3）脚手架沿建筑物的外围应交圈封闭。

4）木杆、镀锌钢丝、脚手板的规格尺寸和材质必须符合规定。

5）立杆、斜杆底部应有垫块。

6）填土要夯实，不得有松动现象，并应高出周围的地面。

7）各杆件的间距及倾斜角度应符合规定。

8）镀锌钢丝绑扎应符合规定，且不允许一扣绑扎三根杆件。

9）脚手架高度超过三步架应当设置斜道（或上下架设施）、防护栏杆和挡脚板，挂设安全网。

（2）脚手架使用期间的检验应符合以下要求：

1）脚手架是否出现倾斜或变形。

2）连墙件是否出现缺损。

3）绑扎点镀锌钢丝有否出现松脱和断裂。

4）立杆是否出现沉陷和悬空。

5）脚手架是否漏铺，出现探头板，与墙面的间隙不得大于 150mm。

6）脚手架上使用荷载不得超过规范规定。

7）使用过的材料、设备机具不得堆放在脚手板上或斜道的休息平台上。

8）严禁利用脚手架吊运重物或在脚手架上拉结缆风绳。

8.1.7 脚手架拆除

1. 准备工作

（1）拆除脚手架前，应清除脚手架的材料、工具和杂物。

（2）拆除脚手架时，应设置警戒区，设立警戒标志，应由专人负责警戒，禁止无关人员进入。

2. 拆除顺序

脚手架拆除必须严格遵守自上而下按顺序进行，后绑的先拆，先绑的后拆。应先拆除栏杆、脚手板、剪刀撑、斜撑，后拆除横向水平杆、纵向水平杆、立杆等，严禁上下同时进行拆除作业，严禁采用推到或拉倒的方法进行拆除。

木脚手架的拆除顺序一般为：栏杆→脚手板→剪刀撑→横向水平杆→纵向水平杆→立杆等。

3. 注意事项

（1）拆除工作至少需要4人配合操作，其中3人在脚手架上拆除，另1人在下面负责指挥，防止非拆除人员进入现场。

（2）3人在解开镀锌钢丝扣时，要互相配合，互相呼应，同时解扣或按顺序解扣，解扣时部必须拿住杉杆不放手，待扣都解开后，由中间1人负责向下顺杆将其滑落。

（3）立杆：先抱住立杆再解开最后两个绑扎扣。

（4）纵向水平杆、剪刀撑，斜撑：先拆中间绑扎扣，托住中间再解开两头的绑扎扣。

（5）抛撑：先用临时支撑加固后，才允许拆除抛撑。

（6）剪刀撑、斜撑及连接点只能在拆除层上拆除，不得一次全部拆掉。

（7）拆下的杆件，特别是立杆和纵向水平杆，不得随意乱扔，应将大头朝下，抓住小头慢慢顺杆滑落，或用麻绳将杆件两头绑住慢慢落杆。

8.1.8　安全管理

（1）在邻近脚手架的立杆以及危及脚手架基础的地方，不得进行挖掘作业。

（2）上料平台应独立搭设，严禁与脚手架共用杆件。

（3）连墙件和横向水平杆应严格分开，不能共用。各种杆件上不得钻孔、刀削和斧砍。

（4）脚手架使用中不得随意抽拆架体杆件，严禁超载使用。

（5）发现架体出现立杆下沉、悬空、杆件接头松动、架子歪斜等现象时，应立即进行维修和加固，确保安全后方可使用。

（6）脚手架应与外电架空线路保持安全距离。

（7）严格控制脚手架上的动火作业，并应有可靠的防火安全措施。

8.2　竹脚手架

竹脚手架是由绑扎材料将以竹竿为立杆、纵向水平杆、横向水平杆、顶撑、剪刀撑等杆件连接而成的有若干侧向约束的脚手架，其基本构造除了设置有顶撑外，其他同木脚手架一样，都与扣件式钢管脚手架近似。竹脚手架在南方使用较多，通常只用于作业脚手架，一般不作为模板支架使用。

8.2.1　脚手架材料

1. 竹竿

用作脚手架主要受力杆件应当选用生长朝 3 ~ 4 年以上的毛竹，竹竿应挺直、质地坚韧。严禁使用弯曲不直、青嫩、枯脆、腐烂、虫蛀及裂纹连通二节以上的竹竿。主要受力杆件使用期限不宜超过一年。

竹竿有效部分的小头直径应符合以下规定：

1）立杆、顶撑、斜撑、抛撑、剪刀撑和扫地杆不得小于75mm。

2）纵向及横向水平杆不得小于90mm；直径为60～90mm之间的竹竿，可双杆合并使用。

3）搁栅、栏杆不得小于60mm。

2. 竹材质量的直观鉴别

（1）竹材的生长年龄可按表8-3，根据各种外观特点进行鉴别。

冬竹竹龄鉴别方法　　　　　　表8-3

竹龄特点	三年以下	三年以上	七年以上
皮色	下山时呈青色如菜叶，隔一年呈青白色	下山时呈冬瓜皮色，隔一年呈老黄色或黄色	呈枯黄色，并有黄色斑纹
竹节	单箍突出，无白粉箍	竹节不突出近节部分凸起呈双箍	竹节间皮上生出白粉
劈开	劈开处发毛，劈成蔑条后弯曲	劈开处较老，蔑条基本挺直	

注：1. 生长于阳山坡的竹材，竹皮呈白色带淡黄色，质地较好；生长于阴山坡的竹材，竹皮色青，质地较差，且易遭虫蛀，但仍可同样使用。

　　2. 嫩竹被水浸伤（热天泡在水中时间过长），表色也呈黄色，但其肉带紫褐色，质松易劈，不易使用。如用小铁锤锤击竹材，年老者声清脆而高，年幼者声音弱。年老者比年幼者较难锯。

（2）鉴别竹材采伐时间的方法为：将竹材在距离根部约三四节处用锯锯断或用刀砍断观察，其断面上如呈有明显斑点者或将竹材浸大水中后，竹内有液体分泌出来，而水中有很多泡沫产生者，就可推断为白露前采伐。反之，如果在杆壁断面上无斑点或在浸水后无液体分泌及泡沫产生者，则可推断为白露后采伐。

3. 绑扎材料

竹脚手架的绑扎材料主要有镀锌钢丝、毛竹篾和塑料蔑等。

（1）钢丝应采用8号或10号镀锌钢丝。单根8号镀锌钢丝的抗拉强度不得低于$400N/mm^2$，单根10号镀锌钢丝的抗拉强度不得低于$450N/mm^2$。

（2）竹篾是采用生长期 3 年以上的毛竹竹黄部分劈割而成的绑扎材料；塑料篾是用塑料纤维编织而成的"带子"，用以代替竹篾的一种绑扎材料。单根塑料篾的抗拉能力不得低于 250N。

竹篾和塑料篾的规格应符合表 8-4 的要求。

竹篾、塑料篾的规格　　　　　　　　表 8-4

名称	长度 /m	宽度 /mm	厚度 /mm
毛竹篾	3.5～4.0	20	0.8～1.0
塑料篾	3.5～4.0	10～15	0.8～1.0

（3）使用要求

1）镀锌钢丝不得有锈蚀斑痕或机械损伤。

2）竹篾使用前应置于清水中浸泡不少于 12h，竹篾质地应新鲜、韧性强。严禁使用发霉、虫蛀、断腰、大节疤等竹篾。在存储、运输过程中不可受雨水浸淋和粘着石灰、水泥以免霉烂和失去韧性。

3）塑料篾必须采用有生产厂家合格证和力学性能试验合格的产品。如无法提供合格证，必须做进场试验，合格后方可使用。

4）所有绑扎材料严禁重复使用，也不得接长使用。尼龙绳和塑料绳绑扎的绑扣易于松脱，因此不得使用。

4. 脚手板

脚手板一般采用竹笆脚手板、竹串片脚手板和整竹拼制脚手板，单块竹笆脚手板和竹串片脚手板重量不得超过 250N。木脚手架不得使用钢脚手板。

8.2.2　脚手架构造

1. 构造尺寸

（1）双排脚手架的搭设高度不得超过 24m。

（2）满堂脚手架搭设高度不得超过 15m。架体高宽比不得小于 2；当设置连墙件时，可不受限制。

（3）严禁搭设单排竹脚手架。

（4）双排脚手架和满堂脚手架的构造参数分别见表8-5和表8-6。

双排脚手架的构造参数 表8-5

用途	内立杆至墙面距离（m）	立杆间距（m）		步距（m）	隔栅间距（m）	
		横杆	纵距		横向水平杆在下	纵向水平杆在下
结构	≤0.5	≤1.2	1.5～1.8	1.5～1.8	≤0.40	不大于立杆纵距的一半
装饰	≤0.5	≤1.2	1.5～1.8	1.5～1.8	≤0.40	不大于立杆纵距的一半

满堂脚手架的构造参数 表8-6

用途	立杆纵横间距（m）	水平杆步距（m）	作业层水平杆间距		靠墙立杆离开墙面距离（m）
			竹笆脚手板（m）	竹串片脚手板	
装饰	≤1.2	≤1.8	≤0.4	小于立杆纵距的一半	≤0.5

2. 双排脚手架构造

双排竹脚手架主要有两种结构形式，如图8-13、图8-14所示。

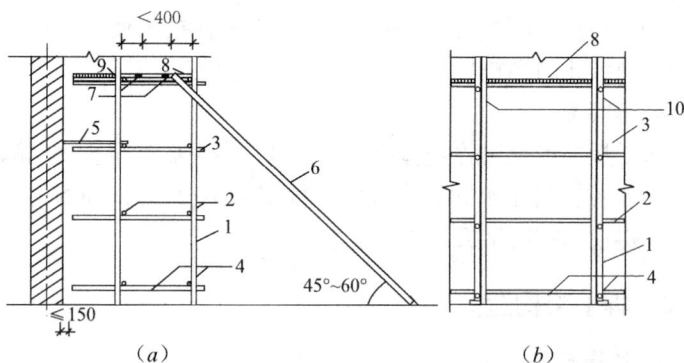

图8-13 双排竹脚手架构造示意图（横向水平杆在下时）
（a）剖面图；（b）立面图
1—立杆；2—纵向水平杆；3—横向水平杆；4—扫地杆；5—连墙件；
6—抛撑；7—搁栅；8—竹笆脚手板；9—竹串片脚手板；10—顶撑

254

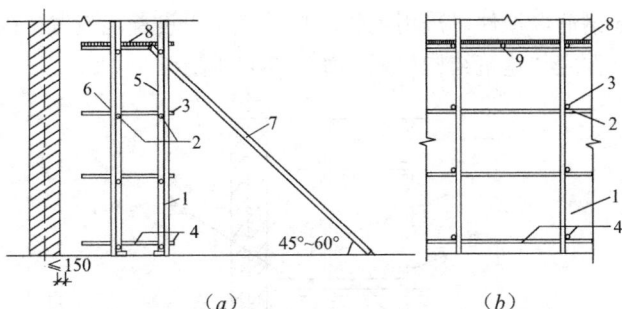

图 8-14　双排竹脚手架构造示意图（纵向水平杆在下时）

（a）剖面图；（b）立面图

1—立杆；2—纵向水平杆；3—横向水平杆；4—扫地杆；5—顶撑；

6—连墙件；7—抛撑；8—竹串片脚手板；9—搁栅

（1）横向水平杆设置于纵向水平杆之下时，脚手板应铺在纵向水平杆和隔栅上。

（2）横向水平杆设置于纵向水平杆之上时，脚手板应铺在横向水平杆和隔栅上。

3. 基础

为防止脚手架基础不均匀沉降危及架体的安全，竹脚手架的立杆、抛撑的地基应进行处理，并应符合以下要求：

（1）对于松软的土层，应进行翻填、夯实，放置木垫板并绑扎一道扫地杆。

（2）对于较坚硬的土层，应将杆件底端埋入土中，立杆埋深不得小于 200mm，抛撑埋深不得小于 300mm，坑底应夯实并垫以木垫板，埋杆时应采用垫板卡紧，回填土应分层夯实，并应高出周围自然地面 50mm。

（3）对于岩石土层或混凝土地面，应在杆件底端绑扎一道扫地杆。如地基土不平整，应在立杆底部设置木垫板。

4. 连墙件

连墙件应采用可承受拉力和压力的构造，一般由拉件和顶件组成，并应同时与内、外杆件连接。拉件通常采用 8 号镀锌钢丝

或 Φ6 钢筋,顶件可采用毛竹。拉件宜水平设置,或保持内高外低,顶件应与建筑结构顶死,如图 8-15 所示。

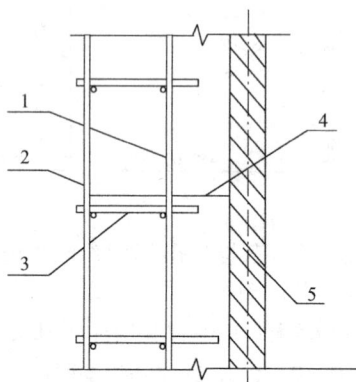

图 8-15　连墙件设置示意图

1—内立杆;2—外立杆;3—顶件;
4—8 号镀锌钢丝或 Φ6 钢筋;5—建筑结构

8.2.3　杆件绑扎

(1)主节点及剪刀撑、斜杆与其他杆件相交的节点应采用对角双斜扣绑扎,立杆与纵向水平杆、剪刀撑、斜杆等相交处可采用单斜扣绑扎。

双斜扣绑扎的方法分为五步,先将竹篾绕竹竿一侧前后斜交绑扎 2 ~ 3 圈;再把竹篾两头分别绕立杆半圈;将竹篾两头再沿第一步的另一侧相对绕行;把竹篾再相对绕行 2 ~ 3 圈;将竹篾两头相交缠绕后,从两竹竿空隙的一端穿入另一端穿出,并用力拉紧,将竹篾头夹在竹篾与竹竿之中即可,如图 8-16 所示。

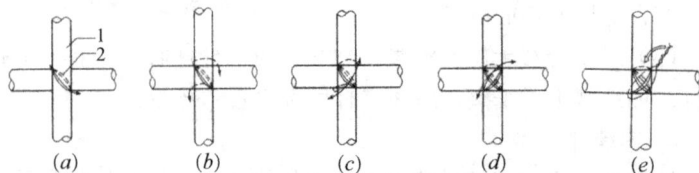

图 8-16　双斜扣绑扎法示意图

(a)第一步;(b)第二步;(c)第三步;(d)第四步;(e)第五步

（2）杆件接长处可采用平扣绑扎法，如图 8-17 所示。竹篾绑扎时，每道绑扣应用双竹篾缠绕 4 ～ 6 圈，每缠绕 2 圈应收紧一次，两端头拧成辫结构掖在杆件相交处的缝隙内并拉紧，拉结时应避开篾节。

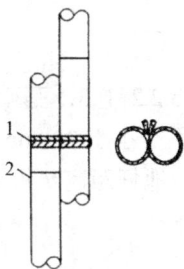

图 8-17　平扣绑扎法
1—竹杆；2—绑扎材料

（3）三根杆相交的主节点处，凡相接触的两杆件均应分别进行两杆件绑扎，不得三根杆件共同绑扎一道绑扣。

（4）不得使用多根单圈竹篾绑扎。也不得使用双根竹篾接长绑扎。

（5）绑扎后的节点、接头不得出现松脱现象。施工过程中发生绑扎扣断裂、松脱现象时，应立即重新绑扎。

（6）受力杆件不得用钢竹、木竹材料混和绑扎使用。

8.2.4　脚手架搭设

1. 工作准备

竹脚手架搭设前的准备工作与木脚手架一样，施工顺序也基本相同。

2. 搭设程序

竹脚手架的搭设程序应符合以下要求：

（1）竹脚手架的搭设应与施工进度同步，一次搭设高度不应超过最上层连墙件两步，且自有高度不应大于 4m。

（2）应自下而上按步搭设，每搭设完两步架后，应校验立杆的垂直度和水平杆的水平度。

（3）剪刀撑、斜撑、顶撑等加固件以及连墙件、斜道应随架体同步搭设。

3. 搭设要求

（1）基础处理

基础处理应按本章 8.2.2 中 3. 基础的要求进行，并做好排水措施。木垫板的宽度不应小于 200mm，厚度不应小于 50mm。如要设置扫地杆，横向扫地杆距离垫板上表面不应超过 200mm，并在其上绑扎纵向扫地杆。

（2）立杆设置

1）立杆应小头朝上，上下垂直，搭设到建筑物或构筑物顶端时，里排立杆应低于女儿墙上皮或檐口 0.4～0.5m，外排立杆应高出女儿墙上皮 1m，檐口 1.0～1.2m（平屋顶）或 1.5m（坡屋顶），最上一根立杆应大头朝上，将多余部分往下错动，使立杆顶部平齐。

2）立杆应采用搭接接长，不得采用对接、插接接长。

3）立杆接头的搭接长度从有效直径起不得小于 1.5m，绑扎不得少于 5 道，两端绑扎点离杆件端部的距离不得小于 100mm，中间绑扎点应均匀设置；相邻立杆的搭接接头应上下错开一个步距，同步内隔一根立杆的两个相隔接头在高度方向错开的距离不宜小于 500nm。

4）接长后的立杆应位于同一平面内，立杆接头应紧靠横向水平杆，并沿立杆纵向左右错开。如果竹竿有微小弯曲，应使弯曲面朝向脚手架的纵向，但不得同向，且应间隔反向设置。

（3）纵向水平杆设置

1）为了减小横向水平杆的跨度及增加立杆的稳定，纵向水平杆应搭设在立杆里侧，沿纵向平放，主节点处应绑扎在立杆上，非主节点处应绑扎在横间水平杆上。

2）纵向水平杆应按平扣绑扎法进行接长，搭接处应头搭梢。

搭接长度从有效直径起算不得小于 1.2m，绑扎不得少于 4 道，两端绑扎点与杆件端部的距离不应小于 100mm，中间绑扎点应均匀设置。

3) 搭接接头应设置于立杆处，并伸出立杆 200 ～ 300mm。两根相邻纵向水平杆的接头不宜设置在同步或同跨内，两相邻纵向水平杆接头应上下里外错开一倍的立杆纵距。同一步架的纵向水平杆大头朝向应一致，上下相邻两步架的纵向水平杆大头朝向应相反，架体端部的纵向水平杆大头应朝外，如图 8-18 所示。

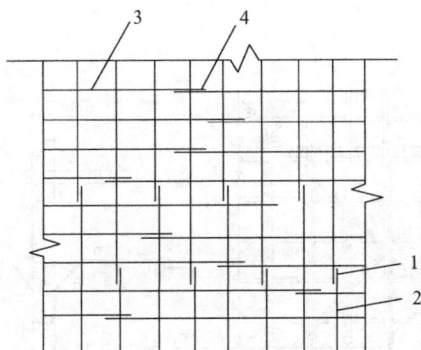

图 8-18　纵向水平杆和立杆接头布置示意图

1－立杆接头；2－立杆；3－纵向水平杆；4－纵向水平杆接头

（4）横向水平杆设置

1) 横向水平杆应垂直于墙面，主节点处应绑扎在立杆上，非主节点处应绑扎在纵向水平杆上。

2) 作业层上非主节点处的横向水平杆，应根据支撑脚手板的需要等间距设置，其最大间距应不大于立杆纵距的 1/2。

3) 当采用竹笆脚手板时，横向水平杆应置于纵向水平杆之下，绑扎在立杆上。当采用竹串片脚手板时，横向水平杆应置于纵向水平杆之上，绑扎在纵向水平杆上。

4) 横向水平杆每端伸出纵向水平杆的长度不应小于 200mm，且应有一个以上的完整竹节。里端距墙面应为

120 ～ 150mm，两端应绑扎牢固。

5）为了保证立杆轴心受力，主节点处上下两相邻横向水平杆应分别搁置在立杆的不同侧面，且与同一立杆相交的横向水平杆应保持在立杆的同一侧面。

（5）顶撑设置

顶撑是竹脚手架特有的一个结构杆件，它紧贴立杆设置，两端顶住上下水平杆，如图8-19所示。当使用竹笆脚手板时，顶撑顶在横向水平杆的下方；使用竹串片脚手板时，顶撑顶在纵向水平杆的下方。

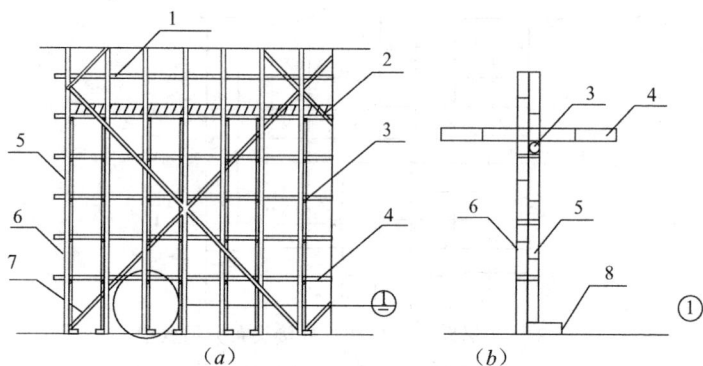

图 8-19　顶撑设置示意图

（a）顶撑设置图；（b）顶撑设置详图

1—栏杆；2—脚手板；3—横向水平杆；4—纵向水平杆；5—顶撑；
6—立杆；7—剪刀撑；8—垫块

1）顶撑应并立于立杆侧设置，并顶紧水平杆。顶撑的直径应与上、下方的水平杆匹配。

2）底层底步顶撑底端的地面应夯实并设置宽度不小于200mm、厚度不小于50mm的垫木，垫木不得叠放。其他各层顶撑底端不得设置垫块。

3）顶撑应与立杆绑扎且不得少于3道，两端绑扎点与杆件端部的距离不应小于100mm，中间绑扎点应均匀设置。

4）顶撑应使用整根竹竿，不得接长，上下顶撑应保持在同一垂直线上。

（6）剪刀撑布置

1）架长30m以内的脚手架应采用连续式剪刀撑，超过30m的应采用间隔式剪刀撑。间隔式剪刀撑除应在脚手架外侧立面的两端设置外，架体的转角处或开口处也应加设一道剪刀撑。剪刀撑宽度不应小于4根立杆，每道剪刀撑之间的净距不应大于10m，如图8-20所示。

2）由于剪刀撑斜杆较长，如不固定在与之相交的立杆上，将会由于刚度不足先失去稳定。因此剪刀撑应紧靠脚手架外侧立杆布置，并应和与之相交的立杆、横向水平杆等全部两两绑扎固定。

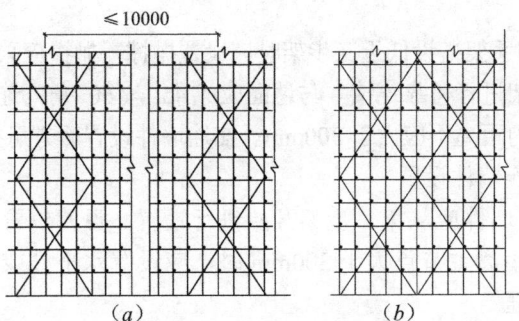

图8-20 剪刀撑布置示意图

（a）间隔式剪刀撑； （b）连续式剪刀撑

3）剪刀撑的搭接长度从有效直径起算不得小于1.5m，绑扎不得少于3道，两端绑扎点与杆件端部的距离不应小于100mm，中间绑扎点应均匀设置。剪刀撑应大头朝下，小头朝上。

4）剪刀撑应在脚手架外侧由底至顶连续设置，与地面倾角应为45°～60°。

（7）斜撑、抛撑设置

1）水平斜撑应设置在脚手架有连墙件的步架平面内，如图8-21所示；横向斜撑应设置在开口型双排脚手架的两端。斜撑应呈"之"字形连续设置，两端与立杆绑扎固定。

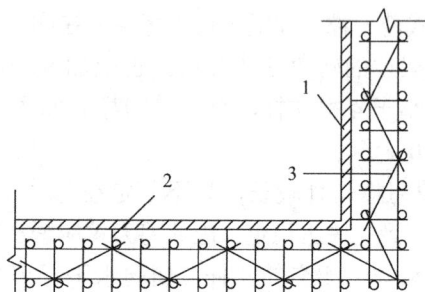

图8-21　水平斜撑设置示意图

1－建筑结构；2－连墙件；3－水平斜撑

2）脚手架搭设低于三步架时应设置抛撑，抛撑应采用通长杆件与脚手架进行可靠连接。与地面应成45°～60°角，连接点中心到主节点的距离不应大于300mm。在连墙件设置后方可拆除。

（8）连墙件设置

1）连墙件应从第二步架开始进行设置。设置位置应紧靠主节点。当距离主节点大于300mm时，应设置水平杆或斜杆对架体局部加强。

2）一字形、开口形脚手架的两端应设置连墙件，并应沿竖向每步设置一个。架体转角两侧立杆和顶层的操作层处应设置连墙件。

3）连墙件宜采用二步二跨、二步三跨或三步二跨的布置方式，并应采用菱形、方形或矩形布置。

4）连墙件不得设置在填充墙等结构强度不足的部位。

（9）脚手板铺设

1）当作业层铺设竹笆脚手板时，应在内外侧纵向水平杆之间等距离设置搁栅，间距不大于400mm，并绑扎牢固在横向水平杆上面。搁栅采用搭接接长，搭接处应头搭头，梢搭梢。竹笆脚手板应按其主竹筋垂直于纵向水平杆方向铺设，采用对接平铺，并将四个角用 14 号镀锌钢丝固定在纵向水平杆上。

2）竹串片脚手板应设置在两根以上横向水平杆上。接头可采用对接或搭接铺设。

（10）栏杆设置

脚手架搭设至两步架高及以上时，作业层外侧周边应设置 1.2m 高的防护栏杆，底部应设置高度不低于 180mm 的挡脚板，脚手架外侧应采用密目式安全立网封闭。

（11）斜道、门洞搭设

竹脚手架的斜道、门洞的构造与木脚手架基本相同，其施工要点可参考本章 8.1.4 中 13. ～ 14. 的有关内容，并应符合以下要求：

1）斜道应紧靠脚手架外侧设置，进出口处应设置安全防护棚。

2）门洞的斜撑、立杆加固杆应随架体同步搭设，不得滞后。

8.2.5 检查与验收

1. 搭设前检查验收

（1）竹脚手架的各种材料在进入施工现场时，应进行进场验收。经检验合格的材料，应根据竹竿粗细、长短、材质、外形等情况合理挑选和分类，并分别整齐平稳堆放。对于检查和验收不合格的材料，应及时清除出场。

（2）搭设前，应对地基进行验收，验收合格后方可进行搭设。

2. 搭设过程中检查验收

（1）竹脚手架搭设完毕或每搭设 2 个楼层高度，满堂脚手架搭设完毕或每搭设 4 步高度，应对搭设质量进行一次检查，并应经验收合格后交付使用或继续搭设。

（2）竹脚手架搭设的技术要求、允许偏差与检验方法应符合表 8-7 的规定。

竹脚手架搭设的技术要求、允许偏差与检验方法　表 8-7

项次	项目		技术要求	允许偏差 Δ (mm)	示意图	检查方法与工具
1	地基基础	表面	坚实平整	—		观察
		排水	不积水			
		垫板	不松动			
2	各杆件小头有效直径	纵向、横向水平杆	≥ 90mm	0	—	卡尺或钢尺
		搁栅、栏杆	≥ 60mm		—	
		其他杆件	≥ 75mm		—	
3	杆件弯曲	端部弯曲 L ≤ 1.5m	≤ 20mm	0		钢尺
		顶撑	≤ 20mm	0		
		其他杆件	≤ 50mm			
4	立杆垂直度	搭设中检查偏差的高度	不得朝外倾斜, 当高度为: H=10m H=15m H=20m H=24m	25 50 75 100		用经纬仪或吊线和钢尺
		最后验收垂直度	不得朝外倾斜	100		
5	顶撑	直径	与水平杆直径相匹配	与水平杆直径相差不大于顶撑的 1/3	—	钢尺
6	地基基础	步距 纵距 横距	—	±20 ±50 ±20	—	钢尺

264

项次	项目		技术要求	允许偏差 Δ(mm)	示意图	检查方法与工具
7	纵向水平杆高差	一根杆的两端	—	±20		水平仪或水平尺
		同跨内两根纵向水平杆	—	±10		
		同一排纵向水平杆	—	不大于架体纵向长度的1/300或200mm		
8	横向水平杆外伸长度偏差	外出侧立杆	≥200mm	0	—	钢尺
		伸向墙面	≤450mm	0		
9	杆件搭接长度	纵向水平杆	≥200mm	0	—	钢尺
		其他杆件	≥200mm	0		
10	斜道防滑条	外观	不松动	—	—	观察
		间距	300mm	±20		钢尺
11	连墙件	设置间距	二步三跨或三步二跨	—	—	观察
		离主节点距离	≤300mm	0	—	钢尺

3. 使用过程中检查验收

（1）竹脚手架在使用中应定期检查，并应符合以下规定：

1）地基不得积水，垫板不得松动，立杆不得悬空。

2）架体无倾斜、变形。

3）连墙件及剪刀撑、斜撑等加固杆件应固定牢靠。

4）绑扎材料无松脱、断裂；绑扎钢丝无锈蚀。

5）安全防护措施齐全有效。

6）消防器材和设备配备到位。

7）不得超载使用。

（2）在脚手架遇到恶劣天气、架体重新使用、改变架体使用性质、加建或改建架体、拆除部分架体等特殊情况时，应及时进行检查，确认合格后方可使用。

8.2.6 脚手架拆除

竹脚手架在拆除前，应对架体进行检查，当发现有连墙件、剪刀撑等加固件缺少，架体倾斜失稳或立杆悬空等情况时，应先对架体进行加固，然后再进行拆除。其他准备工作参考木脚手架有关内容。

脚手架拆除作业应符合以下要求：

（1）应全面检查脚手架的绑扎、连墙件、支撑体系是否符合构造要求；

（2）应根据检查结果补充脚手架工程安全施工方案中的拆除顺序和措施，编制脚手架的拆除方案，经方案原审批人批准后方可实施；

（3）应清除脚手架上杂物及地面障碍物；

（4）拆除作业必须由上而下逐层进行，严禁上下同时作业、斩断或剪断整层绑扎材料后整层滑塌、整层推倒或拉倒；

（5）连墙件必须随脚手架逐层拆除，严禁先将连墙件整层或数层连墙件拆除后再拆除脚手架；分段拆除时高差不应大于2步；

（6）拆除脚手架的纵向水平杆、剪刀撑时，应先拆中间的绑扎点，后拆两头的绑扎点，由中间的拆除人员往下传递杆件；

（7）当脚手架拆至下部7m高度时，应先在适当位置设置临时抛撑加固后再拆除连墙件。

8.3 外电防护架

外电线路主要指不为施工现场专用的原来已经存在的高压或低压配电线路，一般为架空线路。为了防止外电线路对施工现场作业人员可能造成的触电伤害，施工现场必须对其采取相应的防护措施，这种对外电线路触电伤害的防护称为外电线路防护，简称外电防护。

外电防护的主要措施是进行绝缘隔离。

8.3.1 外电防护要求

外电防护的绝缘隔离，可采用木、竹或其他绝缘材料增设屏障、遮栏、围栏等与外电线路实现强制性绝缘隔离，这些措施通常都需要搭设一个架体，施工上将这种外电线路防护架简称为外电防护架。

外电防护设施的搭设和拆除应符合以下要求：

（1）外电防护设施必须由专业技术人员编制专项施工方案，经批准后方可实施。

（2）搭设或拆除外电防护设施时，必须经有关部门批准，采用线路暂时停电或其他可靠的安全技术措施，并有电气工程技术人员和专职安全人员监护。

（3）外电防护设施必须与外电线路保持一定的安全距离，安全距离不应小于表 8-8 所列数值。

防护架与外电线路之间的最小安全距离　　　表 8-8

外电线路电压等级（kV）	≤ 10	35	110	220	330	500
最小安全距离（m）	1.7	2.0	2.5	4.0	5.0	6.0

（4）外电防护设施应坚固、稳定，且对外电线路的隔离防护应达到国家现行标准《外壳防护等级（IP 代码）》GB/T 4208

规定的 IP30 级，防护设施的缝隙能够防止直径 2.5mm 固体异物穿越。

（5）防护设施应悬挂醒目的警告标志。

（6）外电防护设施不得采用金属等非绝缘材料架设。护线架绑扎材料应用塑料绳、棕绳，不宜采用镀锌铁线。

8.3.2 外电防护架的形式

外电防护架搭设主要有以下几种方法，其中防护设施与外电线路的最小安全距离（L）应满足表 8-8 中的规定要求。

（1）若在建工程不超过高压线 2m 时，防护架可采用如图 8-22 所示形式。

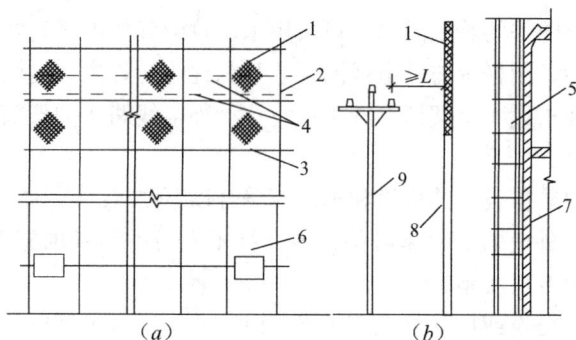

图 8-22　在建工程高于高压线不超过 2m 时防护架

（a）正立面图；（b）侧立面图

1－防护屏障；2－防护架立杆；3－防护架水平杆；4－高压线；5－建筑脚手架；
6－警示牌；7－建筑物；8－防护架体；9－电线杆

（2）若在建工程超过高压线 2m 时，还要考虑超过高压线的作业层掉物可能引起高压线短路且人员操作近可触及高压线的危险，需设置顶部绝缘隔离防护措施，防护架可采用如图 8-23 所示形式。

（3）若起重吊装需要跨越高压线时，不但立面需要防护，高

268

压线上部也需要做水平防护，具体防护方法如图 8-24 所示。

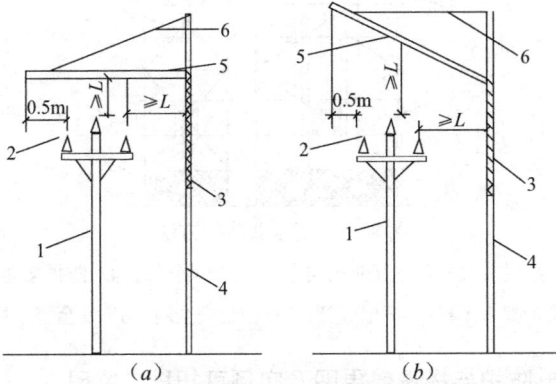

图 8-23 在建工程高于高压线超过 2m 时防护方法

（a）水平防护斜拉式；（b）水平防护直拉式

1－电线杆；2－高压线；3－立面防护屏障；4－立面防护架；5－水平防护架；
6－水平防护架支撑拉索（杆）

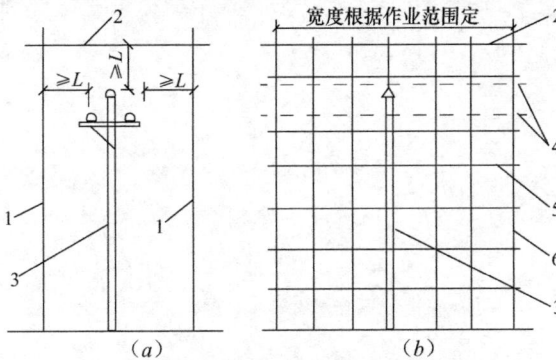

图 8-24 起重吊装跨越高压线防护方法

（a）防护架侧立面图；（b）防护架正立面图

1－立面防护架；2－顶面水平防护架；3－电线杆；4－高压线；
5－防护架水平杆；6－防护架立杆

（4）施工现场的变压器应在四周及顶部进行防护，具体防护
方法如图 8-25 所示。

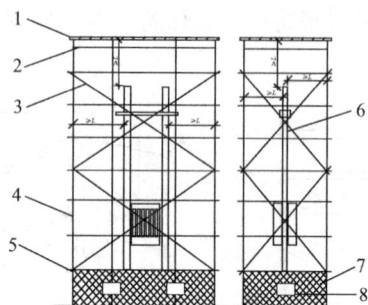

图 8-25　变压器防护方法

1—竹笆防护；2—彩钢瓦防雨层；3—防护架斜撑；4—防护架立杆；

5—防护架水平杆；6—电线杆；7—密目安全网；8—安全警示标牌

（外电防护架搭设效果图及实例可扫描二维码
13 进行查看。）

二维码 13

9 其他类型架体

9.1 安全防护设施

建筑施工现场涉及架子工搭设、维护和拆除作业的安全防护设施主要有：临边防护设施、洞口防护设施和安全防护棚。安全防护设施通常采用钢管或其他钢材组合连接而成，目前已逐步向定型化、工具化发展。

9.1.1 临边防护设施

临边指的是施工现场的楼板边、楼梯段边、屋面边、阳台边、接料平台通道两侧边以及各类坑、沟、槽等边沿。对于坠落高度在 2m 及以上的临边作业，当工作面边沿无围护或围护设施高度低于 800mm 时，应在临空一侧设置防护栏杆，并应采用密目式安全立网或工具式栏板封闭。

1. 防护栏杆

临边作业的防护栏杆由横杆、立杆及挡脚板组成，如图 9-1 所示。

防护栏杆的设置应符合以下规定：

（1）防护栏杆至少为两道横杆，上杆距地面高度应为 1.2m，下杆应在上杆和挡脚板中间设置。立杆底部宜设置扫地杆；当防护栏杆高度大于 1.2m 时，应增设横杆，横杆间距不应大于 600mm。所有立杆、横杆端部外伸长度为 100mm。

（2）防护栏杆立杆间距不应大于 2m；挡脚板高度不应小于 180mm。

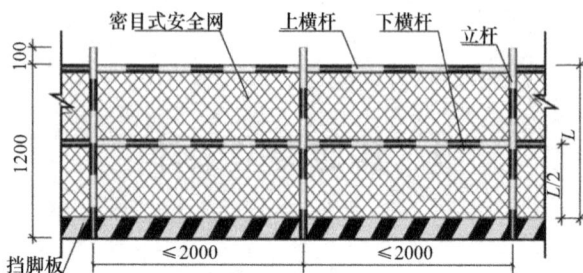

图 9-1 防护栏杆构造

（3）防护栏杆立杆底端应固定牢固。当在土体上固定时，立杆应采用预埋或打入方式固定；当在混凝土楼面、地面、屋面或墙面固定时，应将预埋件与立杆连接；当在砌体上固定时，应预先砌入相应规格含有预埋件的混凝土块，并将预埋件与立杆连接。

（4）当采用钢管作为防护栏杆杆件时，横杆及栏杆立杆应采用脚手钢管，并应采用扣件、焊接、定型套管等方式进行连接固定；当采用其他材料作防护栏杆杆件时，应选用与钢管材质强度相当的材料，并应采用螺栓、销轴或焊接等方式进行连接固定。

（5）防护栏杆在上下横杆和立杆任何部位处，均应能承受任何方向 1kN 的外力作用。

（6）防护栏杆应张挂密目式安全立网或其他材料封闭。

（7）防护栏杆应涂刷黑黄或红白相间的条纹标示。

2. 基坑临边防护

深度在 2m 及以上的基坑周边必须安装防护栏杆，高度不应低于 1.2m，如图 9-2 所示。

（1）基坑临边防护栏杆通常采用钢管搭设，一般设置三道横杆，第一道横杆（扫地杆）距地面高度不大于 100mm，第三道横杆（上杆）高度为 1.2m，第二道（中间杆）设置在上杆和挡脚板中间；立杆间距不大于 2m，立杆打入地面以下深度不

272

小于 300mm；栏杆距基坑边口距离不小于 500mm，如图 9-3 所示。

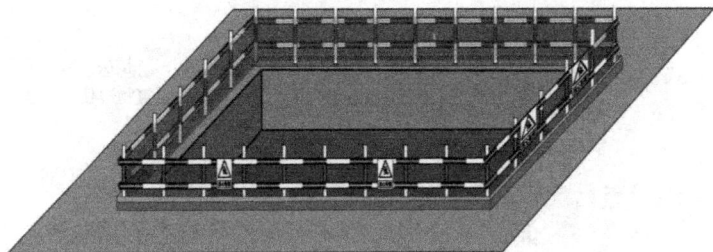

图 9-2　基坑临边防护示意图

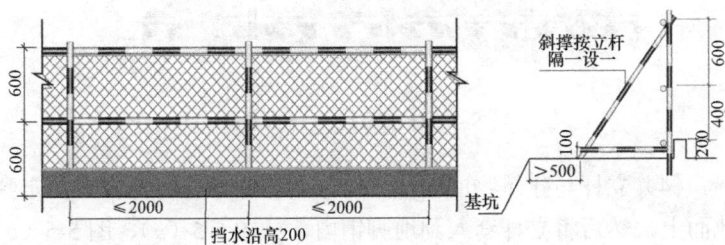

图 9-3　基坑防护栏杆做法

（2）防护栏杆应张挂密目安全网，设置挡脚板，并在醒目处设置安全警示标志。

（3）防护栏杆外侧沿基坑四周宜设置不低于 200mm 高挡水沿和排水沟，防止雨水流入基坑。

（4）当立杆打入地下足够牢固时，可以不设斜撑。

3. 楼层、屋面临边防护

（1）建筑物外围边沿处，对没有设置外脚手架的工程，应设置防护栏杆，如图 9-4 所示。

（2）坡屋面的周边以及高度≤800mm 的临边窗台或屋面女儿墙，应设置防护栏杆。

（3）施工升降机、龙门架和井架物料提升机等在建筑物间设置的停层平台以及卸料平台通道的两侧边，应设置防护栏杆。

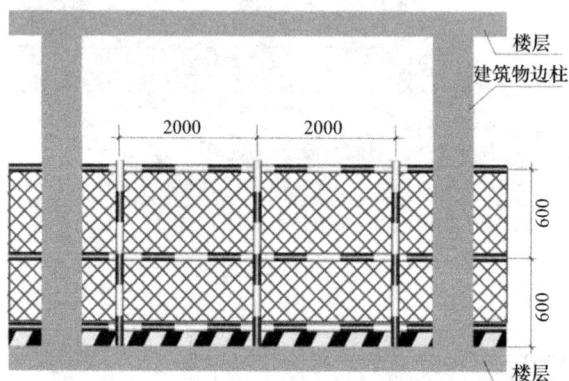

图 9-4　楼层临边防护示意图

（4）立杆与建筑物的连接，可采用膨胀螺栓将地脚销固定到地面上，然后将立杆套入到地脚销内，如图 5-5（a）、图 5-5（b）所示；对于有框架柱的，可采用两道管卡将立杆与混凝土柱连接固定。如图 9-5（c）所示。

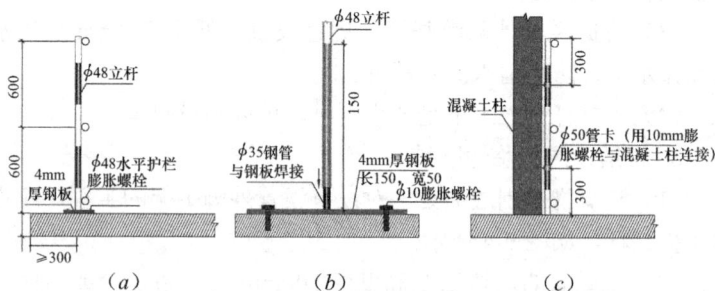

图 9-5　楼层临边防护做法

（a）立杆地面固定；（b）立杆与地脚销连接；（c）立杆与框架柱连接

4. 楼梯临边防护

施工的楼梯口、楼梯平台和梯段边，应安装防护栏杆，如图9-6所示。外设楼梯口、楼梯平台和梯段边还应采用密目式安全立网封闭。立杆固定可采用套入地脚销的连接方式。当楼梯四周有墙体时，外侧可不设防护栏杆。

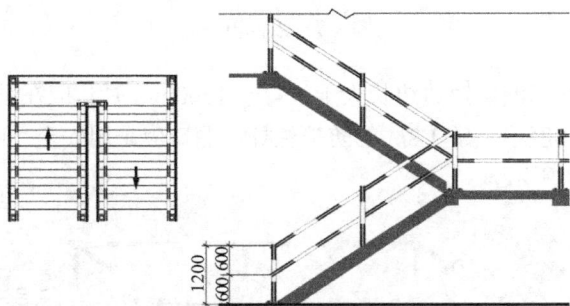

图9-6 楼梯临边防护示意图

9.1.2 洞口防护设施

洞口包括竖向洞口（如窗口）和非竖向洞口（如地面预留孔洞）以及电梯井口。

1. 竖向洞口

（1）当洞口短边边长小于500mm时，应采取封堵措施。

（2）当洞口短边边长大于或等于500mm时，应在临空一侧设置高度不小于1.2m的防护栏杆，并应采用密目式安全立网或工具式栏板封闭，设置挡脚板。

2. 非竖向洞口

（1）当洞口短边边长为25～500mm时，应采用盖板覆盖，如图9-7所示。

（2）当洞口短边边长为500～1500mm时，应采用盖板覆盖或设置防护栏杆。

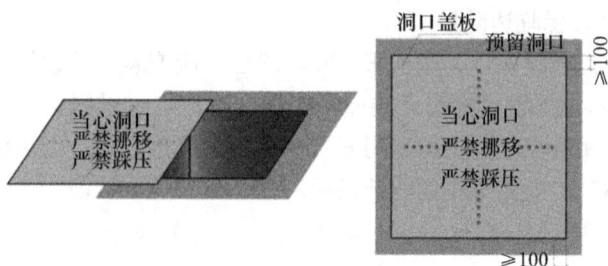

图 9-7　盖板覆盖

（3）当洞口短边边长大于或等于 1500mm 时，应在洞口作业侧设置高度不小于 1.2m 的防护栏杆，洞口应采用安全平网封闭，如图 9-8 所示。

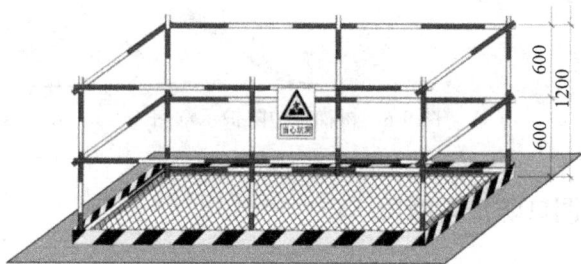

图 9-8　大洞口防护示意图

3. 电梯井口

（1）电梯井口应设置不小于 1.5m 高的定型化、工具式防护门，防护门底端距地面高度不应大于 50mm，并应设置挡脚板。如图 9-9 所示。

（2）电梯井道内应每隔 2 层且不大于 10m 加设一道安全平网。电梯井内的施工层上部，应设置隔离防护设施，如图 9-10 所示。

4. 洞口盖板

洞口盖板承载力应满足使用要求，四周搁置应均衡，并应防止移位。盖板应涂黄或红色警示漆。盖板可采用以下方式固定：

（1）边长在25～200mm 的洞口，在洞口楔紧2根木枋（立放），上盖18mm 厚木胶合板用铁钉钉牢。

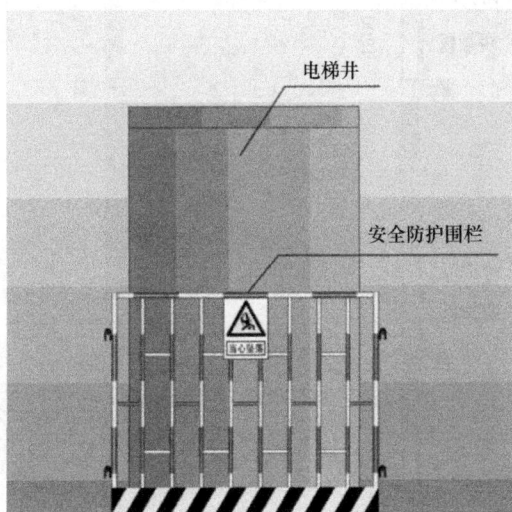

图9-9　电梯井口防护示意图

（2）边长在200～500mm 的洞口，在洞口上部盖15mm 厚木胶合板用φ8 膨胀螺栓固定，盖板超出洞口边缘100mm。

（3）边长500～1000mm 的洞口，用3～4m 厚钢板加工在盖板十字中心线上，自边缘120mm 起每隔50m 打一个φ12m 孔，连续打5个孔。根据洞口大小在盖板四边相应的孔内穿入M10螺栓，防止盖板滑移。

（4）边长在1000～1500mm 的洞口，在洞口上部铺设方木（立放），间距300mm，上盖15mm 厚木胶合板用铁钉钉牢，方木侧面与地面之间的缝隙也用15mm 厚木胶合板封严。

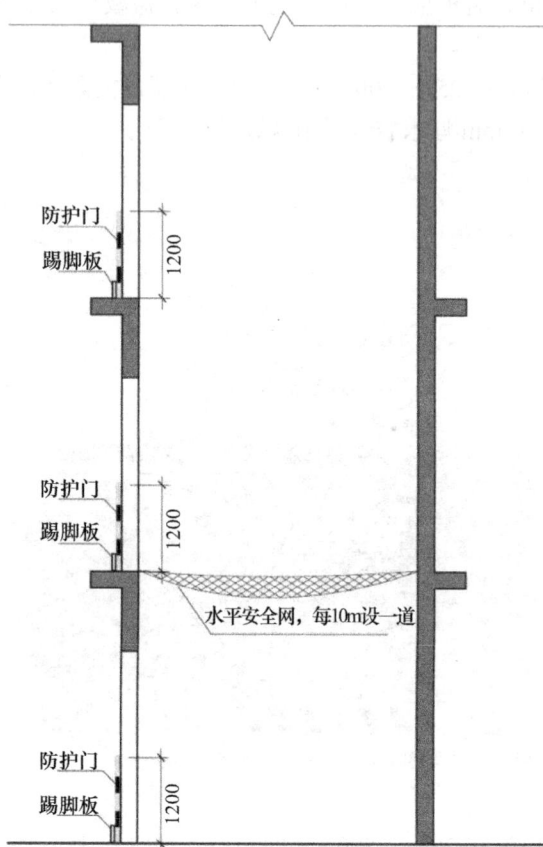

图 9-10　电梯井水平防护示意图

9.1.3　安全防护棚与安全防护网

　　施工现场人员进出的通道口（包括施工升降机地面通道上方及物料提升机进料口）和处于起重机臂架回转范围内的通道，应搭设安全防护棚。交叉作业时，坠落半径内应设置安全防护棚或安全防护网等安全隔离措施。常见的安全防护棚有人员进出通道、加工区防护棚、设备防护棚、电箱防护棚等。

1. 安全防护棚

安全防护棚的架体采用钢管脚手架搭设的比较常见，棚顶采用具有抗冲击能力的材料，如木板、脚手板、混凝土板、钢板等。为了增强防护棚的综合防护能力，也有用两种以上的材料搭设的，如木板加安全网、竹笆加混凝土板、钢丝（筋）网加竹胶板等。目前，因工具化组装式结构的安全防护棚便于周转使用和快速安装，正逐步得到广泛应用。

采用钢管脚手架搭设的通道防护棚，如图 9-11 所示，应符合以下要求：

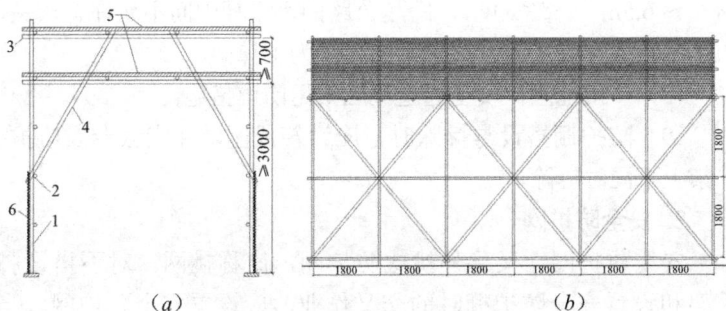

图 9-11　通道防护棚构造示意图

（a）正立面图；（b）侧立面图

1—立杆；2—纵向水平杆；3—横杆水平；4—斜撑；
5—顶棚面板；6—密目安全网

（1）防护棚的长度不小于 3m，并应满足坠落半径的要求。当坠落半径为 2～15m 时，长度应≥3m；坠落半径为 15～30m 时，长度应≥4m；坠落半径为≥30m 时，长度应≥5m。

（2）人员通道防护棚的宽度应大于建筑物进出口两侧各 0.5m。物料提升机防护棚宽度应大于吊笼宽度。

（3）防护棚底至地面高度一般不应小于 3m。当建筑物高度大于 24m 时，高度不应小于 4m。

（4）防护棚顶应采用双层、满铺≥50mm 厚的木板或等强度的其他材料搭设，两层间距不应小于700mm。

（5）立杆的间距和纵向水平杆步距应不大于1.8m，每根立杆宜设置一个斜撑。两侧立杆应高出顶棚600mm，高出部分外侧用木板或竹笆封闭。架体两侧应设置剪刀撑并张挂密目安全网。

（6）人行道外侧靠路沿至施工现场临时围墙的间距一般为2～3m。

（7）跨越公路的安全防护棚，从公路路面至安全防护棚上横杆的垂直高度为5m，路面距安全防护棚下横杆4.5m，搭设跨度为6～6.5m（公路宽度）。跨越公路的水平杆中间不允许有接头，如跨度较大，应采用型钢桁架结构作为支撑架。

（8）多雨地区，安全通道棚应采用防雨措施。

（9）防护棚搭设与拆除时，应设警戒区，并应派专人监护。严禁上下同时拆除。

2. 安全防护网

安全防护网，又称外挑式防护网，简称挑网。对不搭设脚手架和设置安全防护棚时的交叉作业，应设置安全防护网。当在多层、高层建筑外立面施工时，应在二层及每隔四层设一道固定的安全防护网，同时设一道随施工高度提升的安全防护网。

安全防护网的搭设方法和要求如下：

（1）在建筑结构内侧搭设双排架，其立杆稳固地放置在地面上，上端与顶板顶紧，大横杆顶紧两侧墙体，然后把外挑水平杆和支撑杆用扣件固定到双排架上，并在外挑水平杆上架设安全网，如图9-12所示。如在楼层面上设置水平杆时，也可采用预埋钢筋环或在结构内外侧各设一道横杆的方式进行固定。

（2）支撑杆应每隔3.0m设置一根，其水平夹角不宜小于45°。

（3）最底层安全防护网的外挑长度不应小于6.0m，其他高度的防护网外挑长度不小于3.0m。

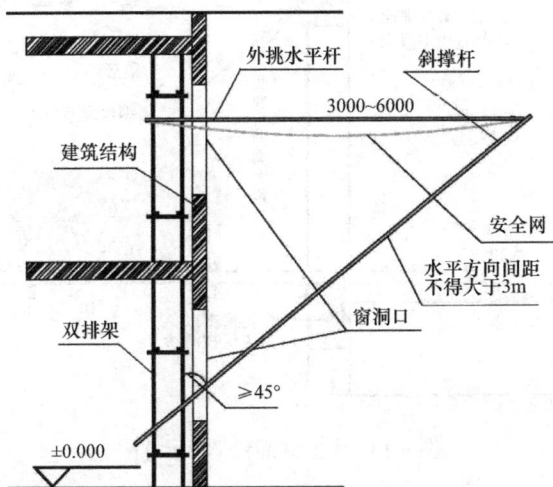

图 9-12 安全防护网示意图

（4）安全防护网应外高里低，网与网之间应拼接严密。

9.2 卸料平台

在建筑施工中，经常需要搭设卸料平台，将无法直接吊运的大件材料、器具和设备先用起重机吊运至卸料平台上，再转运至使用地点。

卸料平台为独立的受力系统，可分为悬挑式和落地式两种，其构造及尺寸应根据施工的需要由设计而定。

9.2.1 悬挑式卸料平台

悬挑式卸料平台有斜拉式（图 9-13）和支承式（图 9-14）两种，其中斜拉式卸料平台最为常见。

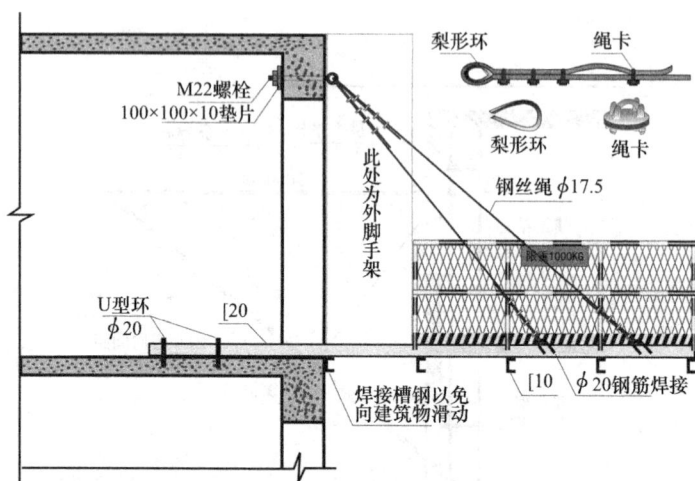

图 9-13　斜拉式卸料平台示意图

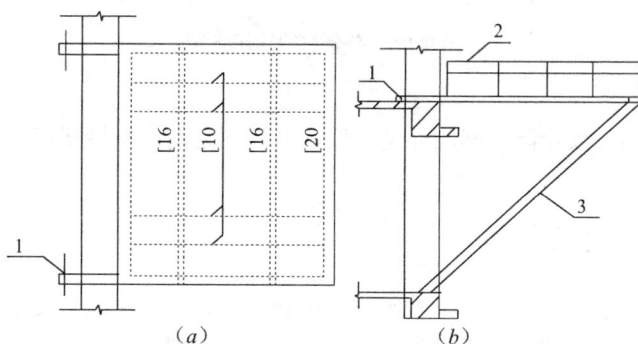

图 9-14　下支承式卸料平台示意图

（a）平面图；（b）侧面图

1—梁面预埋件；2—栏杆与钢梁焊接；3—斜撑杆

1. 构造尺寸

（1）悬挑式卸料平台主要由主梁、次梁、吊环、平台板、斜拉钢丝绳（或斜撑）、防护栏杆及挡板、预埋锚环等组成。主梁和次梁应采用型钢（槽钢或工字钢）制作，并应按设计确定。

282

（2）卸料平台的悬挑长度一般不大于 5m，均布荷载不应大于 2.0kN/m²，集中荷载不应大于 15kN。

（3）平台底部应满铺厚度不小于 50mm 木板或同等强度的板材，并用螺栓与型钢梁固定；平台两侧应设置高度不低于 1.2m 防护栏杆，与型钢梁焊接固定，栏杆内侧采用安全立网或栏板封闭；平台外侧设置内开式活动防护门。

（4）斜拉式卸料平台两侧应分别设置前后两道斜拉铜丝绳。铜丝绳锚固端预埋ϕ20 钢筋拉环，且不宜埋设在结构悬挑部位。

（5）斜拉钢丝绳直径应根据计算确定且不应小于ϕ18，每一道钢丝绳应能承载该侧所有荷载。斜拉钢丝绳与悬挑梁的夹角不应小于 45°。

（6）支承式卸料平台的下方应设置不少于两道斜撑，斜撑的一端应支承在钢平台主结构钢梁下，另一端应支承在建筑物主体结构。

（7）卸料平台悬挑梁与主体结构固定用的预埋锚环，如图 9-15 所示，可参考第 7 章悬挑脚手架中有关锚环与锚固螺栓的要求设置。

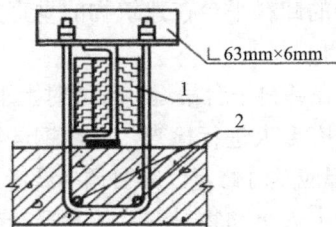

图 9-15　悬挑梁固定示意图

1—木楔侧向楔紧；2—两根 1.5m 长直径 18mm 的 HRB400 钢筋

2. 卸料平台安装与使用

（1）斜拉式卸料平台的安装程序为：

1）按照设计要求，在安装卸料平台位置的建筑结构上，预设悬挑梁锚环与锚固螺栓以及斜拉钢丝绳拉结吊环。

2）对卸料平台所有材料进行进场验收，合格后按要求进行加工组装。

3）使用卡环将组装好的卸料平台吊运至预定位置，先将平台主梁与预埋件固定，再将钢丝绳固定，紧固螺母及钢丝绳卡扣，固定牢固后方可松开吊钩。

4）安装平台通道两侧安全防护栏杆，在平台上悬挂限重标志牌。

5）卸料平台安装后应经验收合格方可使用。以后每次移位均应进行验收。

（2）卸料平台的安装和使用应符合以下要求：

1）卸料平台安装前应编制专项施工方案，并履行安全技术交底程序。

2）悬挑式卸料平台的搁置点、拉结点、支撑点应设置在稳定的主体结构上，且应可靠连接，不得设置在脚手架等施工设备上。平台外侧应略高于内侧；悬挑梁应锚固固定，锚固点楼板厚度不宜小于 120mm。

3）钢丝绳绳夹数量应与钢丝绳直径匹配，且不得少于 4 个。建筑物锐角、利口周围系钢丝绳处应加衬软垫物。

4）上、下层的卸料平台在建筑物的垂直方向上必须错开布置，避免相互影响。

5）人员不得在卸料平台吊运、安装时上下。

6）使用中应有专人进行检查，发现钢丝绳有锈蚀损坏应及时调换，焊缝脱焊应及时修复。需要调换或者修复时严禁使用。

7）操作平台上人员和物料的总重量严禁超过设计的容许荷载，且物料总高度不得超过围护结构的 1.2m 高。钢管特别长时，钢管探出平台端部的长度不得超过 1.5m。堆放材料时应轻拿轻放，严禁抛投。

9.2.2 落地式卸料平台

1. 构造尺寸

（1）落地式卸料平台的面积不应超过 10m²，高度不应大于

15m，高宽比不应大于 3∶1。

（2）施工平台的施工荷载不应超过 2.0kN/m²。

（3）落地式卸料平台一般采用钢管脚手架搭设，主要由底座或垫板、立杆、水平杆（包括扫地杆）、剪刀撑或斜撑、连墙件、台面板、防护栏杆等构成，其构造与满堂脚手架相似，如图 9-16 所示。

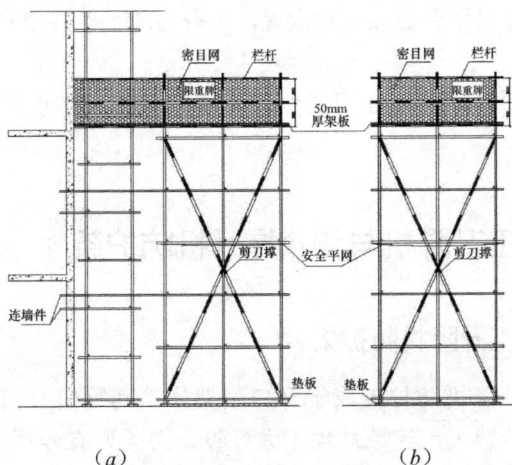

图 9-16　落地式卸料平台示意图

（a）正立面；（b）侧立面

2. 搭设要点

落地式卸料平台的搭设应按专项施工方案进行，并应符合以下要求：

（1）地基必须牢固、平整，立杆下部应设置底座或垫板。如果在结构顶板上，需验算顶板承载力，考虑顶板下部是否需要加设顶撑。

（2）用脚手架搭设卸料平台时，其立杆间距和步距等结构要求应符合相关脚手架规范的规定，并应设置纵横向扫地杆，在架体外立面设置剪刀撑或斜撑，在连墙件设置层加设水平剪刀撑。

（3）卸料平台应与建筑物进行刚性连接或加设防倾措施。从

285

底层第一步水平杆起应逐层设置连墙件，连墙件间隔应小于 4m，一次搭设高度不应超过相邻连墙件以上两步。

（4）平台应铺设符合承载力要求的脚手板，并应平整满铺及可靠固定。

（5）平台四周应设置防护栏杆，下部设置挡脚板，外侧挂密目安全网。架体中间应设置一道安全平网。

（6）卸料平台必须单独设置，不得与脚手架共用立杆或连接固定。

（7）卸料平台应在明显位置标明限载牌，搭设后应经验收合格。

9.3 施工升降机与物料提升机防护架

9.3.1 施工升降机防护架

施工升降机防护架属于开口型架体，其纵横方向强度都很弱，动静荷载大，连墙件也不太好设，必须要有专项施工方案，高度超过 50m 还需要进行专家论证。

1. 防护架构造

施工升降机防护架搭设总高度为建筑物高度 +2m，一般采用钢管脚手架搭设，为一字型双排落地架或悬挑架，立杆下部可采用双立杆，上部为单立杆，架体开口处设置斜撑，停层平台设置有防护栏杆和挡脚板，其构造如图 9-17 所示。

2. 防护架搭设要点

（1）脚手架落地搭设时，地基应夯实整平，可铺设 100mm 厚混凝土垫层找平，立杆下端放置 50mm 厚木垫板和底座，底部 200mm 处搭设扫地杆。如采用悬挑架搭设时，悬挑梁及斜拉钢丝绳的设置应符合第 7 章悬挑脚手架的有关要求。

（2）立杆间距应根据升降机吊笼门的尺寸并经设计计算确定。如电梯门宽度为 1.3m，立杆距离也为 1.3m，且最大间距一般不大于 1.5m；步距除安全门位置为 2.0m 以外，其他步距不宜大于 1.8m；架体宽度宜为 800 ～ 1000mm，架体距主体结构应小于 150mm，如图 9-18 所示。

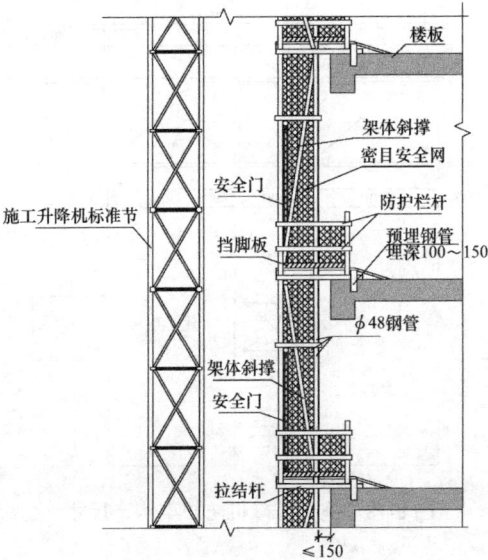

图 9-17　施工升降机防护架搭设示意图

（3）立杆、纵向水平杆的接长应采用对接，接头应交错布置，相邻两根立杆的接头要错开 500mm 以上，并不得在同一步架内。同一步架内外和上下相邻的两根纵向水平杆的接头也要错开。

（4）纵向水平杆应固定在立杆的内侧，并沿长度方向连续设置，中间不得断开。

（5）每个主节点处应设置一根横向水平杆，并用直角扣件固定在纵向水平杆上。

（6）在架体两端开口处，必须随脚手架搭设进度同步设置斜撑，并由底至顶连续布置。

（7）连墙件应从第一步架开始，宜按二步二跨进行布置。架体两端开口处应沿竖向每二步或每层设置一个连墙件。

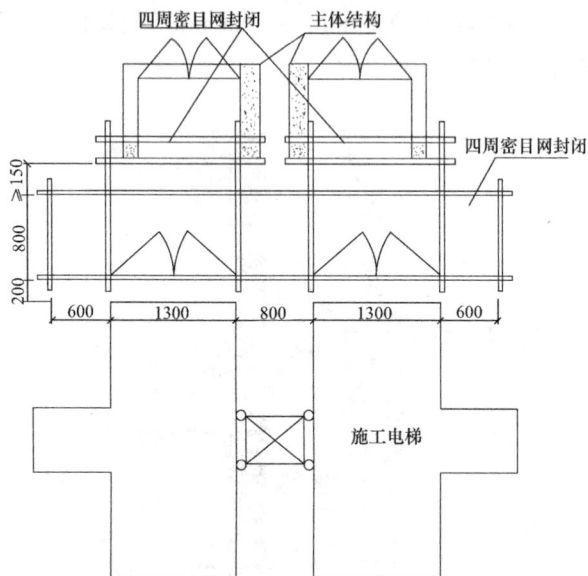

图 9-18　施工升降机防护架构造尺寸

（8）脚手架外围应满挂密目安全网。

（9）在架体搭设中，每完成一步都要及时校正立杆的垂直度和纵横向水平杆的标高和水平度。

（10）施工升降机防护架的其他搭设要求、使用管理以及拆除作业均应符合扣件式钢管脚手架的有关规定。

3. 停层平台及层站门构造与搭设

停层平台及层站门是施工升降机安全防护设施的重要组成部分，如图 9-19 所示，其构造与搭设应符合以下要求：

（1）层站应为独立受力体系，不应与施工升降机钢结构相连接。

（2）停层平台外边缘与吊笼门外缘的水平距离不宜大于100mm，与建筑结构外墙的水平距离不宜小于 1.0m。

（3）层台门一般采用方钢制作，应工具式、定型化，高度不宜小于 1.8m，宽度与吊笼门宽度差不应大于 200mm，并应安装在台口外边缘处，吊笼门与层站边缘水平距离≤50mm。

（4）停层平台采用1000×100mm方木，再铺15厚胶合板固定牢固并设置防滑条。所有电梯出入口必须满铺，并与脚手架固定牢固。平台两侧按照离平台面700mm和1200mm高度要求设置两道防护栏杆，在平台外侧设置高度不低于180mm的挡脚板，并张挂密目式安全网。

（5）层站层门门栓宜设置在靠施工升降机一侧，且层门应处于常闭状态，未经施工升降机司机许可，不得启闭层门。

（6）在施工过程中，防护栏杆、安全网、脚手板等未经批准，不得随意拆除。

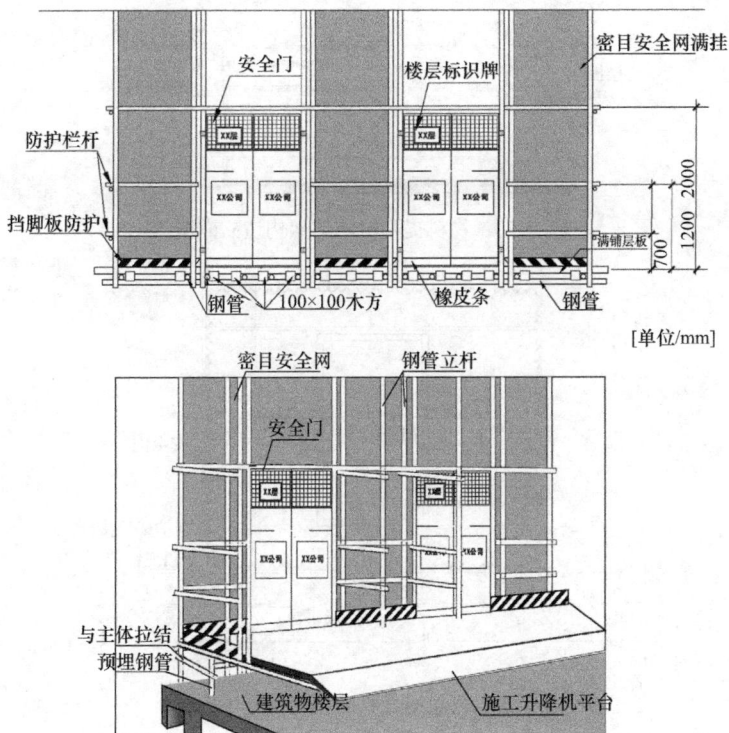

[单位/mm]

图9-19　停层平台及层站门搭设示意图

9.3.2 物料提升机防护架

1. 架体构造

物料提升机防护架一般采用纵横四排扣件式钢管脚手架结构形式，具体尺寸根据物料提升机型号及现场实际情况而定，如图9-20和图9-21所示。

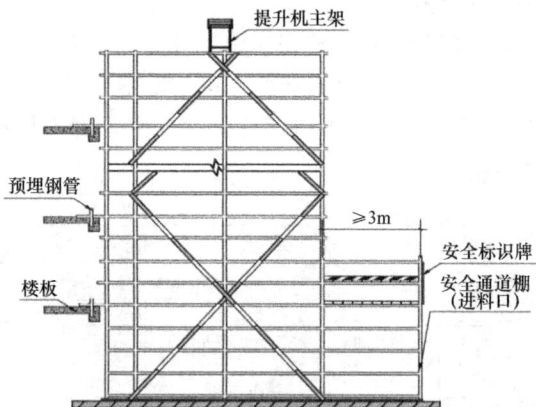

图 9-20 物料提升机防护架构造立面图

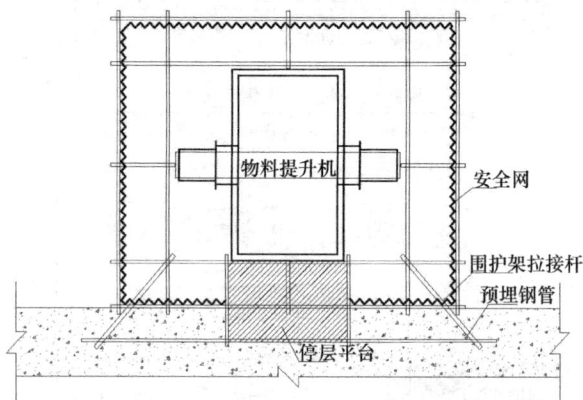

图 9-21 物料提升机防护架构造平面图

2. 搭设要点

（1）物料提升机防护架必须是独立结构，不得与提升机架体、附墙架及外脚手架或模板支架相连。停层平台和进料口防护棚可以与防护架相连。防护架与外脚手架开口处的间距一般保持在 100 ～ 200mm。

（2）防护棚的外侧立面应由底至顶连续设置剪刀撑。

（3）防护架每层应与建筑结构进行刚性连接，可采用预埋短管方式，每层连接点不少于两个。

（4）防护架四周应采用安全立网封闭，其中面对操作棚一侧不宜采用密目式安全立网，以免影响操作人员的视线。

（5）架体地基处理以及立杆、水平杆、剪刀撑、连墙件等设置应符合扣件式钢管脚手架的搭设规定。

（6）物料提升机停层平台的设置应符合以下要求：

1）停层平台外边缘与吊笼门外缘的水平距离不宜大于100mm，与外脚手架外侧立杆（当无外脚手架时与建筑结构外墙）的水平距离不宜小于 1.0m。

2）停层平台两侧应设置防护栏杆，上栏杆高度不低于1.2m，下栏杆高度宜为 700mm，下设挡脚板，如图 9-22 所示。

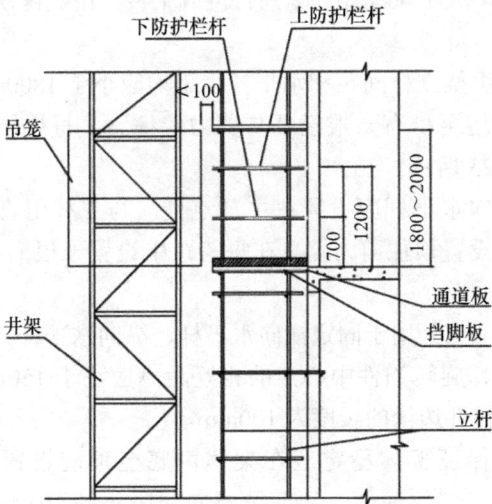

图 9-22　停层平台搭设示意图

3）停层平台应设置工具式、定型化的平台门，高度不宜小于 1.8m，宽度与吊笼门宽度差不应大于 200mm，并应装在台口外边缘处，与台口外边缘的水平距离不应大于 200mm；平台门应向停层平台内侧开启，并应处于常闭状态。平台门下边缘以上 80mm 内应采用厚度不小于 1.5mm 钢板封闭，与台口上表面的垂直距离不宜大于 20mm。

9.4 电梯井与采光井脚手架

电梯井与采光井脚手架作为承重和操作平台使用，搭设方式一般有钢管脚手架和操作平台架两种形式。

9.4.1 钢管式井架构造及搭设要求

（1）落地式脚手架立杆基础应置于电梯井底板上，立杆底部加垫板或槽钢。分段搭设时，应用钢梁作立杆底部支撑。

（2）第一步架应设置扫地杆，并在扫地杆处加一排横向水平杆，间距不大于 400mm，满铺竹笆或架板，用镀锌铁丝与钢管绑牢。

（3）脚手架立杆间距和水平杆步距均应小于 1800mm，每两层架四边每边至少有一根横杆与剪力墙撑紧，每楼层要支顶一次，如图 9-23 所示。

（4）横向水平杆应设置在主节点处，与立杆用直角扣件固定，并间隔设置顶住剪力墙。在每跨跨中设置一根横向水平杆，用于铺设脚手板。

（5）主节点处用于固定横向水平杆、纵向水平杆、剪刀撑等的直角扣件、旋转扣件中心点的相互距离应小于 150mm，各杆件端头伸出扣件边缘的长度为 100mm。

（6）为保证架体稳定应在架体由底至顶应设置连续竖向剪刀撑，并在架体底部、顶部及竖向间隔不超过 8m 分别设置连续水平剪刀撑。水平剪刀撑宜在竖向剪刀撑斜杆相交平面设置。

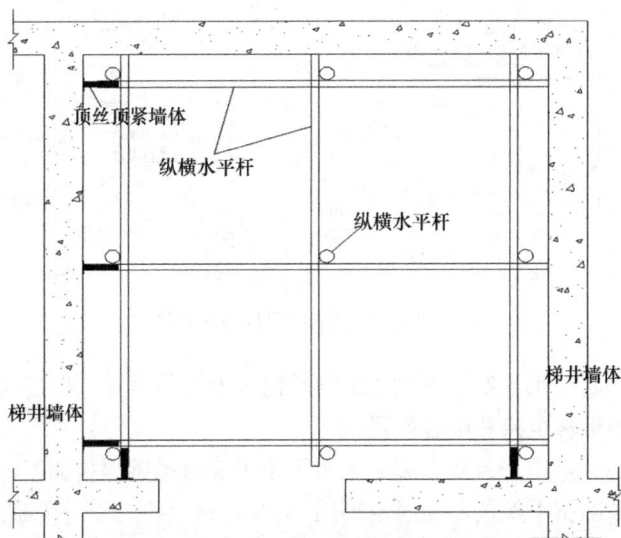

图 9-23　钢管式井架搭设示意图

（7）从电梯井底层往上每隔 2 层，垂直距离不大于 10m 应设置一道安全平网，安全平网保持完好无损，四边绑扎牢固，与剪力墙之间最大间距不超过 100mm。

（8）其他搭设要求应符合钢管脚手架的有关规定。

9.4.2　操作平台架构造及搭设要求

（1）电梯井操作平台制作安装前，必须由专业的技术人员按照现行的规范进行设计，并编写专项施工方案，经过设计和荷载计算确定。

（2）操作平台可采用定型化三角式支撑平台。平台依照电梯井净空尺寸进行制作，平台水平操作面钢架距梯井门洞一侧宜预留 100mm 净空，垂直此方向三脚架与井壁预留 150mm 净空，具体构造如图 9-24 所示。

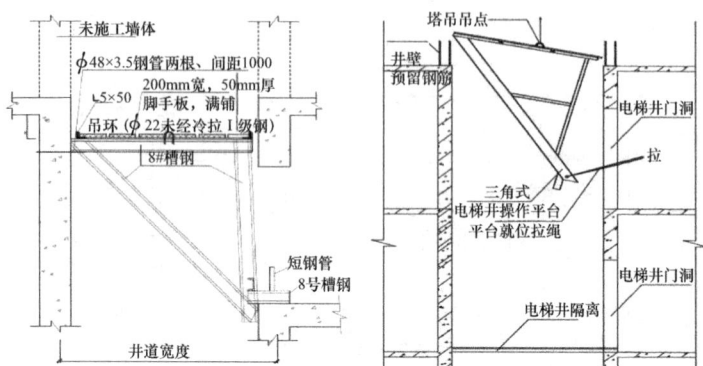

图 9-24　操作平台架构造示意图

（3）在水平操作面约 1/2 位置钢架上安装吊环，保证起吊能随重力旋转至梯井中心位置。

（4）操作平台及三脚架采用不小于 8 号槽钢焊接加工，操作平台满铺脚手架板，并固定牢固。

（5）严格按照设计的尺寸进行放样、焊接制作，同时对三角式操作平台的尺寸、焊接质量进行验收，验收合格后方可使用。

（6）施工过程中严禁在平台上堆放任何施工材料，且不得将其他任何加固杆件作用在平台上。梯井部位拆除的模板及材料应随拆随清理，保证平台使用不超荷。

9.5　其他模板支架

9.5.1　后浇带模板支架

后浇带是在建筑施工中为防止现浇钢筋混凝土结构由于自身收缩不均或沉降不均可能产生的有害裂缝，按照设计或施工规范要求，在基础底板、墙、梁相应位置留设的具有一定宽度且经过一定时间后再浇筑的混凝土带。

后浇带模板支架的构造和搭设应符合以下要求：

（1）后浇带模板支架必须采用独立的支撑体系，与其他模板支架安拆互不影响，在后浇带混凝土未浇筑前不得拆除，其构造如图 9-25 所示。

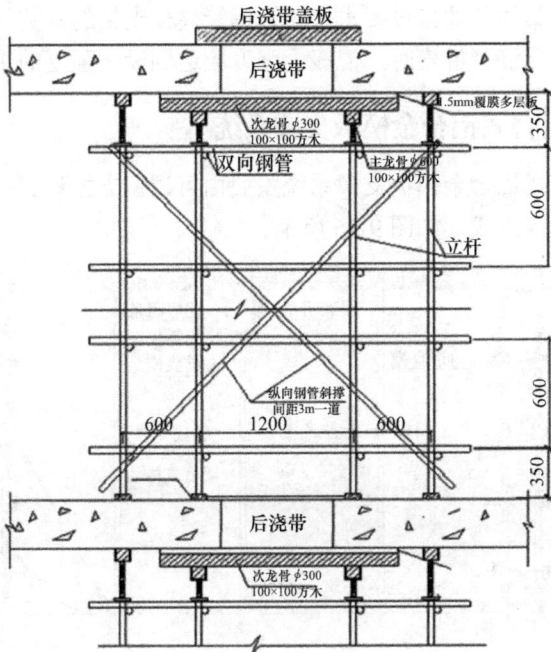

图 9-25　后浇带模板支架构造示意图

（2）模板支架的高宽比不宜大于 3，当高宽比大于 3 时，应增设稳定性措施，并应进行支架的抗倾覆验算。

（3）立杆底部应设置垫板，下端应按纵下横上的顺序设置扫地杆。立杆纵横向间距、水平杆步距应根据设计方案确定。

（4）沿后浇带支撑体系纵向架体两侧均应设置剪刀撑，间距不大于 5m；架体两端以及中间每隔 3m 设置一道横向斜撑。剪刀撑和斜撑均应由底至顶连续设置。

（5）多层结构后浇带模板支撑架应连续设置，且不得少于三层，上下支撑立柱应保持在同一轴线上。

（6）现浇板后浇带模板上部侧口模板与钢筋位置锯槽吻合，安装牢固，或采用钢丝（板）网支设牢固，上口两侧加设木方，并用木模板整体封闭、保护，直到混凝土浇筑时打开。

（7）架体其他搭设要求应符合钢管模板支架的有关规定。

（8）后浇带拆模时，混凝土强度应达到设计强度的100%。

9.5.2 组合式铝合金模板支撑系统

组合式铝合金模板支撑系统主要由可调钢支撑杆、斜撑、背楞、柱箍等组成，如图9-26所示。

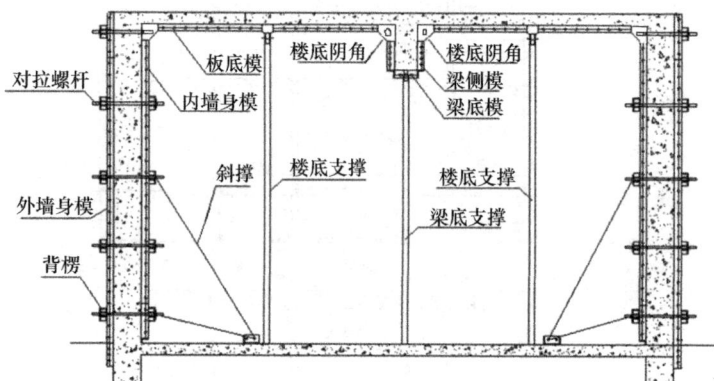

图9-26 组合式铝合金模板支撑系统示意图

组合式铝合金模板支撑系统的搭设应符合以下要求：

（1）模板支撑系统施工前应编制专项施工方案，进行安全技术交底，使操作人员熟悉模板施工方案、模板施工图、支撑系统设计图。

（2）进场的模板、支撑材料应按规定进行验收，检查铝合金模板出厂合格证；按模板及配件规格、品种与数量明细表、支撑系统明细表核对进场产品的数量；进行外观质量检查，模板表面应平整、无油污、破损和变形，焊缝应无明显缺陷。

（3）模板及其支撑应按照配模设计的要求进行安装，可调钢支撑等支架基础应坚实、平整，配件应安装牢固。当改变连接孔位时，应采用机具钻孔，严禁用电、气焊灼孔。

（4）整体组拼时，应先支设墙、柱模板，调整固定后再架设梁模板及楼板模板。安装墙、柱模板时，应及时固定支撑，防止倾覆。在墙柱模板上继续安装模板时，模板应有可靠的支承点。

（5）早拆模板支撑系统，可用于楼板厚不小于100mm、强度等级不低于C20的现浇混凝土结构，支撑间距不宜大于1300mm×1300mm，梁底早拆系统支撑间距不宜大于1300mm。

（6）在可调钢支撑承载力满足要求的前提下，当梁宽不大于350mm时，梁底早拆头可由一根可调钢支撑支承；当梁宽为350～700mm时，梁底早拆头应由不少于两根可调钢支撑支承；当梁宽大于1000mm时，梁底早拆头应由不少于三根可调钢支撑支承。

（7）早拆模板支撑系统的上、下层竖向支撑的轴线偏差不应大于15mm，支撑立柱垂直度偏差不应大于层高的1/300。

（8）当设置斜撑时，墙斜撑间距不宜大于2.0m，长度大于等于2.0m的墙体斜撑不应少于两根，柱模板斜撑间距不应大于700mm，当柱截面尺寸大于800mm时，单边斜撑不宜少于两根。斜撑宜着力于竖向背楞，如图9-27所示。

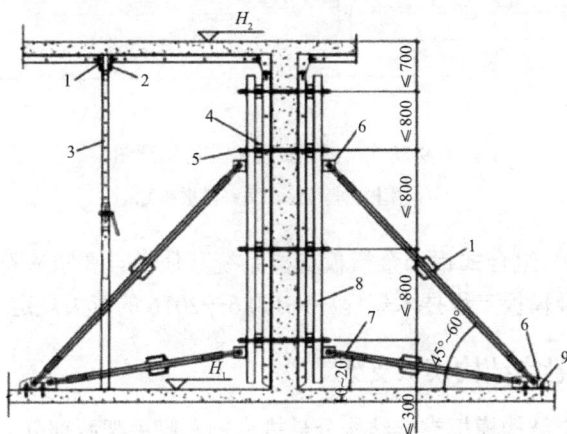

图9-27　斜撑布置示意图

1—板底早拆头；2—快拆锁条；3—可调钢支撑；4—背楞；
5—对拉螺栓；6—斜撑码；7—斜撑；8—竖向背楞；9—固定螺栓

（9）施工过程中应对可调钢支撑等支架立杆连接方式、间距和垂直度以及各连接件的设置进行检查，确保符合设计要求。

（10）模板支架使用期间，不得擅自拆除支架结构杆件。

（11）模板拆除时，应符合以下规定：

1）除模板、支撑时的混凝土强度应符合规定要求。

2）模板应根据专项施工方案规定的墙、梁、楼板拆模时间依次及时拆除。

3）模板拆除时应先拆除侧面模板，再拆除承重模板。

4）拆除早拆模板时，严禁挠动保留部分的支撑系统，严禁出现拆除支撑然后回顶的情况，如图9-28所示。

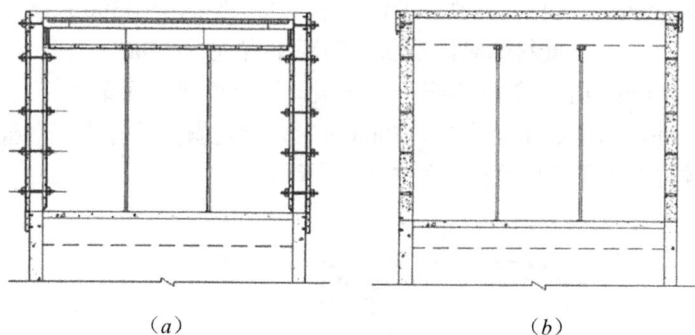

（*a*） （*b*）

图9-28 早拆模板拆除前后示意图

（*a*）模板拆除前；（*b*）模板拆除后

（12）组合式铝合金模板支撑系统其他搭设要求应符合《组合铝合金模板工程技术规程》JGJ 386—2016的有关规定。

9.5.3 悬空结构模板支架

悬空结构模板支架结构分悬挑型钢和脚手架两部分。悬空结构模板支架下部采用型钢作悬挑，按一定间距布置，型钢下部焊接斜向支撑。型钢上部搭设多排脚手架，搭设方法及形式与悬挑脚手架类似。材料选用、架体构造设计应根据实际情况编制专项施工方案，并经过设计、计算确定。

图 9-29 为一悬挑外檐构架梁板支架。它的悬空高度为 50.77m，屋面结构悬挑长度为 3.8m，采用型钢悬挑满堂脚手架作为模板支撑架，其搭设方法如下：

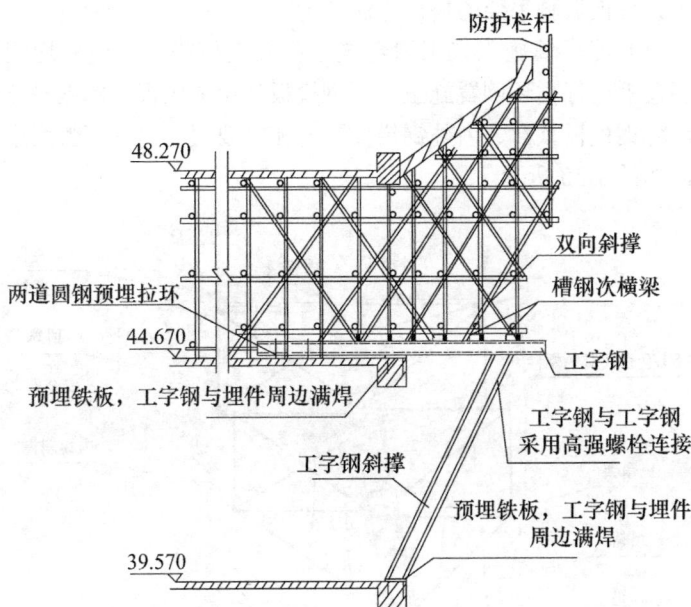

图 9-29　悬空结构模板支架构造示意图

（1）在 44.67m 层采用 20# 工字钢作为悬挑型钢梁，通过预埋环与楼板连接，在工字钢固定端部 4.5m 和 4m 处各锚固一道，锚固形式与悬挑脚手架相同。

（2）工字钢梁沿水平方向每隔 1.3m 左右均匀布置（其中柱两侧各设一个）；工字钢梁上采用 25mm 的焊短钢筋头作为立杆钢管定位。每个悬挑梁下部采用工字钢斜支撑。

（3）在悬空结构体系上，搭设满堂钢管脚手架作模板的支撑固定系统。

（4）其他搭设要求按照悬挑式脚手架有关规定执行。

9.5.4　异形模板脚手架

下面以冷却塔、间冷塔筒壁异形模板脚手架支设为例，介绍一下异形模板脚手架的搭设方法。

（1）冷塔筒施工采用附着式三脚架翻模施工，内外均配置三层模板进行循环倒置施工。新钢模板使用前应根据图纸设计弧度，将钢模板预弯，内外钢模板预弯弧度要根据筒壁圆弧大小选定，如图 9-30 所示。

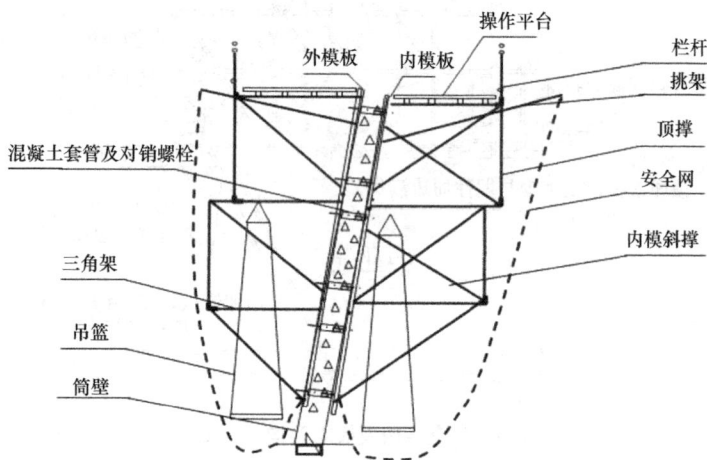

图 9-30　异形模板脚手架（附着式三脚架）搭设示意图

（2）筒壁内外模板均采用 1.0m×1.3m（或 0.9m×1.5m）专业定型钢模板及配套模具。

（3）内外模板采用混凝土套管内对穿 M16 螺栓（间冷塔采用 PVC 套管）进行紧固，内外模板间的混凝土套管在安装前，应仔细核对编号，校对长度。支模前要将垂直运输机械附着用的预埋件、筒壁爬梯预埋件准确埋入。

（4）先安装内模板，再安外模，外模安装应与内模对齐，对拉螺栓及内外模板之间的连接卡、所有杆件间的螺丝均应拧紧。

（5）在模板安装时，三脚架即同时安装。就位后的三脚架在没有上顶撑及环向连杆前不得受力。三脚架安装时通过调节斜杆长度来调整三脚架的角度，使安装后的三脚架顶面保持水平，立即铺设走道板，安装栏杆、安全网等。

（6）施工中模板及三脚架支撑应牢固可靠，防止位移和变形，保证筒壁结构断面位置与尺寸准确无误。筒壁施工时应分段检查，模板安装偏差应符合验收标准要求。

（7）环梁底模拆除时其混凝土强度应达到设计要求的75%以上，筒壁模板拆模时其上节混凝土强度应达到6MPa以上，刚性环拆模时其混凝土强度要达到15MPa以上。

（8）安全兜网与筒壁间不能有空隙，必须用挂钩把安全网挂在筒壁上。

（9）模板拆除前，用同条件试块试压混凝土强度，在中间节混凝土强度达到拆模强度6MPa及以上时，方可拆除下节模板。

（10）模板拆除时，严禁猛撬模板，应把拉绳上的挂钩在模板上钩牢固后，轻轻撬动模板脱离混凝土面。

（11）刚性环模板拆除时，对拆除人员进行详细的安全交底，拆除过程中必须安排专人旁站监督。

9.5.5　轮扣式模板支架

轮扣式模板支架由立杆、横杆、焊接在立杆上的轮扣盘、插头及保险销等构件组成，立杆采用套管承插连接，横杆采用端插头插入立杆上的轮扣盘，用保险销固定，形成结构几何不变体系的钢管脚手架。

1. 主要构配件

轮扣式节点构成如图9-31所示。

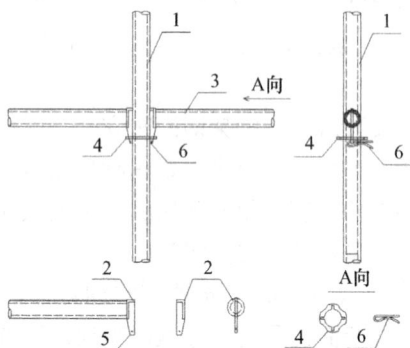

图 9-31 轮扣式节点构成示意图

1—立杆；2—端插头；3—横杆；4—轮扣盘；5—保险销孔；6—保险销

（1）横杆端头应与轮扣盘匹配，端插头插入轮扣盘内，其外表面应用轮扣内表面吻合，并保证锤击自锁后不拔脱。

（2）立杆和横杆宜采用截面直径$\phi 48 \times 3.2mm$ 或以上规格的钢管。轮扣盘在立杆上的间距宜按 600mm 的模数设置。

（3）立杆之间的连接应采用立杆插套连接，立杆插套壁厚不得小于 3.2mm，长度不应小于 160mm，焊接端插入长度不应小于 60mm，外伸长度不应小于 100mm，套管内径与立杆钢管外径间隙不应大于 1.5mm。

（4）可调底座和可调托撑的螺杆外径应大于 36mm，宜采用梯形螺纹。螺杆与调位螺母的旋合长度不应小于 5 扣，螺母高度不应小于 30mm，厚度不应小于 5mm。

（5）轮扣构件的焊缝必须是双面焊、连续焊，不允许用跳焊、点焊；轮扣盘与立杆连接部位以及横杆与端插头的连接处应采用焊接，连接焊缝应满焊，焊脚尺寸不应小于 3.5mm。

2. 架体构造

（1）模板支撑架搭设高度不宜超过 20m，且立杆应采用可调托撑或可调托座传递竖向荷载，当超过 20m 时，应另行专门设计。

（2）模板支撑架应根据施工方案计算确定纵横向横杆间距、步距，并应根据支模高度组合套插的立杆段、可调托撑、可调底座或垫板。

（3）立杆的构造应符合以下规定：

1）每根立杆底部宜设置可调底座或垫板。

2）立杆应采用连接套管连接，在同一水平高度内相邻立杆连接位置宜错开，错开高度不宜小于 600mm。

3）当立杆基础不在同一高度上时，应综合考虑配架组合或采用扣件式钢管杆件连接搭设。

（4）模板支架的剪刀撑设置应符合以下要求：

1）搭设高度不大于 5m 的满堂模板支撑架，当与周边结构无可靠拉结时，架体外周及内部应在竖向连续设置轮扣式钢管剪刀撑或扣件式钢管剪刀撑连接，如图 9-32、图 9-33 所示；竖向剪刀撑的间距和单幅剪刀撑的距离宜为 5 ~ 8m，且不大于六跨；架体高度大于 3 倍步距时，架体顶部应设置一道水平扣件钢管剪刀撑，剪刀撑应延伸至周边。

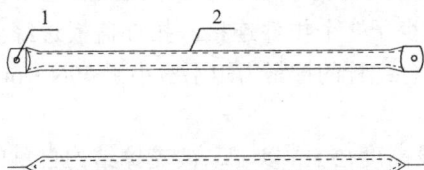

图 9-32　轮扣式钢管剪刀撑示意图

1—连接孔；2—斜撑杆

2）当架体搭设高度大于 5m 且不超过 8m 时，应在中间纵横向每隔 4 ~ 6m 左右设置由下至上的连续竖向轮扣式钢管剪刀撑或扣件式钢管剪刀撑，同时四周设置由下至上的连续竖向轮扣式钢管剪刀撑或扣件式钢管剪刀撑，并在顶层、底层及中间层每隔 4 个步距设置扣件式钢管水平剪刀撑，剪刀撑的搭设方式应按相关要求执行。

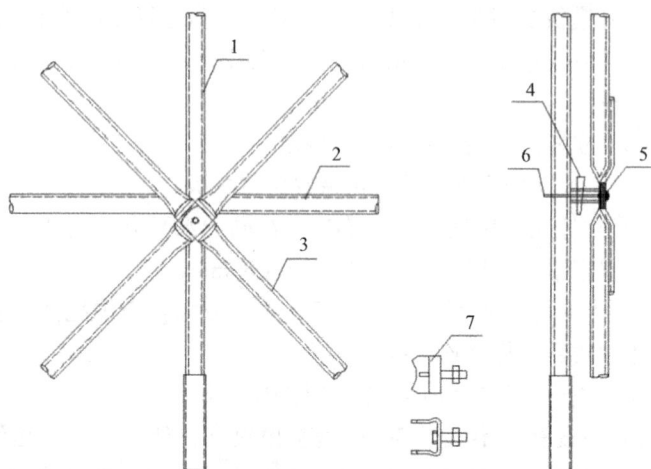

图 9-33　轮扣式钢管剪刀撑连接节点示意图
1—立杆；2—横杆；3—斜撑；4—插销；
5—螺母；6—轮扣盘；7—斜撑扣

　　3）支撑架的竖向剪刀撑和水平剪刀撑应与支撑架同步搭设，剪刀撑的搭接长度不应小于 1000mm，且采用扣件式钢管剪刀撑的不应少于 2 个扣件连接，扣件盖板边缘至杆端不应小于 100mm，扣件螺栓的拧紧力矩不应小于 40N·m，且不应大于 65N·m。

　　4）当搭设高度在 5m 以下、被支撑结构自重的荷载标准值小于 5kPa、支撑结构支撑于坚实均匀地基土或结构土、支撑结构与既有结构有可靠连接时可采用无剪刀撑框架式支撑结构。

　　（5）模板支撑架的高宽比不应大于 3，当大于 3 时，应在架体的周边和内部以计算确定水平间隔与竖向间隔距离，且设置连墙件与建筑结构拉结，当无法设置连墙件时，应设置钢丝绳张拉固定等措施。

　　（6）模板支撑架立杆顶层横杆至模板支撑点的高度不应大于 650mm，丝杆外露长度不应大于 300mm，可调托撑插入立杆长度不应小于 150mm。

（7）模板支撑架可调底座调节丝杆外露长度不宜大于200mm，最底层横杆离地高度不应大于500mm。

（8）应设置纵横向扫地杆，且扫地杆高度不宜超过550mm。

3. 搭设及拆除要求

（1）模板支撑架施工前应根据施工对象情况、地基承载力、搭设高度等编制专项施工方案，并进行安全技术交底。轮扣式脚手架宜使用同一标高的梁板底板的标高范围，对于高度和跨度较大的单一构件横杆进行拉力和立杆轴向压力（临界力）的验算，确保架体的稳定性和安全性。

（2）对进入施工现场的轮扣式钢管脚手架构配件应进行验收，使用前应对其外观进行检查，并应核验其检验报告以及出厂合格证，严禁使用不合格的产品，使用前应对其质量进行复检。

（3）模板支撑架及脚手架搭设场地必须坚实、平整，排水措施得当。地基与基础必须结合搭设场地条件综合考虑架体承担荷载、搭设高度的情况，按有关规定进行设计、计算。

（4）直接支承在土体上的模板支撑架，立杆底部应设置可调底座，土体应采取压实、浇筑混凝土垫层等加固措施防止不均匀沉降，地基基础验收合格后方可搭设。立杆底部宜垫设不小于50mm厚垫板，垫板应采用长度不小于2跨、宽度不小于200mm的木垫板。

（5）模板支撑架搭设位置应按照专项施工方案放线确定，定位准确不得任意搭设，使支撑体系横平竖直，以保证后期剪刀撑和整体连杆的设置，确保其整体稳定性和抗倾覆性。

（6）支撑结构地基有高差变化时，在高处扫地杆应与此处的纵横向横杆连通，设置在坡面上的立杆底部应有可靠的固定措施。支撑架不宜支撑在坡面上。

（7）横杆与立杆上同一步距对应的轮扣盘对准时，用小锤敲击横杆，使横杆端插头插入轮扣盘内，并击紧端插头轮扣盘孔吻合，插入保险销，保证横杆与立杆可靠连接。

（8）每搭完一步支撑架后，应及时校正步距、立杆的纵横距、立杆的垂直偏差与横杆的水平偏差。控制立杆的垂直偏差不应大于 $3H/1000$，且不得大于 90mm。

（9）建筑楼板多层连续施工时，应保证上下层支撑立杆在同一轴线上。

（10）使用期间，严禁擅自拆除架体结构杆件。

（11）构配件在使用过程中，严禁重摔、重撞。对已经变形或锈蚀严重的构配件，应禁止使用。

（12）架体拆除时应按施工方案设计的拆除顺序进行。当分段、分立面拆除时，应确定分界处的技术处理方案，保证分段后临时结构的稳定。

10 常见事故原因及预防措施

脚手架作为建筑施工中一种广泛使用的临时设施，在搭设、使用和拆除过程中往往会发生一些生产安全事故，造成不同程度的人员伤亡和经济损失，甚至还时常发生群死群伤事故，后果十分严重。

据统计，2016 年全国共发生房屋市政工程生产安全事故 634起、死亡 735 人，其中涉及脚手架（含安全防护设施）方面的事故就占了 7 成以上。特别在 27 起较大事故中，作业脚手架和模板支撑体系坍塌事故就有 9 起，死亡 33 人，分别占了较大事故总数和死亡人数的 33.33% 和 35.1%。

这些事故的教训是深刻的，从对事故发生的主要原因的分析中，可以得到许多启示，对于大家增强防范意识，辨识事故风险，强化预防措施，有效防止和减少事故的发生都大有益处。

10.1 脚手架工程危险分析

10.1.1 危险源辨识

对施工现场危险源进行辨识、评估、监控，是安全生产管理中一项非常重要的基础性工作，也是防范生产安全事故的有效举措。

所谓危险源是指可能导致人员伤害或疾病、物质财产损失、工作环境破坏或这些情况组合的根源或状态因素。建筑施工生产安全事故统计表明，未能在事先发现，因此无法在作业前采取针对性措施的危险源，是导致生产安全事故的直接原因。

为了主动、有效地预防事故，必须充分分析和了解、认识事故发生的致因因素，并通过采用隔离危险源、采取技术手段、实施个体防护、设置监控设施等措施，有效防范安全风险，从而实现安全生产。

按照《国务院安委会办公室关于实施遏制重特大事故工作指南构建双重预防机制的意见》（安委办 [2016]11 号）的要求，企业要建立完善安全风险公告制度，并加强风险教育和技能培训，确保管理层和每名员工都掌握安全风险的基本情况及防范、应急措施。要在醒目位置和重点区域分别设置安全风险公告栏，制作岗位安全风险告知卡，标明主要安全风险、可能引发事故隐患类别、事故后果、管控措施、应急措施及报告方式等内容。对存在重大安全风险的工作场所和岗位，要设置明显警示标志，并强化危险源监测和预警。

10.1.2　脚手架工程主要危险分析

脚手架工程中常见的事故类别主要有：高处坠落、坍塌、物体打击、触电、机械和其他伤害（如挤伤、割伤、扎伤、碰伤、烧伤等），其中高处坠落、坍塌和物体打击事故的发生概率最大。

有关脚手架工程危险分析，包括主要事故类型、主要施工阶段、事故诱因、危险等级等，见表 10-1。

脚手架工程主要危险分析　　　　表 10-1

主要事故类型	主要施工阶段	事故诱因	危险等级
高处坠落	架体的搭设、使用和拆除阶段	1. 未及时搭设安全防护设施或防护不严密，或提前拆除安全防护设施； 2. 作业人员未按要求佩戴安全带及安全帽等安全防护用品，或有其他违反高处作业安全行为； 3. 架体作业面有关杆件或脚手板不牢固而发生松动、倾覆、断裂等	I

主要事故类型	主要施工阶段	事故诱因	危险等级
坍塌	架体的搭设、使用和拆除阶段，特别是作业脚手架使用和拆除以及模板支架浇筑混凝土和拆模过程中	1. 架体未按方案和标准要求搭设； 2. 基础发生严重破坏或不均匀沉降； 3. 架体未进行施工验收或验收不合格投入使用； 4. 作业脚手架未按规定设置连墙件，或擅自提前拆除有关杆件或连墙件； 5. 作业脚手架上严重超载； 6. 模板支架承载力不足，或未按规定进行混凝土浇筑作业； 7. 违规提前拆除模板支撑系统，或有其他违章拆除行为	Ⅰ
物体打击	架体的搭设、使用和拆除阶段	1. 搭设和拆除作业时未设置警戒区； 2. 交叉作业安全防护不到位； 3. 作业人员违反高处作业安全规定，违章作业	Ⅱ
触电	架体的搭设、拆除阶段	1. 对外电线路安全防护不到位； 2. 作业人员违章作业； 3. 临时用电线路私拉乱扯，有关漏电、断路等安全电器的保护功能失效	Ⅱ
机械或其他伤害	架体的搭设、拆除阶段	1. 作业人员未按要求佩戴安全防护用品，或违规操作和使用施工机具或作业工具； 2. 施工机具不符合安全使用要求； 3. 违章动火作业	Ⅲ

10.2 脚手架工程的常见问题

脚手架工程，尤其是超高作业脚手架和高大模板支架工程，其结构和使用环境复杂，安装技术要求高，承受的荷载较大，施工作业危险性强，稍有疏忽，就极易发生生产安全事故。脚手架在搭设、使用和拆除等环节常见的问题比较多，涉及人员资格、施工技术、管理不到位等多个方面，这些问题的存在往往是导致事故发生的主要原因。

下面就扣件式钢管脚手架工程常见的一些问题进行归纳分析。

10.2.1　技术管理方面

（1）从事脚手架、模板支架搭设或拆除作业人员未按照规定接受专业教育，未取得特种作业人员操作证书，无证上岗作业。

（2）作业人员安全生产意识较差。

（3）身体健康状况不适应脚手架搭设作业。

（4）酒后登高作业。

（5）作业人员未按照规定佩戴安全帽、系安全带、穿防滑鞋。

（6）未按照规定编制脚手架专项施工方案或施工组织设计。

（7）方案未按照规定的程序进行审查、论证、批准。

（8）方案内容不符合安全技术规范标准。

（9）方案中未对地基承载力、连墙件进行计算，未按照规定对立杆、水平杆进行计算。

（10）方案编写过于简单，缺少平面图、立面图，以及节点、构造等详图，不具有可操作性。

（11）方案针对性不强，无法正确指导施工。

（12）擅自修改专项施工方案。

（13）未按照规定进行安全技术交底。

（14）未安排专人对专项施工方案实施情况进行现场监督。

（15）未按照方案要求进行搭设拆除脚手架施工作业。

（16）未按照规定进行分段搭设、分段检查验收投入使用。

10.2.2　材料配件存在质量问题

（1）扣件破损，螺杆螺母滑丝。

（2）扣件所使用材料不合格。

（3）扣件盖板厚度不足，承载力达不到要求。

（4）扣件、底座未做防腐处理，锈蚀严重，承载力严重不足。

（5）扣件变形严重。

（6）焊接底座底板厚度不足 8mm，承载力不足。

（7）木垫板厚度不足 50mm，长度不足两跨。

（8）新购钢管、扣件使用前未按规定进行抽样检测检验。

（9）钢管、扣件使用前未进行全面检查，质量存在问题。

（10）进场钢管没有生产许可证，产品质量合格证。

（11）钢管壁较薄，ϕ48 钢管壁厚度偏差超过 - 0.5mm。

（12）钢管未做防腐处理，锈蚀严重，承载力严重降低。

（13）钢管受打孔、焊接等破坏，局部承载力不能满足要求。

（14）冲压钢脚手板锈蚀严重，竹串片脚手板穿筋松落，承载力严重不足。

（15）可调托撑螺杆外径小于 38mm，直径与螺距不符合规定要求。

（16）可调托撑螺杆与支托板焊接不牢，或支托板厚小于 5mm，变形大于 1mm，承载力不足。

（17）使用有裂纹的支托板和螺母，或螺母厚度小于 30mm。

（18）密目式安全立网网目密度低于 2000 目 /100cm^2。

（19）配件材质不符合要求，或以低级别替代高级别材料。

10.2.3 搭设不规范

1. 基础

（1）地基没有进行承载力计算，地基承载力不足。

（2）回填土未分层夯实，软地基未采取夯实、铺设混凝土垫层等加固措施。

（3）基础下的管沟、枯井等未进行加固处理。

（4）对冻胀性土未采取防冻融措施。

（5）脚手架搭设场地不平整。

（6）基础没有排水设施或排水不畅，被水浸泡，尤其对湿陷性黄土未采取防水措施。

（7）基土上直接搭设架体时，立杆底部未铺设垫板，或者木垫板面积不够、板厚不足 50mm。

（8）立杆底部未设底座，或者数量不足；底座未安放在垫板中心轴线部位。

（9）悬挑架悬挑梁未采用双轴对称截面的型钢，或钢梁截面高度小于 160mm。

（10）钢梁固定段长度小于悬挑段长度的 1.25 倍。

（11）钢梁外端未设置钢丝绳或钢拉杆与上一层建筑结构拉结，或钢丝绳绳夹少、位置不正确。

（12）钢梁固定端只有 1 个锚固点，或与建筑结构没有可靠固定。

（13）搭在结构上的模板支架，未对结构进行复核、加固，结构承载力不足。

（14）在脚手架附近开挖基础、管沟，对脚手架、模板支架基础构成威胁。

2. 连墙件

（1）连墙件设置数量严重不足，连墙件的水平间距大于 3 跨，或竖向间距大于 3 步。

（2）连墙件与建筑结构连接不牢固。

（3）连墙件未随作业脚手架搭设同步进行安装。

（4）作业脚手架底层第一步纵向水平杆处未设置连墙件或未采用其他可靠措施固定。

（5）连墙件之上架体的悬臂高度大于 2 步。

（6）开口型脚手架的两端未设置连墙件，连墙件的垂直间距大于建筑物的层高，或者大于 4m。

（7）连墙件与架体连接的连接点位置不在离主节点 300mm 范围内。

（8）对高度超过 24m 以上的脚手架未采用刚性连墙件。

（9）违规使用仅能承受拉力、仅有拉筋的柔性连墙件。

（10）对架高超过 40m 且有风涡流作用时，未采取抗上升风流作用的连墙措施。

（11）模板支架未与既有建筑结构进行可靠固结。

3．立杆

（1）立杆不顺直，弯曲度超过 20mm。

（2）脚手架基础不在同一高度时，靠边坡上方的立杆轴线到边坡的距离不足 500mm。

（3）脚手架未设纵、横向扫地杆。

（4）扫地杆设置不合理，纵向扫地杆距底座上皮大于 200mm；横向扫地杆固定在纵向扫地杆以上且间距较大。

（5）脚手架立杆纵距超过 2.0m。

（6）作业脚手架立杆偏心荷载过大，顶层顶步以下立杆采用了搭接接长。

（7）双立杆中副立杆过短，长度远小于 6.0m。

（8）对接接头没有交错布置，同一步内接头较集中。

（9）高层脚手架没有局部卸载装置。

（10）搭设高度未跟上施工进度，脚手架未高出作业层。

（11）落地式卸料平台未单独设置立杆。

（12）作业脚手架与塔机、施工升降机、物料提升机、卸料平台等架体连在一起，或与模板支架连在一起。

（13）模板支架柱距过大，分布不均。

（14）模板支架立柱接长采用搭接，或将上段的钢管立柱与下段钢管立柱错开固定在水平拉杆上。

（15）模板支架立杆伸出顶层水平杆中心线至支撑点的长度大于 0.5m。

（16）可调托撑螺杆伸出长度大于 300mm，或插入立杆内的长度小于 150mm。

（17）可调托撑螺杆外径与立柱钢管内径的间隙大于 3mm，

U形支托与楞梁两侧间隙未楔紧，造成偏心受力。

（18）扣件紧固力矩小于40N·m或大于65N·m。

4．水平杆、剪刀撑

（1）作业脚手架纵向水平杆设在立杆外侧，或单根杆长度小于3跨。

（2）水平杆搭接长度不足1.0m，或只用一个或两个旋转扣件连接。

（3）两根相邻水平杆接头设在同步或同跨内，相距不足500mm。

（4）作业脚手架主节点处未设置横向水平杆，或被拆除。

（5）单排脚手架架眼位置不符合要求，横向水平杆插入墙内的长度不足180mm。

（6）作业脚手架剪刀撑设置不规范，未跟上施工进度，或搭接接头、扣件数量不足。

（7）悬挑脚手架或高度超过24m的作业脚手架外立面未连续设置剪刀撑。

（8）横向斜撑未按要求设置。

（9）模板支架未设置纵横向扫地杆。

（10）模板支架水平杆步距大于1.8m。

（11）纵横向水平拉杆未通长连续设置，缺失严重。

（12）所有水平拉杆的端部未按规定与四周建筑物顶紧顶牢。

（13）模板支架未按规定设置水平或竖向剪刀撑。

5．作业层

（1）作业层脚手板铺设不满，没有固定牢。

（2）作业层竹笆脚手板下纵向水平杆间距超过400mm。

（3）未设置栏杆和挡脚板，或设置位置及高度尺寸不符合要求。

（4）脚手板接头铺设不规范，出现长度大于100mm的探头板。

（5）作业脚手架没有挂设随层网、层间网或首层网，或挂设不严密。

（6）外架架体外围未用安全网全封闭或封闭不严。

10.2.4　使用不当

（1）作业层上施工荷载过大，超出设计要求。

（2）未按照规定进行定期检查，长时间停用和大风、大雨、冻融后未进行安全检查。

（3）在使用期间随意拆除主节点处杆件、连墙件。

（4）在脚手架上进行电、气焊作业时，未采取防火措施。

（5）脚手架未按照规定设置防雷措施。

（6）将模板支架、缆风绳、混凝土输送泵管、卸料平台及大型设备的支承件等固定在作业脚手架上。

（7）作业脚手架上悬挂起重设备。

（8）模板上荷载较集中。

（9）混凝土梁未从跨中向两端对称分层浇筑。

（10）预压模板支架时，由于沙袋被雨水浸泡后重量变大，使得预压荷载超过支架设计承载力而造成支架坍塌。

（11）模板支架在施加荷载时，未将架体下人员撤离。

10.2.5　拆除不当

（1）未制定拆除方案，未进行安全技术交底；或在拆除过程中更换人员，未重新进行安全技术交底。

（2）没有在拆除前对脚手架的扣件连接、连墙件、支撑体系等是否符合构造要求作全面检查。

（3）拆架时周围未设置围栏或警戒标志，非拆架人员能够随意出入。

（4）在电力线路附近拆除脚手架不能停电作业时，未采取有效防护措施。

（5）拆架人员未正确佩戴安全防护用具，未配备工具袋，随意放置工具。

（6）违规上下同时进行拆除作业。

（7）杆件、加固件的拆除未按规定顺序进行。

（8）作业脚手架连墙件未随架体逐层拆除，或先将连墙件整层或数层拆除后再拆架体。

（9）采用整片拽倒、拉倒法拆除。

（10）高处抛掷拆卸的杆件、部件。

（11）拆除过程中未对架体采取必要的临时拉结措施。

（12）拆架过程中遇见管线阻碍时，任意割移。

（13）模板支架拆除前混凝土强度未达到设计要求。

（14）当上层及以上楼板正在浇筑混凝土时，违规提前将下层楼板立柱拆除。

（15）预应力混凝土构件的支架拆除未在预应力施工完成之后进行。

（脚手架工程常见问题具体实例可扫描二维码14进行查看。）

二维码 14

10.3 脚手架工程事故案例

10.3.1 脚手架搭设坍塌事故

2017 年 8 月某日，某地一外墙维修改造工程在搭设脚手架时发生架体坍塌事故，造成 3 人重伤。

1. 事故简介

该脚手架为临街搭设的施工作业架兼安全通道防护棚脚手架，长 51.35m，横距 3.7m，脚手架高度为 6m，防护栏杆距地面 4.5m，铺设竹胶板层大横杆距地面 3.8m，步距 1.9m，跨距从 2m 到 4.7m 不等。事故发生当天，项目现场负责人组织 3 名普工继续进行脚手架搭设，其中 2 人站在脚手架上面施工，1 人在地面递送钢管，突然一侧所搭设的脚手架发生倾斜并向外坍塌，将 1 名路经行人及 2 名作业人员压在了坍塌的脚手架下面，1 名作业

人员也从脚手架上摔了下来，导致 3 人重伤，事故直接经济损失
100 万元。

图 10-1　脚手架倒塌现场

2. 事故分析

（1）直接原因

现场施工人员违章操作，未按照相关规定和要求搭设脚手
架，施工前未对结构构件、立杆地基及其承载力、平衡稳定性进
行设计计算，致使搭设的脚手架跨距、步距、横向斜撑、剪刀撑
及其连墙件、固定件、架体结构等不符合安全技术规范要求，稳
定性和承载力不足，导致上人加载后脚手架失稳坍塌，砸中路经
行人和施工人员。

（2）间接原因

1）在脚手架搭设施工前，未按要求编制脚手架安全专项施
工方案，未按规定在脚手架搭设达到一定高度后以及在上人加载
之前组织对脚手架进行检查验收。

2）3 名作业人员无证上岗，未按安全技术规范要求施工，
随意搭设脚手架，违章作业；现场施工负责人组织无证人员从事
脚手架搭设作业，违章指挥。

3）未按规定对作业人员进行三级安全教育培训和安全技术
交底。

4）安全检查不到位，对存在的安全隐患没有及时发现和处
理。据调查组经现场勘验查实：该脚手架未按规范设置剪刀撑、

横撑、抛撑；未按规范要求设置扫地杆；未设置连墙拉结；架体步距、跨距过大随意违规设置；局部大横杆设置不连续；个别钢管扭曲变形；施工吊篮安全绳绑扎固定在脚手架架体上；未按规范张挂密目网。

5）搭设脚手架现场未设置警戒区，未安排人员警戒，致使行人进入施工区域而受到伤害。

6）项目部项目经理、技术负责人、安全员不到岗位履行职责，现场安全管理失控。

3. 防范措施

（1）脚手架搭设前必须由专业技术人员编制专项施工方案，并经审核、批准后，方可组织施工。搭设中应严格按照专项施工方案进行，严禁擅自修改施工方案或凭经验不按方案进行搭设。

（2）脚手架搭设作业人员必须持证上岗，禁止未取得架子工特种作业操作资格证书的人员从事脚手架搭设作业。

（3）脚手架搭设前，施工单位现场管理人员应当向作业人员进行安全技术交底，告知脚手架工程的搭设和构造要求、检查验收标准、施工过程的危险部位、应采取的具体预防措施、作业中应注意的安全事项、遵守的安全操作规程、发现事故隐患应采取的措施以及避险和救援措施等。

（4）严格执行施工验收有关规定，在脚手架搭设达到一定高度以及在上人加载之前，应组织人员对脚手架进行检查验收，确认合格后才能进行下道工序施工或使用。

（5）脚手架搭设作业区域应设立警戒区，拉好警戒围栏，并派专人进行警戒，防止无关人员、车辆等进入坠落区域。

（6）加强安全生产培训教育，凡是进入施工现场的人员都必须经过安全法律、法规、安全生产知识、安全操作技能的培训教育，考核合格后方可上岗作业。

（7）强化项目经理、技术负责人、安全员、施工员和班组长等各级人员的安全职责，加强隐患排查治理，杜绝违章指挥、违章作业和违反工作纪律的"三违"现象，严格落实安全生产、文明施工的各项规定。

10.3.2 脚手架拆除倒塌事故

2015 年 3 月某日，某地一新建厂房工程在拆除外脚手架时发生架体倒塌事故，造成 3 人死亡，10 人受伤。

1. 事故简介

该外架为落地式双排扣件式钢管脚手架，事故发生前，工程已完成外墙装饰施工，正在拆除外架，有 13 名工人在架体上作业。拆除作业从架体顶部开始，工人将拆除的钢管、扣件及脚手板堆放在架体上，待塔吊运送至地面。当脚手架拆除约 2 ～ 3 步距时，架体开始发生局部变形失稳，然后自上而下、从西往东整体迅速坍塌，13 名工人随坍塌架体坠落，导致 1 人当场死亡，2 人送医院抢救无效死亡，3 人重伤，7 人轻伤（图 10-2）。

图 10-2　脚手架倒塌现场

2. 事故分析

（1）直接原因

1）外脚手架在拆除前连墙件数量严重不足，拉结方式不符合专项施工方案要求。

2）外脚手架搭设使用了不合格扣件。

3）在架体拆除过程中，施工作业人员违规将拆除的钢管、扣件及脚手板堆放于架体上增加荷载，导致架体失稳坍塌。

（2）间接原因

1）项目部未按规定对外架拆除作业人员进行三级安全教育培训和安全技术交底。

2）违规使用未经抽样送检合格的钢管、扣件等材料。

3）拆除作业人员无证上岗作业。

4）施工现场安全管理不到位，未能及时发现和处理脚手架连墙件拉结方式、数量不符合专项施工方案要求等安全隐患。

3. 防范措施

（1）脚手架搭设和拆除工作必须由持证上岗的架子工承担，未接受专门安全操作知识培训，并经考核合格取得架子工特种作业操作资格证书的人员，禁止从事脚手架搭设和拆除作业。

（2）脚手架拆除前，施工单位现场管理人员应当向作业人员进行安全技术交底，并履行交接底签字手续。

（3）脚手架拆除作业前，应对架体进行全面检查，检查扣件连接、连墙件设置、支撑体系等是否符合构造要求，不符合的应当补齐加固后方可进行拆除作业。

（4）脚手架拆除作业时，连墙件、剪刀撑或横向斜撑应当随拆除进度与其他杆件一起拆除，不能整层或数层拆除后再拆架体。

（5）拆除过程中，拆除的钢管、扣件及脚手板等应当及时转运到地面。

（6）加强对钢管、扣件等构配件的质量控制，严格脚手架构配件进场验收程序，杜绝不合格品进入施工现场。

（7）强化施工现场安全管理，严格三级安全教育培训制度，加强对拆除作业的现场监督，及时纠正违章作业行为。

10.3.3 地下车库模板坍塌事故

某年10月8日，某地一住宅楼工程在地下车库浇筑施工过程中，发生模板坍塌事故，造成13人死亡、4人重伤，1人轻伤，直接经济损失 1237.72 万元。

1. 事故简介

事故发生地点位于该工程项目的西北部，是住宅楼地下室外延部分，层高 5.6m，采用现浇混凝土施工，本次施工应浇筑的混凝土面积为 600m²。

10 月 8 日上班后，按照项目生产负责人的安排，有 5 名工人在模板下检查模板和堵漏工作。同时，有 21 名工人在模板上进行混凝土浇筑施工。浇筑的顺序为剪力墙、柱帽，最后浇筑顶板。上午 10 时 30 分左右，有人发现浇筑区北侧剪力墙底部模板拉结螺栓被拉断，发生胀模，混凝土外流。混凝土班班长带领 8 名力工会同已经在胀模处的 5 名工人，共同清理混凝土和修复胀模。由于胀模、漏浆严重，又找来 6 人一起参与地下室剪力墙的清理和修复工作。为修缮胀模模板，清运混凝土，作业人员在模板支架间从胀模处向东，清理出两条可以通过独轮手推车的通道，拆除了支撑体系中的部分杆件，使用独轮手推车外运泄露的混凝土。

与此同时，模板上部继续进行混凝土浇筑施工，13 时 40 分左右，当混凝土浇筑完成约 400m² 时，顶板作业的工人只感觉一震，已经浇筑完的顶板混凝土瞬间整体坍塌，钢筋网下陷，正在地下室进行修复工作的 19 名工人中，有 18 人瞬间被支架和混凝土掩埋，导致 13 人死亡、4 人重伤、1 人轻伤。

图 10-3　模板坍塌现场

2. 事故分析

（1）直接原因

由于浇筑剪力墙时发生胀模，现场工人为修复剪力墙胀模，清运泄漏混凝土，随意拆除支架体系中的部分杆件，使模板支架的整体稳定性和承载力大大降低。在修缮模板和清运混凝土过程中，没有停止混凝土浇筑作业，在混凝土浇筑和振捣等荷载作用下，支架体系承受不住上部荷载而失稳，导致整个新浇筑的地下室顶板坍塌。

（2）间接原因

1）模板支护施工前未组织安全技术交底，未按规范和施工方案组织施工，仅凭经验搭设模板支架体系，未按要求设置剪刀撑、扫地杆和水平拉杆，北侧剪力墙对拉螺栓布置不合理。

2）模板搭设和混凝土浇筑未向监理单位报验，擅自组织模板搭设和混凝土浇筑施工，导致模板支护系统和混凝土浇筑中存在的问题未能及时发现和纠正。

3）现场施工作业没有统一指挥协调，施工人员各行其是，随意施工，导致交叉作业中的安全隐患没能及时排除。

4）剪力墙胀模后，生产负责人未向监理人员报告，未到现场组织处理，未对现场处理胀模工作提出具体安全要求。

5）工人修缮模板和清运混凝土过程中，拆除了支撑体系中的部分杆件，从胀模处向东清理出两条独轮手推车通道，用于清运混凝土。在破坏了模板支撑体系的稳定性，降低了支架承载能力的情况下，未停止混凝土浇筑作业。

6）项目部负责人和安全管理人员工作严重失职。项目经理未到位履职，由不具有注册建造师资格的人员负责现场生产管理；模板专项施工方案由不具有专业技术知识的安全员利用软件编制，该方案也未经项目部负责人、技术负责人和安全部门负责人审核。未设置专职安全员，兼职安全员不能认真履行安全员职责，对施工现场监督检查不到位，未能及时发现施工现场存在的安全隐患。

7）施工单位对所属项目部监督检查不力，导致项目部安全制度不健全、安全措施不落实、职工教育培训不到位、不设专职安全员、安全管理不到位等问题不能及时发现、及时整改。

8）监理单位未履行安全监理职责，对施工项目监督检查不力，未能及时发现和消除施工现场存在的安全隐患，制止违章指挥，违章作业。

3. 防范措施

（1）专项施工方案必须结合工程项目和分部分项工程的具体特点进行编制，要有架体构造、工艺流程、施工方法、平面图、立面图、细部节点做法及节点详图、质量检查标准等内容，具有针对性和可操作性，能正确指导施工作业。严禁随意编制方案，方案与现场施工"两张皮"现象。

（2）严格履行安全技术交底手续。在模板支架施工前必须对作业人员进行安全技术交底，使作业人员了解架体结构和施工方法及搭设要求，认真执行施工方案，不随意或仅凭经验进行搭设作业，保证实际搭设情况与方案相一致。

（3）在模板支架搭设后和混凝土浇筑前，应按程序进行报验，经检查验收合格后，方可进行下道工序施工。

（4）在模板工程施工作业中，当遇到险情时，应立即停止施工和采取应急措施。待修复或排除险情后，方可继续施工。另外，模板支架在施加荷载的过程中，架体下严禁有人。

（5）模板施工过程中，严禁随意拆除支撑体系中的杆件和固结装置。确需拆除时，应经过审批，并在设置临时加固措施后，再进行拆除。

（6）强化施工现场管理，严格履行安全职责，加强统一指挥协调，强化安全检查，及时发现和消除施工现场存在的安全隐患。

10.3.4　中厅模板支架倒塌事故

2005 年某月 5 日，某项目 2 号组团工程项目，在混凝土浇筑时，楼盖模板支架系统坍塌，造成8人死亡，21人受伤。

1. 事故简介

如图10-4所示，坍塌的模板支架位于工程纵向⑨～⑪轴（2m×8.4m）、横向Ⓑ～Ⓔ轴（3m×8.4m）；1～5层厅堂，总高度21.8m；楼盖顶板为四周支于框架梁上的预应力空心楼板（厚550mm，板内预埋ϕ400GBF管）。顶板面积423.36m²，混凝土总量198.6m³。采用混凝土输送泵、2台布料机浇筑，布料机设于⑨轴，达不到处用溜槽辅助。

图10-4　模板倒塌事故现场

施工时，中厅楼盖的三面邻跨楼盖均未浇筑混凝土（应该先浇筑），确定先浇中厅楼盖混凝土。5日17点开始，至22点10分，已经接近浇筑完成。此时，从楼盖的西南部位突然发生谷陷式垮塌，楼板形成V形下折，支架立柱多波弯曲，随即⑨～⑪轴/Ⓑ～Ⓔ轴间的整个顶板连同布料机一起垮塌下来，砸落在地下一层顶板上（±0.000），整个过程只持续了数秒钟。其中，来不及撤离的8名作业人员，随坍塌的楼板坠落，被混凝土掩埋。塌落的混凝土、钢筋、模板、支架等绞缠在一起，形成0.5～2.0m厚度不等的堆集层，至10日凌晨挖出第8名遇难工。

地下一层顶板（±0.000局部严重破坏、下沉，框架梁破损开裂，其下支架严重变形、歪斜。西南角⑦～⑧轴 / Ⓑ ～ Ⓔ 轴间的支架则基本未遭破坏。

对残存模板支架现场勘测情况，见图 10-5 ～图 10-8。

图 10-5　残存支架缺少构造措施

图 10-6　残存支架水平杆步距过大

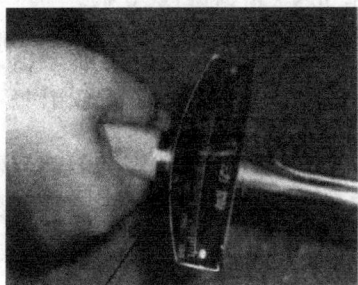

图 10-7　扣件螺栓拧紧力矩不足

图 10-8　扣件破损

2. 事故原因分析

该工程采用扣件式钢管模板支架，调查和现场勘察，发现存在以下问题：

（1）支架方案未经审批就进行搭设，在报送二稿时，支架已搭设完毕。

（2）属于应组织专家论证的项目，但没有组织论证审查。

（3）监理虽未在方案送审稿上签字，但也没有行文制止搭设和浇筑混凝土，事实上默认了混凝土的浇筑。

（4）模板支架搭设后，未进行检查验收即投入使用。

（5）模板支架接近 20m，方案中未对支架立柱上部需要增设纵横向水平杆进行加固等作出规定。

（6）现场量测到的立杆顶部自由端部分达到了 1.8m，严重降低了立杆承载力。

（7）支架中间未按规定设置竖向剪刀撑，未设置水平剪刀撑，水平杆也未与周边结构进行可靠拉结。

（8）支撑（顶）立杆不落地（连到横杆上），有的采用搭接接长，有的一个方向严重缺横向水平杆（有的达 3 步未设）。

（9）扫地杆普遍设置过高，多数达到 300～500mm。

（10）扣件拧紧程度普遍达不到 40N·m，多数只有 20N·m，最低只有 10N·m，达不到 40～65N·m 的要求（当扭力矩为 30N·m 时，承载力要比 50N·m 时降低 20%）。

（11）扣件产品质量存在问题，按照标准螺杆长度应当达到 14mm，抽样实测多数为 11～13mm，有的只有 9mm，难以拧紧，承载力严重降低。

（12）$\phi 48 \times 3.5$ 的钢管的实际壁厚以 2.9mm 居多（壁厚每减少 0.25mm 时，其稳定承载力将降低 6.5%）。

（13）可调顶托丝杠偏小，按照标准应为 36 以上，实测多数只有 $\phi 30 \sim \phi 32.7$；U 形托钢板较薄，按照标准应为 6mm 以上，实测多为 4.3mm，有的只有 3mm；托撑翼缘板高度不够，已出现断裂和变形的情况相当严重。

10.3.5 施工平台坍塌事故

某年 11 月 24 日，某地发电厂扩建工程发生一起冷却塔施工平台坍塌特别重大事故，造成 73 人死亡，2 人受伤，直接经济损失 10197.2 万元。

1. 事故简介

事发 7 号冷却塔是扩建工程中两座逆流式双曲线自然通风冷却塔其中一座，采用钢筋混凝土结构，设计塔高 165m，塔底直径 132.5m，喉部高度 132m，喉部直径 75.19m，筒壁厚度 0.23 至 1.1m。

筒壁工程施工采用悬挂式脚手架翻模工艺，以三层模架（模板和悬挂式脚手架）为一个循环单元循环向上翻转施工，第 1～3 节（自下而上排序）筒壁施工完成后，第 4 节筒壁施工使用第 1 节的模架，随后，第 5 节筒壁使用第 2 节筒壁的模架，以此类推，依次循环向上施工。脚手架悬挂在模板上，铺板后形成施工平台，筒壁模板安拆、钢筋绑扎、混凝土浇筑均在施工平台及下挂的吊篮上进行。模架自身及施工荷载由浇筑好的混凝土筒壁承担。事故发生时，已浇筑完成第 52 节筒壁混凝土，高度为 76.7m。

11 月 24 日 6 时许，混凝土班组、钢筋班组先后完成第 52 节混凝土浇筑和第 53 节钢筋绑扎作业，离开作业面。5 个木工班组共 70 人先后上施工平台，分布在筒壁四周施工平台上拆除第 50 节模板并安装第 53 节模板。此外，与施工平台连接的平桥上有 2 名平桥操作人员和 1 名施工升降机操作人员，在 7 号冷却塔底部中央竖井、水池底板处有 19 名工人正在作业。

7 时 33 分，7 号冷却塔第 50～52 节筒壁混凝土从后期浇筑完成部位（西偏南 15°～16°，距平桥前桥端部偏南弧线距离约 28m 处）开始坍塌，沿圆周方向向两侧连续倾塌坠落，施工平台及平桥上的作业人员随同筒壁混凝土及模架体系一起坠落，在筒壁坍塌过程中，平桥晃动、倾斜后整体向东倒塌，事故持续时间 24 秒，导致 73 人死亡，2 人受伤，见图 10-9。

2. 事故分析

事故的直接原因是施工单位在 7 号冷却塔第 50 节筒壁混凝土强度不足的情况下，违规拆除第 50 节模板，致使第 50 节筒壁混凝土失去模板支护，不足以承受上部荷载，从底部最薄弱处开始坍塌，造成第 50 节及以上筒壁混凝土和模架体系连续倾塌坠落。坠落物冲击与筒壁内侧连接的平桥附着拉索，导致平桥也整体倒塌。

图 10-9　模板坍塌现场

经调查，在 7 号冷却塔施工过程中，施工单位为完成工期目标，施工进度不断加快，导致拆模前混凝土养护时间减少，混凝土强度发展不足；在气温骤降的情况下，没有采取相应的技术措施加快混凝土强度发展速度；筒壁工程施工方案存在严重缺陷，未制定针对性的拆模作业管理控制措施；对试块送检、拆模的管理失控，在实际施工过程中，劳务作业队伍自行决定拆模。

按施工正常程序，各节筒壁混凝土拆模前，应由施工单位项目部试验员将本节及上一节混凝土同条件养护试块送到总承包单位项目部指定的第三方试验室进行强度检测，并将检测结果报告施工单位项目部工程部长，工程部长视情况再安排劳务作业队伍进行拆模作业。

经查，施工单位项目部从未将混凝土同条件养护试块送到总承包单位指定的第三方试验室进行强度检测，偶尔将试块违规送到搅拌站进行强度检测。11 月 23 日下午，施工单位项目部试验员在进行 7 号冷却塔第 50 节模板拆除前的试块强度送检时，发现第 50 节、第 51 节筒壁混凝土同条件养护试块未完全凝固无法脱模，于是试验员将 2 块烟囱工程的试块①取出送到混凝土搅拌站进行强度检测。经检测，烟囱试块强度值不到 1MPa。试验员将上述情况电话报告给工程部部长，至事故发生时，工程部部长未按规定采取相应有效措施。

施工单位项目部在 7 号冷却塔筒壁施工过程中，没有关于拆模作业的管理规定，也没有任何拆模的书面控制记录，也从未在拆模前通知总承包单位和监理单位。除施工单位项目部明确要求暂停拆模的情况外，劳务作业队伍一直自行持续模板搭设、混凝土浇筑、钢筋绑扎、拆模等工序的循环施工。

3. 事故责任

经事故责任认定，施工单位的主要责任有：

（1）对项目部管理不力。公司派驻的项目经理长期不在岗，安排无相应资质的人员实际负责项目施工组织。公司未要求项目部将筒壁工程作为危险性较大分部分项工程进行管理，对项目部的施工进度管理缺失。对施工现场检查不深入，缺少技术、质量等方面内容，未发现施工现场拆模等关键工序管理失控和技术管理存有漏洞等问题。

（2）现场施工管理混乱。项目部指定社会自然人组织劳务作业队伍挂靠劳务公司，施工过程中更换劳务作业队伍后，未按规定履行相关手续。对劳务作业队伍以包代管，夜间作业时没有安排人员带班管理。安全教育培训不扎实，安全技术交底不认真，未组织全员交底，交底内容缺乏针对性。在施工现场违规安排垂直交叉作业，未督促整改劳务作业队伍习惯性违章、施工质量低等问题。

（3）安全技术措施存在严重漏洞。项目部未将筒壁工程作为危险性较大分部分项工程进行管理；筒壁工程施工方案存有重大缺陷，未按要求在施工方案中制定拆模管理控制措施，未辨识出拆模作业中存在的重大风险。在气温骤降、外部施工条件已发生变化的情况下，项目部未采取相应技术措施。在上级公司提出加强冬期施工管理的要求后，项目部未按要求制定冬期施工方案。

（4）拆模等关键工序管理失控。项目部长期任由劳务作业队伍凭经验盲目施工，对拆模工序的管理失控，在施工过程中不按施工技术标准施工，实际形成了劳务作业队伍自行决定拆模和浇筑混凝土的状况。未按施工质量验收的规定对拆模工作进行验收，违反拆模前必须报告总承包单位及监理单位的管理要求。对筒壁工程混凝土同条件养护试块强度检测管理缺失，大部分筒节混凝土未经试压即拆模。

参考文献

［1］中华人民共和国国家标准.钢管脚手架扣件 GB 15831—2006[S].北京：中国标准出版社，2006.

［2］中华人民共和国行业标准.建筑施工安全检查标准 JGJ 59—2011[S].北京：中国建筑工业出版社，2011.

［3］中华人民共和国行业标准.建筑施工扣件式钢管脚手架安全技术规范 JGJ 130—2011[S].北京：中国建筑工业出版社，2011.

［4］中华人民共和国行业标准.建筑施工门式钢管脚手架安全技术规范 JGJ128-2010[S].北京：中国建筑工业出版社，2010.

［5］中华人民共和国行业标准.建筑施工碗扣式钢管脚手架安全技术规范 JGJ 166—2016[S].北京：中国建筑工业出版社，2016.

［6］中华人民共和国行业标准.建筑施工承插型盘扣式钢管支架安全技术规程 JGJ 231—2010[S] 北京：中国建筑工业出版社，2010.

［7］中华人民共和国行业标准.建筑施工模板安全技术规范 JGJ 162—2008[S] 北京：中国建筑工业出版社，2008.

［8］中华人民共和国行业标准.建筑施工木脚手架安全技术规范 JGJ 164—2008[S].北京：中国建筑工业出版社，2008.

［9］中华人民共和国行业标准.建筑施工竹脚手架安全技术规范 JGJ 254—2011[S].北京：中国建筑工业出版社，2011.

［10］中华人民共和国国家标准.建筑施工脚手架安全技术统一标准 GB 51210—2016[S] 北京：中国建筑工业出版社，2016.

［11］中华人民共和国国家标准.租赁模板脚手架维修保养技术规范 GB50829—2013[S].北京：中国计划出版社，2013.

［12］中华人民共和国行业标准.建筑施工高处作业安全技术规范 JGJ80—2016[S].北京：中国建筑工业出版社，2016.

［13］中华人民共和国行业标准.施工现场临时用电安全技术规范 JGJ 46—2005[S].北京：中国建筑工业出版社，2005.

［14］中华人民共和国行业标准.组合铝合金模板工程技术规程 JGJ 386—2016[S].北京：中国建筑工业出版社，2016.

［15］中华人民共和国国家标准.安全网 GB 5729—2009[S].北京：中国标准出版社，2009.

［16］中华人民共和国国家标准.碗扣式钢管脚手架构件 GB 24911—2010[S].北京：中国标准出版社，2010.

［17］中华人民共和国行业标准.承插型盘扣式钢管支架构件 JG／T 503—2016[S].北京：中国标准出版社，2016.

［18］住房和城乡建设部工程质量安全监管司.建筑施工特种作业人员安全技术考核培训教材·普通脚手架架子工 [M].北京：中国建筑工业出版社，2010.

［19］本书编委会.建筑施工特种作业人员培训教材·普通脚手架架子工 [M].北京：中国建筑工业出版社，2017.

［20］中建海峡建设发展有限公司，中国建筑第七工程局有限公司，福建数博讯信息科技有限公司.建筑施工安全标准三维可视化技术研究 [D].郑州：2015.

［21］住房和城乡建设部工程质量安全监管司.建筑施工生产安全事故案例分析 [M].北京：中国建筑工业出版社，2010.

［22］住房和城乡建设部工程质量安全监管司.建筑施工生产安全事故案例分析 [M].北京：中国建筑工业出版社，2014.